EUROPA-FACHBUCHREIHE
für wirtschaftliche Bildung

Kosten- und Leistungsrechnung Schritt für Schritt

8. Auflage

Lektorat: Dr. Heiko Reichelt, Hamburg

VERLAG EUROPA-LEHRMITTEL · Nourney, Vollmer GmbH & Co. KG
Düsselberger Straße 23 · 42781 Haan-Gruiten

Europa-Nr.: 93512

Autoren:

Christian David	Dipl.-Hdl., Dipl.-Kfm.	Hamburg	
Dr. Heiko Reichelt	Dipl.-Hdl., Dipl.-Kfm.	Hamburg	
Claus Veting	Dipl.-Hdl.	Hamburg	
Hanfried Hackenberg	Dipl.-Hdl.	Hamburg	(bis 2007)
Alexander Sack	Dipl.-Kfm.	Hamburg	(bis 2007)
Günter Schley	Dipl.-Hdl.	Hamburg	(bis 2007)

Lektorat und Leitung des Arbeitskreises: Dr. Heiko Reichelt, Hamburg
E-Mail: heiko.reichelt@gmx.de

Das vorliegende Buch wurde auf der **Grundlage der aktuellen amtlichen Rechtschreibregeln** erstellt.

8. Auflage 2009

Druck 5 4 3 2 1

Alle Drucke derselben Auflage sind parallel einsetzbar, da bis auf die Behebung von Druckfehlern untereinander unverändert.

ISBN 978-3-8085-9358-5

Satz und Grafiken: Satz+Layout Werkstatt Kluth GmbH, 50374 Erftstadt
Druck: Konrad Triltsch, Print und digitale Medien GmbH, 97199 Ochsenfurt-Hohestadt

Vorwort

Dieses Lern- und Übungsbuch soll Schüler, Auszubildende, Kursteilnehmer und Studierende praxisnah in einfachen Schritten mit den Verfahren und Teilgebieten der Kosten- und Leistungsrechnung (KLR) vertraut machen. Es ist als eine geschlossene Einführung in dieses Gebiet verwendbar, setzt nur geringfügige kaufmännische Vorkenntnisse voraus und ist daher geeignet im Rahmen von dualer Ausbildung (alle Berufe), Fortbildung und schulischen Bildungsgängen. Bei der Auswahl der Inhalte wurden bundeseinheitliche Rahmenlehrpläne und Lehrpläne einzelner Bundesländer berücksichtigt.

Die Einführung, Erarbeitung und Sicherung des Lernstoffes erfolgen durchgehend schrittweise:

- Aus einem Fallbeispiel bzw. einer praxisnahen *Situation* wird jeweils ein *Problem* abgeleitet und dafür eine *Lösung* erarbeitet.
- Durch bewusst *klein gehaltene Lernschritte* innerhalb der Lernabschnitte und *anschauliche Sprache* ist ein breit gestreuter Einsatz möglich.
- Das Einprägen des Lernstoffes wird durch – teilweise zweifarbige – *Schaubilder* sowie durch Zusammenfassungen und *Merksätze* gefördert.
- Eine Vielzahl von *Aufgaben* unterschiedlichen Typs ermöglicht eine *optimale Lernerfolgssicherung und -kontrolle.*

Die beschriebene Vorgehens- und Darstellungsweise erleichtert in besonderem Maße die *Eigenarbeit der Lernenden* bzw. ein selbstständiges Nacharbeiten versäumter Unterrichtsstunden.

Eine Besonderheit stellt das vorgeschaltete Kapitel 0 »Die Woodstock Holzmöbel GmbH – eine fallorientierte Einführung in die Kosten- und Leistungsrechnung« dar. Hierdurch werden die Lernenden anhand eines kleinen Modellunternehmens in die Lage versetzt,

- einen *ganzheitlichen,* nicht nur auf Teilbereiche bezogenen Zugang und Überblick zur Kosten- und Leistungsrechnung zu bekommen,
- praxisnah und mit ansprechenden, *komplexen Problemen* konfrontiert deren Kernaufgaben zu verstehen,
- bereits zu Beginn durch eine *selbstständige, fallbasierte Erarbeitung* in das System der KLR einzutauchen sowie
- auch als Anfänger ohne Buchführungskenntnisse den Einstieg in die Kosten- und Leistungsrechnung zu vollziehen.

Die weiteren Kapitel können und sollen dann als Erweiterungen und Vertiefungen mit dem Eingangsfall verbunden werden. Dieses Vorgehen ermöglicht ein ganzheitliches Verständnis und folgt damit einer spiralcurricularen Ausrichtung.

Für den Leser bestehen nun zwei Möglichkeiten des Einstiegs in das Buch: entweder klassisch und eher an der Fachsystematik orientiert mit Kapitel 1 oder neuartig und eher problem- und handlungsorientiert mit Kapitel 0.

Die Verfasser meinen, dass mit diesem Buch Lernenden in unterschiedlichen kaufmännischen Bildungsgängen und Tätigkeitsbereichen ein besonders geeignetes Arbeitsmittel an die Hand gegeben wird. Verlag und Verfasser werden auch weiterhin Anregungen und konstruktive Kritik, über den Verlag oder an die E-Mail Adresse des Lektors, dankbar berücksichtigen.

Die Buchführung kann nach einem darauf abgestimmten Parallelband erarbeitet werden.

Hamburg, im Herbst 2009 — Die Verfasser

Inhaltsverzeichnis

Abkürzungsverzeichnis

BAB	Betriebsabrechnungsbogen
BA	Beschäftigungsabweichung
BE	Betriebsergebnis bzw. Betriebserfolg
BVP	Barverkaufspreis
db	Deckungsbeitrag pro Stück
DB	Gesamt-Deckungsbeitrag
E	Erlöse
EK	Einzelkosten
f	fix
FEK	Fertigungs-Einzelkosten (= Fertigungslöhne)
FGK	Fertigungs-Gemeinkosten
FGKZS	Fertigungs-Gemeinkosten-Zuschlagssatz
FK	Fertigungskosten
g	gesamt
GA	Gesamtabweichung
GK	Gemeinkosten
HK	Herstellkosten
HKF	Herstellkosten der Fertigung
HKU	Herstellkosten des Umsatzes
k	Stückkosten
K	Gesamtkosten
KLR	Kosten- und Leistungsrechnung
KSt	Kostenstelle
KTr	Kostenträger
LVP	Listenverkaufspreis (= Angebotspreis)
MEK	Material-Einzelkosten (= Fertigungsmaterial)
MGK	Material-Gemeinkosten
MGKZS	Material-Gemeinkosten-Zuschlagssatz
MSS	Maschinenstundensatz
PK	Plankosten
PKVS	Plankostenverrechnungssatz
SEK	Sonder-Einzelkosten
SEKF	Sonder-Einzelkosten der Fertigung
SEKV	Sonder-Einzelkosten des Vertriebs
SK	Selbstkosten
VA	Verbrauchsabweichung
VtGK	Vertriebs-Gemeinkosten
VtGKZS	Vertriebs-Gemeinkosten-Zuschlagssatz
VwGK	Verwaltungs-Gemeinkosten
VwGKZS	Verwaltungs-Gemeinkosten-Zuschlagssatz
VVGK	Verwaltungs- und Vertriebs-Gemeinkosten
VVGKZS	Verwaltungs- und Vertriebs-Gemeinkosten-Zuschlagssatz

0 Die Woodstock Holzmöbel GmbH – eine fallorientierte Einführung in die Kosten- und Leistungsrechnung

Teil 1 Kennenlernen des Modellunternehmens: Die Woodstock Holzmöbel GmbH – ein Industrieunternehmen

Vorbemerkungen

Sie lernen zunächst das im Mittelpunkt stehende Modellunternehmen kennen, die Woodstock Holzmöbel GmbH. Hierzu erhalten Sie eine detaillierte *Beschreibung* mit verschiedenen Informationen, die Ihnen die Orientierung erleichtern soll. Am Ende des ersten Teils stehen einige *Leitfragen,* die Ihnen hierbei eine Hilfe sein sollen. Die Fragen lassen sich überwiegend mithilfe der bereit gestellten Informationen über die Woodstock GmbH beantworten, mitunter gehen sie aber auch etwas darüber hinaus (z.B. in Form der Verknüpfung mit Praxiserfahrungen oder mit Kenntnissen der Betriebswirtschaftslehre).

Bitte beantworten Sie alle Fragen zunächst selbstständig, um den angestrebten Lernerfolg zu erzielen!

Die im Anschluss aufgeführten Lösungshinweise sollten Sie dann zum Abgleich mit Ihren Lösungen verwenden; hierbei kommt es vor allem auf die sinngemäße Beantwortung an, das korrekte Fachvokabular können Sie sich anhand der formulierten Hinweise aneignen.

Die Woodstock Holzmöbel GmbH

Geschichte

Seit wenigen Jahren ist die Woodstock Holzmöbel GmbH in einem großen Gewerbegebiet im Norden Hamburgs ansässig. Dort befinden sich sowohl die Produktionsstätte als auch die Bereiche Verwaltung und Vertrieb.

Produkte/Absatzmarkt:

Das Produktionsprogramm besteht aus zwei Erzeugnissen: einem Stuhl und einem Tisch (als Esstischgruppe bzw. einzeln). Beide werden aus hochwertigem Kiefernholz hergestellt.

Die fertigen Möbelstücke werden vorwiegend an kleinere Möbelgeschäfte im Großraum Hamburg verkauft.

Mitarbeiter(innen)/Tätigkeiten:

Die Woodstock GmbH beschäftigt insgesamt 10 Mitarbeiter(innen):

- Frau Fischer leitet das Unternehmen als Geschäftsführerin.
- Herr Meier wurde erst vor kurzer Zeit eingestellt. Er ist für die kaufmännische Verwaltung einschließlich Rechnungswesen zuständig.
- Fritz Riedel ist Auszubildender zum Industriekaufmann im 2. Lehrjahr und wird zurzeit im Rechnungswesen eingesetzt.
- Frau Huber kümmert sich um den Einkauf und die Materialverwaltung. Sie ist teilzeitbeschäftigt.
- Herr Fingerle kennt sich hervorragend in der industriellen Möbelproduktion aus. Er leitet den gesamten Fertigungsbereich und überwacht vor allem die CNC-Maschine[1]. In der Fertigung sind noch Herr Roth (Schleifen), Herr Becker (Montage) und Herr Wolf (Lackieren) beschäftigt.
- Herr Dörner arbeitet als Allroundkraft auf Stundenbasis. Er arbeitete im vergangenen Monat 110 Stunden.
- Frau Behn ist für den Vertrieb zuständig.

Produktionsablauf (siehe auch den Grundriss auf der folgenden Seite):

Der Ablauf der Produktion ist durch folgende Schritte gekennzeichnet:

Von einem Zulieferbetrieb erhält die Woodstock GmbH vorbereitete Holzbohlen[2], -bretter und -rohlinge für die beiden Möbelstücke direkt ins Materiallager. Die Holzstücke werden dann in Halle 1 mit der hochmodernen CNC-Bearbeitungsmaschine durch Fräsen, Bohren und Profilieren in ihre endgültige Form gebracht. Anschließend erfolgt in Halle 2 das maschinelle Schleifen der einzelnen Teile durch eine lasergestützte Maschine. In der Halle 3 (Montage) werden die Teile nun geleimt, zusammengesteckt und durch eine Presse zusammengedrückt. Schließlich werden nun in Halle 4 die fertigen Möbelstücke im Spritzverfahren grundiert, ca. zwei Stunden luftgetrocknet sowie anschließend lackiert und erneut getrocknet. Die Auslieferung an die Kunden wird »ab Werk« vom Fertigwarenlager aus durchgeführt.

---

[1] CNC: Computerized Numerical Control; es handelt sich um eine computerunterstützte Fertigung.

[2] Holzbohlen sind Holzbretter ab 26 mm Dicke.

Grundriss (annähernd maßstabsgetreue Skizze ohne Gänge, Türen usw.)

Einkauf und Materialverwaltung (Frau Huber) 24 m²

Materiallager 48 m²

Halle 1: CNC-Maschine (Herr Fingerle) 72 m²

Spänebunker

Verwaltung (Herr Meier) 24 m²

Umkleideräume, Toiletten, Pausenräume 48 m²

Geschäftsführung (Frau Fischer) 24 m²

Halle 3: Montage (Herr Becker) 72 m²

Halle 2: Schleifen (Herr Roth) 72 m²

Produktionsleitung (Herr Fingerle) 24 m²

Halle 4: Lackieren (Herr Wolf) 96 m²

Vertrieb (Frau Behn) 24 m²

Fertigwarenlager 72 m²

Rechtsform/Eigentumsverhältnisse:

Das Unternehmen wurde vor einigen Jahren als Gesellschaft mit beschränkter Haftung (GmbH) gegründet.

Eigentümer der Woodstock GmbH sind:

- Frau Fischer (gleichzeitig Geschäftsführerin) zu 51 %
- Herr Plath (ein Hamburger Kaufmann, der sein eigenes Unternehmen leitet) zu 25 %
- Herr Schneider (ein Investor) zu 24 %

Unternehmensziele:

Die Woodstock GmbH verfolgt vor allem folgende Ziele:

- langfristige Maximierung des Gewinns,
- Erfüllung der Kundenwünsche, insbesondere durch Produkte von hoher Qualität und ökologischer Verträglichkeit – bei gleichzeitig angemessenen Preisen sowie
- Erhaltung des Unternehmens und seiner Arbeitsplätze am heutigen Standort

Interessengruppen/sogenannte Stakeholder:

An die Woodstock GmbH werden von verschiedenen Gruppen diverse Erwartungen herangetragen.

Die Interessengruppen sind z.B.:

- Eigentümer/Gesellschafter (siehe auch die Eigentumsverhältnisse),
- Kreditinstitute,
- Staat (Bund, Land und Gemeinde),
- Kunden,
- Lieferanten,
- Mitarbeiter(innen),
- Wettbewerber/Konkurrenten und
- die Öffentlichkeit.

Das Unternehmen ist auf diese Interessengruppen in gewissem Umfang angewiesen. Aufgabe der Unternehmenspolitik ist es schließlich, zu entscheiden, wie man sich gegenüber diesen Gruppen positionieren will. Je nach Macht der Interessengruppe kann sie das Unternehmen dazu bewegen, die Ziele, die die Anspruchsgruppe hat, auch in die Unternehmensziele aufzunehmen. Damit stellen die Interessen der Anspruchsgruppen Nebenbedingungen zu den eigenen Zielen des Unternehmens dar. Es ist jedoch zu beachten, dass nicht nur von außerhalb des Unternehmens Interessen einfließen, sondern auch die Mitarbeiter(innen) innerhalb der Unternehmung verschiedene Interessen verfolgen. Letztlich muss es der Woodstock GmbH als einem Unternehmen, das erfolgreich am Markt bestehen will, jedoch gelingen, die diversen Ansprüche in angemessener Weise »unter einen Hut« zu bringen. Und dies ist nicht immer einfach!

Die (Aufbau-)Organisation:

Die Woodstock GmbH ist funktional, d.h. nach den auszuführenden Tätigkeiten, aufgebaut.

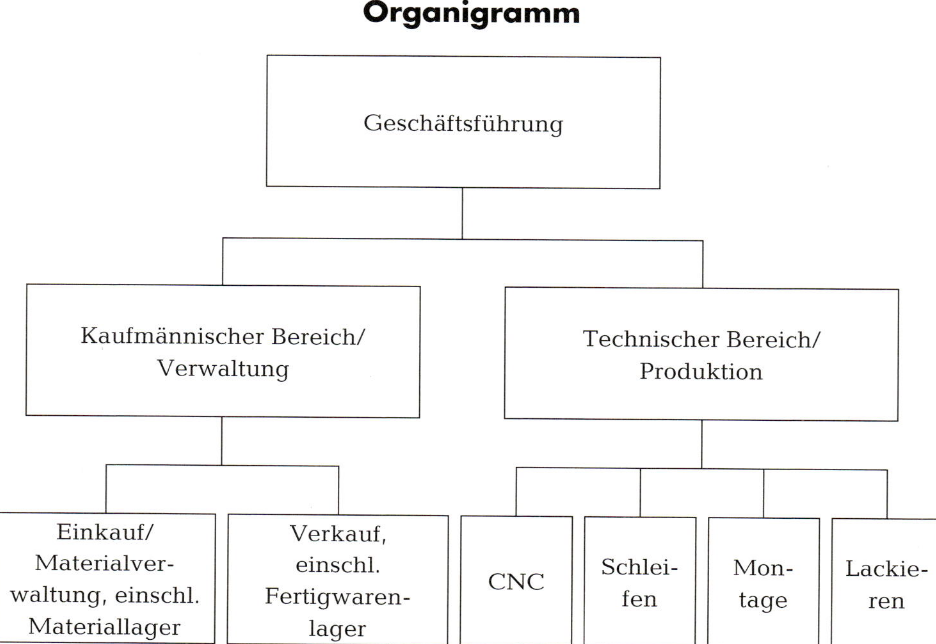

Die Abwicklung eines typischen Kundenauftrags:

Üblicherweise schicken die Kunden (Möbelhändler) zunächst eine Anfrage an die Woodstock GmbH; dieses Schreiben beinhaltet die Bitte um ein Angebot für eine bestimmte Anzahl von Tischen und Stühlen zu einem gewünschten Termin.

Inhalte eines Angebots sind insbesondere die Konditionen (Preis, ggf. Nachlässe sowie Liefer- und Zahlungsbedingungen). Angebote erstellt Frau Behn im Vertrieb, mitunter nach Rücksprache mit Frau Fischer. Zur Erstellung eines Angebots prüft Frau Behn vor allem:

- das bisherige Zahlungsverhalten der Altkunden bzw. die Kreditwürdigkeit von Neukunden und
- die Verfügbarkeit der Ware zum gewünschten Termin (Fertigwarenlager bzw. Produktionsplanung)

Mithilfe der Preisliste und der Rabattstaffel sowie ggf. weiterer Kundeninformationen werden dann die Konditionen festgelegt.

Ein aktuelles Angebot enthält z.B. folgende Informationen:

60 Stühle und 10 Tische zum Listenpreis von 79 €/Stück bzw. 242 €/Stück
2 % Mengenrabatt
Zahlung per Rechnung; 3 % Skonto bei Zahlung innerhalb von 10 Tagen (30 Tage netto)
Eigentumsvorbehalt bis zur vollständigen Bezahlung
Lieferung ab Werk an Spediteur (durch Kunden beauftragt) oder an den Kunden direkt

Wenn alle Prüfungen positiv ausgegangen sind, erhält der Kunde von der Woodstock GmbH ein verbindliches Angebot zugeschickt (erneut zuständig: Frau Behn). Sofern er einverstanden ist, erteilt er durch seine Bestellung einen rechtlich verbindlichen Auftrag, und es ist ein Kaufvertrag zustande gekommen.

Nachdem Frau Behn nun den Auftrag im DV-System erfasst hat, werden intern weitere Dispositionen vorgenommen:

- bei vorhandener Lagerware werden die Stühle und Tische zum Liefertermin fest reserviert,
- wenn keine Lagerware vorhanden ist, muss die Produktion noch stattfinden. Ggf. muss hierzu das Material beschafft und damit ein weiterer Prozess ausgelöst werden: Frau Huber prüft die Materialbestände, führt Bestellungen durch, überwacht den Eingang des Materials und veranlasst dann die Einlagerung in das Materiallager sowie die Bezahlung der Lieferantenrechnungen.

Nun kann die Produktion unter Leitung von Herrn Fingerle stattfinden (siehe Produktionsablauf).

Nach Fertigstellung der Tische und Stühle werden diese in das Fertigwarenlager gebracht.

Rechtzeitig vor der terminierten Auslieferung an den Kunden erstellt Frau Behn die zugehörige Rechnung und den Lieferschein für den Kunden und veranlasst die taggenaue Auslagerung. Nachdem der Kunde seine Ware erhalten hat, überwacht Frau Behn den Eingang der Zahlung und verschickt ggf. eine Zahlungserinnerung.

Leistungen und Kosten:

Im vergangenen Monat wurden 350 Stühle und 210 Tische produziert und zum Preis von 75 € bzw. 230 € (jeweils netto) abgesetzt. Hierfür fielen gemäß nachfolgender Tabelle 1 Kosten von insgesamt 65.100 € an.

Der betrachtete Monat kann bezüglich dieser Daten als relativ typisch angesehen werden.

Betriebsergebnisrechnung (Tabelle 1)

1. Mengen und Preise			
	Stuhl	**Tisch**	
Produktions- und Absatzmenge [Stück/Monat]	350	210	
Absatzpreis (netto) [EUR/Stück]	75	230	
2. Kosten und Leistungen			
Kostenart	**Betrag**	**Einheit**	**gesamt [EUR/Monat]**
Holz für den Stuhl	7,85	EUR je Stuhl	
Holz für den Tisch	39,00	EUR je Tisch	
Hilfsstoffe (Leim, Lacke, Schrauben usw.)	1.000,00	EUR im Monat	
Werkzeuge (Fräsköpfe, Schleifwerkzeuge usw.)	500,00	EUR im Monat	
Fremdreparaturen (Wartung)	542,00	EUR im Monat	
Strom	4.439,00	EUR im Monat	
Betriebsstoffe (Schmiermittel usw.)	700,00	EUR im Monat	
Heizung und Wasser	960,00	EUR im Monat	
Gehälter	22.731,00	EUR im Monat	
Fertigungslohn (Schleifen des Stuhls)	4,50	EUR je Stuhl	
Fertigungslohn (Schleifen des Tisches)	8,00	EUR je Tisch	
Fertigungslohn (Montage des Stuhls)	4,83	EUR je Stuhl	
Fertigungslohn (Montage des Tisches)	9,50	EUR je Tisch	
Fertigungslohn (Lackieren des Stuhls)	6,00	EUR je Stuhl	
Fertigungslohn (Lackieren des Tisches)	10,00	EUR je Tisch	
Hilfslohn für Herrn Dörner	25,00	EUR je Stunde	
Abschreibungen auf Sachanlagen	1.800,00	EUR im Monat	
Telefon, Internet und Büromaterial	400,00	EUR im Monat	
Miete für Gebäude und Grundstück	7.200,00	EUR im Monat	
Summe (= Kosten)	--------------	EUR im Monat	
Leistungsart	**Betrag**	**Einheit**	
Umsatzerlöse (Stühle)	75,00	EUR je Stuhl	
Umsatzerlöse (Tische)	230,00	EUR je Tisch	
Summe (= Leistungen)	--------------	EUR im Monat	
Ergebnis/Erfolg (= Betriebsergebnis/-erfolg)	--------------	EUR im Monat	

Leitfragen

Versuchen Sie nun die Fragen selbstständig zu beantworten, ***bevor Sie einen Abgleich mit den untenstehenden Lösungshinweisen vornehmen.***

1) Beschreiben Sie den Kern der Tätigkeit der Woodstock GmbH durch große, aufeinander folgende Schritte.

   Begründen Sie jeweils deren Notwendigkeit.

2) Die Woodstock GmbH wird als Industrieunternehmen bezeichnet.

   Welche konkreten Unterschiede bestehen zu einem (jeweils ähnlich aufgebauten)
   - Handwerksbetrieb,
   - Dienstleistungsunternehmen bzw.
   - Handelsunternehmen?

3) Welche Güter und Dienstleistungen setzt die Woodstock GmbH ein?

4) An welchen Märkten ist die Woodstock GmbH tätig, und in welcher Rolle tritt sie dort jeweils auf?

   Beschreiben Sie die dabei stattfindenden Güter- und Wertströme.

5) Welche Ziele strebt die Woodstock GmbH an, und welche weiteren Ziele könnte sie noch (sinnvollerweise) anstreben?

6) Ermitteln Sie den Erfolg/das Ergebnis des vergangenen Monats gemäß Tabelle 1.

   Erläutern Sie die Bedeutung der Bestandteile des Erfolges.

Lösungshinweise zu den Leitfragen

1) Die Schritte könnten wie folgt beschrieben werden:

   (1) Einkauf/Beschaffung von Holz und anderen Materialien bei den Lieferanten; diese sogenannten Produktionsfaktoren werden für die Tätigkeit des Unternehmens benötigt und bilden somit die Ausgangsbasis.

   (2) Lagerung der Materialien im Materiallager; dies dient z.B. der Sicherung gegen Störungen in Form von Lieferschwierigkeiten.

   (3) Produktion/Fertigung von Tischen und Stühlen; dies ist die technische Kernaufgabe des Unternehmens.

   (4) Lagerung der fertigen Tische und Stühle (Fertigerzeugnisse) im Fertigwarenlager; dies dient z.B. der Bevorratung bei eventuellen Produktionsschwierigkeiten – so besteht stets Lieferfähigkeit gegenüber den Kunden.

   (5) Verkauf/Absatz der Tische und Stühle an die Kunden; hiermit wird die Tätigkeit beendet, und sie trägt zum wirtschaftlichen Erfolg bei.

2) Im Vergleich zu einem ähnlichen Handwerksbetrieb (z.B. einer Tischlerei) gibt es bei der Woodstock GmbH
   - eine höhere Arbeitsteilung mit mehreren Produktionsstufen,
   - eine stärkere Mechanisierung und Automation (modernere Maschinen),
   - eine Produktion für einen relativ großen Markt und
   - eine umfangreichere Ausstattung (Mitarbeiter, Raum, finanzielle Mittel usw.).

   Einzelne dieser Kennzeichen können jedoch auch für einen größeren Handwerksbetrieb zutreffen.

Im Gegensatz zu einem reinen Dienstleistungsunternehmen findet bei der Woodstock GmbH eine Produktion in erheblichem Umfang statt. Dienstleister erbringen nicht lagerfähige Dienste wie Reparaturen, Beratung usw. Ein Industrieunternehmen wie die Woodstock GmbH bietet häufig parallel zu den hergestellten Produkten auch derartige Dienstleistungen an.

Ein Handelsunternehmen betreibt ebenfalls keine Produktion; hier liegt der Schwerpunkt im Verkauf an die Kunden, so z.B. im Großhandel (Kunden sind andere Unternehmen) oder im Einzelhandel (Kunden sind Endverbraucher).

3) Die Woodstock GmbH setzt viele unterschiedliche **Produktionsfaktoren** (auch: betriebliche Leistungsfaktoren) ein, um den Prozess der Erstellung von Tischen und Stühlen (den sogenannten Leistungsprozess) zu gestalten.

Die folgende Übersicht strukturiert die Produktionsfaktoren in einer üblichen Einteilung:

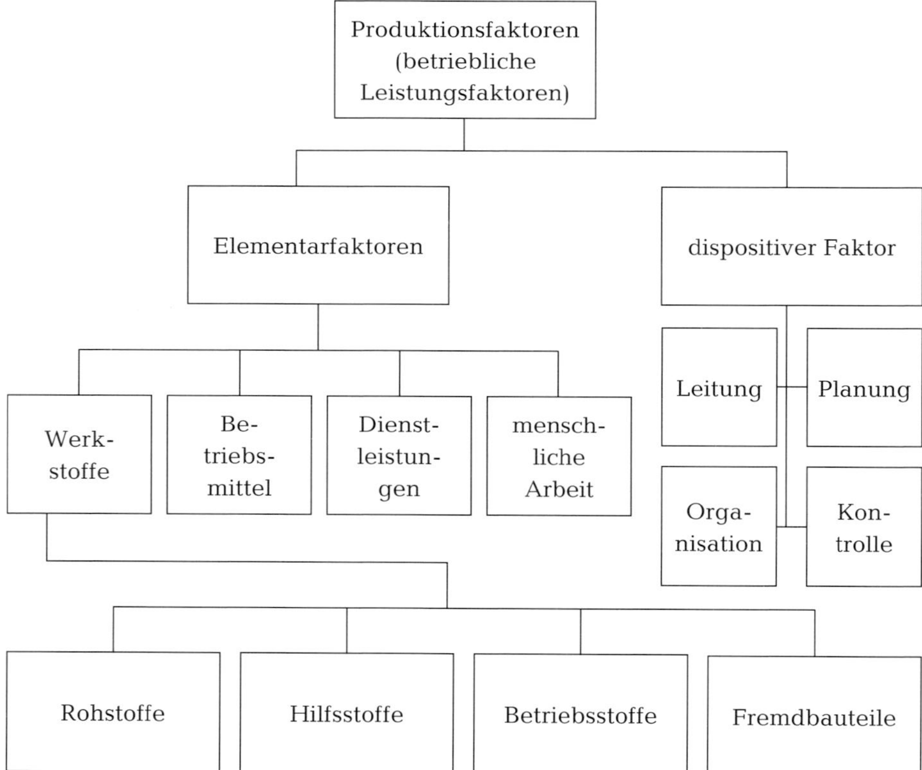

Rohstoffe sind wesentliche Bestandteile der fertigen Erzeugnisse, bei der Woodstock GmbH ist es das Holz.

Hilfsstoffe sind unwesentliche Bestandteile der fertigen Erzeugnisse, hier z.B. Leim, Lacke, Schrauben oder Nägel.

Betriebsstoffe sind nach der Produktion keine Bestandteile der fertigen Erzeugnisse, sie dienen z.B. als Schmierstoffe dem Betrieb der Maschinen.

Unter **Betriebsmitteln** ist der gesamte technische Apparat des Unternehmens zu verstehen, seine Grundstücke, Gebäude, Maschinen, Werkzeuge, Büroeinrichtungen usw.

Dienstleistungen sind von außen bezogene, nicht lagerfähige Leistungen, wie z. B. Fremdreparaturen, Bank- oder Versicherungsleistungen, Steuerberatung und Raumpflege.

Als **menschliche Arbeit** bezeichnet man die Arbeitsleistung der eigenen Mitarbeiter, die durch Löhne und Gehälter abgegolten wird; Fertigungslöhne werden pro hergestelltem Stück gezahlt (z. B. als Akkordlohn), ansonsten erfolgt die Bezahlung vorwiegend entsprechend der Arbeitszeit.

Der **dispositive Faktor** umfasst die höchste Hierarchiestufe und somit die Leitungsebene des Unternehmens; hier wird insbesondere geplant, organisiert, kontrolliert und entschieden.

4) Die Woodstock GmbH tritt an vielen unterschiedlichen Märkten als Nachfrager oder Anbieter auf. Typischerweise sind es Beschaffungs-, Absatz- und Kapitalmärkte.

Beschaffungsmärkte sind alle Märkte zum Einkauf der Produktionsfaktoren; hier ist die Woodstock GmbH Nachfrager, die Lieferanten entsprechend Anbieter. Dazu gehört auch der Arbeitsmarkt.

Absatzmärkte sind alle Märkte zum Verkauf der hergestellten Fertigerzeugnisse; hier ist die Woodstock GmbH Anbieter, die Kunden entsprechend Nachfrager.

An den Kapitalmärkten treffen Angebot und Nachfrage nach finanziellen Mitteln aufeinander; hier könnte die Woodstock GmbH Nachfrager sein (z. B. zur Aufnahme eines Darlehens) oder auch Anbieter (z. B. zur Anlage eines zurzeit nicht benötigten Geldbetrages). Partner auf dem Kapitalmarkt sind in der Regel die Banken.

Güter- und Wertströme finden stets entgegen gesetzt statt: Dem Güterstrom der Produktionsfaktoren zum Unternehmen steht ein gegenläufiger Geldstrom für die Bezahlung gegenüber. Dem Güterstrom der fertigen Erzeugnisse zu den Kunden steht ein gegenläufiger Geldstrom für deren Bezahlung gegenüber. Von und zu den Kapitalmärkten bestehen aus Unternehmenssicht nur Geldströme; beide Richtungen sind hier möglich.

5) Die Woodstock GmbH verfolgt die genannten **Ziele**:

- langfristige Maximierung des Gewinns[1)]
- Erfüllung der Kundenwünsche, insbesondere durch Produkte von hoher Qualität und ökologischer Verträglichkeit – bei gleichzeitig angemessenen Preisen sowie
- Erhaltung des Unternehmens und seiner Arbeitsplätze am heutigen Standort

Neben diesen Zielen könnten weitere wirtschaftliche (z. B. Erreichung eines bestimmten Marktanteils in Hamburg), soziale (z. B. hohe Zufriedenheit der Mitarbeiter) und ökologische (z. B. Schonung von natürlichen Ressourcen, etwa durch Verwendung nachwachsender Rohstoffe) Ziele angestrebt werden.

6) Der **Erfolg**/das **Ergebnis** des vergangenen Monats kann anhand der bekannten gesamten Kosten (65.100 €) und der zugehörigen Umsätze bzw. Umsatzerlöse durch den Verkauf (74.550 €) errechnet werden. Es wurde somit ein Gewinn von 9.450 € erwirtschaftet. Da dieser Erfolg in einer unternehmensinternen Rechnung und nur für den Kernbereich (Herstellung und Verkauf von Tischen und Stühlen) ermittelt wurde, spricht man hier auch vom Betriebserfolg bzw. Betriebsergebnis. Ausführlicher kann der Erfolg mithilfe der folgenden Tabelle 1 errechnet werden:

---

1) Unter Gewinn kann vorläufig die positive Differenz von bewertetem Output (durch Erbringung der Leistung beim Kunden; hier Verkauf von Tischen und Stühlen) und bewertetem Input (durch Verbrauch/Einsatz/Nutzung der Produktionsfaktoren) verstanden werden.

Betriebsergebnisrechnung (Tabelle 1)

1. Mengen und Preise			
	Stuhl	**Tisch**	
Produktions- und Absatzmenge [Stück/Monat]	350	210	
Absatzpreis (netto) [EUR/Stück]	75	230	
2. Kosten und Leistungen			
Kostenart	**Betrag**	**Einheit**	**gesamt [EUR/Monat]**
Holz für den Stuhl	7,85	EUR je Stuhl	2.747,50
Holz für den Tisch	39,00	EUR je Tisch	8.190,00
Hilfsstoffe (Leim, Lacke, Schrauben usw.)	1.000,00	EUR im Monat	1.000,00
Werkzeuge (Fräsköpfe, Schleifwerkzeuge usw.)	500,00	EUR im Monat	500,00
Fremdreparaturen (Wartung)	542,00	EUR im Monat	542,00
Strom	4.439,00	EUR im Monat	4.439,00
Betriebsstoffe (Schmiermittel usw.)	700,00	EUR im Monat	700,00
Heizung und Wasser	960,00	EUR im Monat	960,00
Gehälter	22.731,00	EUR im Monat	22.731,00
Fertigungslohn (Schleifen des Stuhls)	4,50	EUR je Stuhl	1.575,00
Fertigungslohn (Schleifen des Tisches)	8,00	EUR je Tisch	1.680,00
Fertigungslohn (Montage des Stuhls)	4,83	EUR je Stuhl	1.690,50
Fertigungslohn (Montage des Tisches)	9,50	EUR je Tisch	1.995,00
Fertigungslohn (Lackieren des Stuhls)	6,00	EUR je Stuhl	2.100,00
Fertigungslohn (Lackieren des Tisches)	10,00	EUR je Tisch	2.100,00
Hilfslohn für Herrn Dörner	25,00	EUR je Stunde	2.750,00
Abschreibungen auf Sachanlagen	1.800,00	EUR im Monat	1.800,00
Telefon, Internet und Büromaterial	400,00	EUR im Monat	400,00
Miete für Gebäude und Grundstück	7.200,00	EUR im Monat	7.200,00
Summe (= Kosten)	--------------	EUR im Monat	**65.100,00**
Leistungsart	**Betrag**	**Einheit**	
Umsatzerlöse (Stühle)	75,00	EUR je Stuhl	26.250,00
Umsatzerlöse (Tische)	230,00	EUR je Tisch	48.300,00
Summe (= Leistungen)	--------------	EUR im Monat	**74.550,00**
Ergebnis/Erfolg (= Betriebsergebnis/-erfolg)	--------------	EUR im Monat	**9.450,00**

Bestandteile des Erfolges sind der bewertete Output durch den Verkauf von Tischen und Stühlen an die Kunden als positive Größe (= Leistungen) sowie der bewertete Input durch den Verbrauch/Einsatz/die Nutzung der Produktionsfaktoren als negative Größen (= Kosten). Auffällig ist, dass einige Produktionsfaktoren pro Stück verbraucht werden (Rohstoffe und Fertigungslöhne), andere pro Zeiteinheit (hier: Monat) anfallen. Eine Besonderheit stellen die Abschreibungen dar: Die Wertminderung langlebiger Betriebsmittel (z.B. Maschinen oder Fahrzeuge) wird zeitanteilig über sogenannte Abschreibungen verrechnet.

Die Woodstock Holzmöbel GmbH kalkuliert erstmals ihre Kosten pro Stuhl und Tisch

Vorbemerkungen

Sie werden nun mit einer Situation der Woodstock Holzmöbel GmbH konfrontiert. Hierzu erhalten Sie eine detaillierte *Beschreibung* mit verschiedenen Informationen, die zum Teil auch als Lern- und Lösungshilfen dienen. Am Ende jedes Teilabschnitts stehen einige *Leitfragen*, die Ihnen hierbei eine Hilfe sein sollen. Die Fragen lassen sich wiederum überwiegend mit Hilfe der bereit gestellten Informationen über die Woodstock GmbH beantworten.

Bitte beantworten Sie auch jetzt alle Fragen zunächst selbstständig, um den angestrebten Lernerfolg zu erzielen! Die im Anschluss aufgeführten Lösungshinweise sollten Sie dann zum Abgleich mit Ihren Lösungen verwenden; hierbei kommt es auf ein exaktes Nachvollziehen der vorgeschlagenen Lösungen an.

Situation

Bei der Woodstock GmbH werden sich voraussichtlich einige gravierende Veränderungen ergeben:

Einerseits steigen aufgrund verschiedener interner und externer Entwicklungen die Kosten, andererseits wird man auf dem Absatzmarkt nicht mehr die bisherigen Preise und Mengen durchsetzen können. Die Unternehmensleitung befürchtet, dass eventuell ein Teil der Produktpalette nicht mehr kostendeckend sei und stellt bereits Überlegungen an, ob ein Fortbestehen des Unternehmens langfristig noch möglich sei.

Deshalb werden Sie von der Unternehmensleitung gebeten, eine exakte Kalkulation der Stückkosten der Erzeugnisse zu erstellen. Die errechneten Stückkosten sollen dann den Stückerlösen gegenübergestellt werden, um eine Einschätzung des Erfolges je Erzeugnis (Stuhl bzw. Tisch) vornehmen zu können. Sofern daran anknüpfend Handlungsbedarf bestehen sollte, bittet die Unternehmensleitung um Vorschläge für ggf. einzuleitende Maßnahmen und deren vorläufige Beurteilung.

Information: Einzel- und Gemeinkosten

Wie die Daten der Betriebsergebnisrechnung zeigen, lassen sich einige Kostenarten problemlos den Erzeugnissen zurechnen, bei anderen erscheint es zunächst schwierig oder sogar unmöglich.
Zur Berechnung der Stückkosten, das heißt der Kosten, die auf den einzelnen Stuhl bzw. Tisch entfallen, müssen bei der Woodstock GmbH zunächst die *Einzelkosten (EK)* und *Gemeinkosten (GK)* getrennt werden. Während die Zurechnung der Einzelkosten unproblematisch ist, erfolgt die Verrechnung der Gemeinkosten über einen »Umweg«: Die Gemeinkosten werden zunächst auf die Orte verteilt, an denen Sie entstanden sind (den sog. *Kostenstellen*) und addiert. Anschließend werden die Gemeinkostensummen nach der Beanspruchung der Kostenstellen durch die Produkte auf diese verteilt.

Teilaufgabenblock A:
Trennung von Einzel- und Gemeinkosten; Verteilung der Gemeinkosten auf die Kostenstellen (Kostenstellenrechnung)

Leitfragen

Rechnen Sie bitte im Folgenden mit den Gesamtbeträgen (also den Kosten für alle produzierten Stühle und Tische), erst am Ende soll durch die Stückzahl dividiert werden).

1) Ermitteln Sie zunächst die Kosten, die dem Stuhl bzw. Tisch zweifelsfrei direkt zurechenbar sind (die Einzelkosten). Tragen Sie Ihre Ergebnisse in die nachstehende Tabelle 2 ein.

2) Verteilen Sie nur die gemeinsam für beide Erzeugnisse anfallenden Kosten (die Gemeinkosten) gemäß der Übersicht zur Kostenstellenrechnung (siehe Seite 21) auf die Kostenstellen.

   Berechnen Sie die 4 Gemeinkostensummen: Material-Gemeinkosten (MGK), Fertigungs-Gemeinkosten (FGK), Verwaltungs-Gemeinkosten (VwGK) und Vertriebs-Gemeinkosten (VtGK).

   Tragen Sie Ihre Ergebnisse in die nachstehende Tabelle 3 ein.

Ermittlung der Einzelkosten in € (Tabelle 2)

	gesamter Betrieb ->	Stühle	Tische
Material-EK (Fertigungsmaterial)			
Fertigungs-EK (Fertigungslöhne)			
gesamte EK			

Verteilung der Gemeinkosten [€] auf die Kostenstellen (Tabelle 3)

Gemeinkostenart	Gesamtbetrag ->	Material	Fertigung	Verwaltung	Vertrieb
Summe					
	(= gesamte GK)	(= MGK)	(= FGK)	(= VwGK)	(= VtGK)

Übersicht zur Kostenstellenrechnung

a) Einteilung in Kostenstellen

Die Woodstock GmbH besteht aus sieben (Funktions-)Bereichen, in denen Kosten anfallen können und auch im vergangenen Monat angefallen sind:

Material (Einkauf, Lager)	CNC	Schleifen	Montage	Lackieren	Verwaltung einschl. Geschäftsführung	Vertrieb (Verkauf/ Lager)

Zur Vereinfachung werden die vier Fertigungsstätten (CNC, Schleifen, Montage und Lackieren) zu einer Fertigungs-Kostenstelle zusammengefasst, sodass insgesamt vier Kostenstellen verbleiben: Material, Fertigung, Verwaltung und Vertrieb.

b) Verteilung der Gemeinkosten

Die folgenden Angaben geben darüber Auskunft, wo die Gemeinkosten der Woodstock GmbH entstanden sind. [Die Angaben sind teilweise detaillierter als zunächst benötigt, sodass man später auch mit mehreren Kostenstellen in der Fertigung arbeiten könnte.]

Die Hilfsstoffe, Betriebsstoffe und Werkzeuge sind nur in den Fertigungsstätten verwendet worden.

Die Rechnungen für Fremdreparaturen (Wartung) haben folgende Verteilung ergeben: Materiallager (65 €), CNC (222 €), Schleifen (135 €), Montage (60 €), Lackieren (60 €).

Der Grundpreis für Strom (200 €) wird der Verwaltung angelastet. Die übrigen Kosten werden zu 0,15 € je kWh verbrauchsabhängig verteilt:

Kostenstelle	Material	CNC	Schleifen	Montage	Lackieren	Verwaltung	Vertrieb
Verbrauch (kWh)	690	17.000	5.700	1.870	2.100	700	200

Heizung/Wasser fallen erfahrungsgemäß im Verhältnis 1 : 5 : 5 : 1 in den vier Kostenstellen an.

Die Gehälter (inklusive Nebenkosten) betragen: 9.200 € (Frau Fischer), 4.800 € (Herr Meier), 750 € (Frau Huber), 4.500 € (Herr Fingerle), 2.281 € (Frau Behn) und 1.200 € (F. Riedel). Herr Fingerle arbeitet die Hälfte der Arbeitszeit an der CNC-Maschine.

(Die Entgelte für die Mitarbeiter Roth, Becker und Wolf sind bereits als Stücklöhne bei den Fertigungs-EK erfasst.)

Herr Dörner (Hilfslohnempfänger) hat laut Stundenzetteln für folgende Bereiche gearbeitet:

Bereich	Materiallager	Schleifen	Montage	Lackieren	Fertigwarenlager
Arbeitsstunden	10	15	45	15	25

Die Abschreibungen auf Sachanlagen entfallen auf die CNC-Maschine (1.250 €), die Schleifmaschine (400 €) und auf die Verwaltung (150 €).

Die Telefon- und Internet-Grundgebühr (25 €) wird der Verwaltung angelastet, die übrigen Kosten für Telefon, Internet und Büromaterial: 60 % Verwaltung und jeweils 20 % Einkauf und Vertrieb.

Die Miete soll nach der beanspruchten Fläche verteilt werden. Aus Vereinfachungsgründen werden die Umkleideräume, Toiletten und Pausenräume der Verwaltung zugerechnet.

Lösungshinweise zu Teilaufgabenblock A

zu A1)

Ermittlung der Einzelkosten in € (Tabelle 2)

	gesamter Betrieb ->	Stühle	Tische
Material-EK (Fertigungsmaterial)	**10.937,50**	**2.747,50**	**8.190,00**
Fertigungs-EK (Fertigungslöhne)	**11.140,50**	**5.365,50**	**5.775,00**
gesamte EK	**22.078,00**	**8.113,00**	**13.965,00**

Erläuterung: Es gibt grundsätzlich zwei Einzelkosten-Arten: Rohstoffkosten sind Material-Einzelkosten, und Fertigungslöhne sind Fertigungs-Einzelkosten. Theoretisch wäre es möglich, auch bestimmte Hilfsstoffkosten als Einzelkosten zu behandeln; aus Gründen der Vereinfachung und Wirtschaftlichkeit werden diese jedoch wie Gemeinkosten behandelt (es sind sogenannte unechte Gemeinkosten).

Bezüglich der Einzelkosten ist die Verteilung auf die Produkte *(Kostenträger)* unproblematisch, da ihre Kostenbeträge bereits originär pro Stück vorliegen.

zu A2)

Verteilung der Gemeinkosten [in €] auf die Kostenstellen (Tabelle 3)

Gemeinkostenart	Gesamtbetrag ->	Material	Fertigung	Verwaltung	Vertrieb
Hilfsstoffe	1.000,00		1.000,00		
Werkzeuge	500,00		500,00		
Fremdreparaturen	542,00	65,00	477,00		
Strom	4.439,00	103,50	4.000,50	305,00	30,00
Betriebsstoffe	700,00		700,00		
Heizung/Wasser	960,00	80,00	400,00	400,00	80,00
Gehälter	22.731,00	750,00	4.500,00	15.200,00	2.281,00
Hilfslohn	2.750,00	250,00	1.875,00		625,00
Abschreibungen	1.800,00		1.650,00	150,00	
Telefon, Internet und Büromaterial	400,00	75,00		250,00	75,00
Miete	7.200,00	864,00	4.032,00	1.152,00	1.152,00
Summe	43.022,00	2.187,50	19.134,50	17.457,00	4.243,00
	(= gesamte GK)	**(= MGK)**	**(= FGK)**	**(= VwGK)**	**(= VtGK)**

Erläuterung: Die Verteilung der Gemeinkosten auf die Kostenstellen erfolgt anhand der vorgegebenen Verteilungsschlüssel; diese stammen entweder aus Erfahrungen der Vergangenheit, aktuellen Messungen oder bestimmten Annahmen über eine plausible, annähernd verursachungsgerechte Verteilung.

Teilaufgabenblock B: Kalkulation/Kostenträgerrechnung

Nach erfolgreichem Abschluss der Kostenstellenrechnung geht es nun im Rahmen der Kostenträgerrechnung darum, den beiden Produkten auch die Gemeinkosten annähernd verursachungsgerecht zuzurechnen.

Information: Verteilung der Gemeinkostensummen

Grundlage für die Zurechnung der Gemeinkostensummen soll (wie schon erwähnt) die Beanspruchung der Kostenstellen durch die Produkte sein.
Vereinfachend geht man von folgender Annahme bezüglich der Material- und Fertigungskostenstelle aus: Ein Produkt, das relativ hohe Einzelkosten aufweist, hat (vermutlich) auch einen relativ hohen Anteil an den Gemeinkosten. Ein Produkt, das relativ geringe Einzelkosten aufweist, hat demgegenüber (vermutlich) auch einen relativ geringen Anteil an den Gemeinkosten.
Etwas konkreter auf den Fall bezogen: Der Tisch hat höhere Material-EK (Holz) als der Stuhl, somit bekommt er auch einen entsprechend höheren Anteil an Material-GK zugerechnet.
Entsprechendes gilt für die Fertigungs-Kostenstelle: höhere Fertigungs-EK haben auch höhere Fertigungs-GK zur Folge.
Bezüglich der Verwaltungs-GK (VwGK) und der Vertriebs-GK (VtGK) nimmt man an, dass ein Produkt mit relativ hohen *Herstellkosten* (das sind alle Material- und Fertigungskosten zusammen, also die Einzel- und Gemeinkosten der Material- und Fertigungskostenstelle!) auch entsprechend höhere Verwaltungs-GK und Vertriebs-GK verursacht.
Wenn man nun alle Kalkulationsbestandteile addiert, erhält man die sog. *Selbstkosten*.

Leitfragen

Rechnen Sie bitte auch im Folgenden mit den Gesamtbeträgen (also den Kosten für alle produzierten Stühle und Tische), erst am Ende soll durch die Stückzahl dividiert werden).

1) Tragen Sie zunächst alle bereits bekannten Ergebnisse in das Kalkulationsschema (Tabelle 4) ein. Dies sind alle Kosten des gesamten Betriebes und die Einzelkosten der Produkte.

2) Ermitteln Sie nun für alle vier Gemeinkostensummen des gesamten Betriebes (MGK, FGK, VwGK und VtGK) die Anteile, die sich auf die Stuhl- bzw. Tischproduktion beziehen. Berücksichtigen Sie dabei Folgendes:
   - Das Verhältnis der MGK des gesamten Betriebes zu den MEK des gesamten Betriebes gilt auch für das Verhältnis MGK zu MEK des jeweiligen Erzeugnisses (Stuhl bzw. Tisch).
   - Das Verhältnis der FGK des gesamten Betriebes zu den FEK des gesamten Betriebes gilt auch für das Verhältnis FGK zu FEK des jeweiligen Erzeugnisses (Stuhl bzw. Tisch).

Wenn Sie alle bis hierher einbezogenen Kosten addieren, erhalten Sie die Herstellkosten.

- Verwaltungs- und Vertriebs-Gemeinkosten sollen die beiden Erzeugnisse im gleichen Verhältnis belasten wie die gerade ermittelten Herstellkosten. Berechnen Sie entsprechend den jeweiligen Teil der Verwaltungs- und Vertriebs-Gemeinkosten, der sich auf den Stuhl bzw. Tisch bezieht.

  Ermitteln Sie nun die Selbstkosten des Stuhls und des Tisches (gesamt und pro Stück). Tragen Sie alle ermittelten Werte in das Kalkulationsschema (Tabelle 4) ein.

3) Kontrollieren Sie mit einer geeigneten Proberechnung, ob alle im Monat angefallenen Kosten auf Stühle und Tische vollständig verteilt worden sind.
4) Vergleichen Sie die ermittelten Stückkosten mit den jeweiligen Verkaufspreisen, und interpretieren Sie die Ergebnisse.

Kalkulationsschema in € (Tabelle 4)

	gesamter Betrieb ->	**Stühle**	**Tische**
MEK			
+ MGK			
+ FEK			
+ FGK			
= Herstellkosten (gesamt)			
+ VwGK			
+ VtGK			
= Selbstkosten (gesamt)			
=> Selbstkosten (pro Stück)	----------		

Lösungshinweise zu Teilaufgabenblock B

zu B1)

Kalkulationsschema in € (Tabelle 4)

	gesamter Betrieb ->	Stühle	Tische
MEK	10.937,50	2.747,50	8.190,00
+ MGK	2.187,50		
+ FEK	11.140,50	5.365,50	5.775,00
+ FGK	19.134,50		
= Herstellkosten (gesamt)	43.400,00		
+ VwGK	17.457,00		
+ VtGK	4.243,00		
= Selbstkosten (gesamt)	65.100,00		
=> Selbstkosten (pro Stück)	--		

zu B2)

Erläuterung: Nachdem die bereits bekannten Werte eingetragen worden sind, wird folgendes Verhältnis aufgestellt, um die Material-Gemeinkosten (MGK) zu verteilen:

$$\frac{\text{MGK (ges. Betrieb)}}{\text{MEK (ges. Betrieb)}} = \frac{2.187{,}50\ €}{10.937{,}50\ €} = 0{,}20$$

MGK (Stuhl) = 2.747,50 € · 0,20 = 549,50 €

MGK (Tisch) = 8.190,00 € · 0,20 = 1.638,00 €

Entsprechend werden die Fertigungs-Gemeinkosten (FGK) verteilt:

$$\frac{\text{FGK (ges. Betrieb)}}{\text{FEK (ges. Betrieb)}} = \frac{19.134{,}50\ €}{11.140{,}50\ €} = 1{,}717562^{1)}$$

FGK (Stuhl) = 5.365,50 € · 1,717562 = 9.215,58 €

FGK (Tisch) = 5.775,00 € · 1,717562 = 9.918,92 €

Zur Verteilung der Verwaltungs-Gemeinkosten (VwGK) benötigt man als Zwischensummen zunächst die jeweiligen Herstellkosten gemäß Tabelle 4: 17.878,08 € für den Tisch und 25.521,92 € für den Stuhl.

Anschließend wird jeweils folgendes Verhältnis aufgestellt:

$$\frac{\text{VwGK (ges. Betrieb)}}{\text{HK (ges. Betrieb)}} = \frac{17.457{,}00\ €}{43.400{,}00\ €} = 0{,}402235$$

VwGK (Stuhl) = 17.878,08 € · 0,402235 = 7.191,19 €

VwGK (Tisch) = 25.521,92 € · 0,402235 = 10.265,81 €

1) Hier und bei den folgenden Quotienten soll ausnahmsweise nicht kaufmännisch gerundet werden, um daraus resultierende Differenzen zu vermeiden; am Ende der Fallstudie folgt ein Hinweis auf die übliche Rundungsregel.

Die Verteilung der Vertriebs-Gemeinkosten (VtGK) erfolgt analog über die jeweiligen Herstellkosten:

$$\frac{\text{VtGK (ges. Betrieb)}}{\text{HK (ges. Betrieb)}} = \frac{4.243{,}00\ €}{43.400{,}00\ €} = 0{,}097765$$

VtGK (Stuhl) = 17.878,08 € · 0,097765 = 1.747,85 €

VtGK (Tisch) = 25.521,92 € · 0,097765 = 2.495,15 €

Nun werden alle Werte addiert, sodass man die Selbstkosten erhält (gesamter Betrieb und getrennt für Tisch und Stuhl). Anschließend teilt man die Selbstkosten für die Tische bzw. Stühle durch die jeweilige Produktionsmenge (350 Stühle bzw. 210 Tische) und erhält als Endergebnis die Selbstkosten (pro Stück).

Kalkulationsschema in € (Tabelle 4)

	gesamter Betrieb ->	Stühle	Tische
MEK	10.937,50	2.747,50	8.190,00
+ MGK	2.187,50	549,50	1.638,00
+ FEK	11.140,50	5.365,50	5.775,00
+ FGK	19.134,50	9.215,58	9.918,92
= Herstellkosten (gesamt)	43.400,00	17.878,08	25.521,92
+ VwGK	17.457,00	7.191,19	10.265,81
+ VtGK	4.243,00	1.747,85	2.495,15
= Selbstkosten (gesamt)	65.100,00	26.817,12	38.282,88
=>Selbstkosten (pro Stück)	------------------------------------	76,62	182,30

zu B3)

Die Proberechnung ergibt sich durch folgenden Zusammenhang: Wenn man die ermittelten Selbstkosten (pro Stück) mit den Produktionsmengen multipliziert, sollte man exakt die Gesamtkosten laut Betriebsergebnisrechnung (Tabelle 1) erhalten: 65.100 €.

Anders ausgedrückt: Bei richtiger Rechnung wurden jeder Euro und jeder Cent der Kosten auf die beiden Erzeugnisse verteilt.

Die Rechnung lautet: 350 Stühle · 76,62 € + 210 Tische · 182,30 € = 65.100 €!

zu B4)

Wenn man die ermittelten Stückkosten mit den Verkaufspreisen vergleicht, erkennt man sofort, dass durch den Verkauf des Stuhls die anfallenden Kosten nicht vollständig gedeckt werden (76,62 € > 75 €), der Tisch dagegen einen Gewinn pro Stück (230 € – 182,30 € = 47,70 €) erwirtschaftet. Woodstock sollte bezüglich des Stuhls also <u>langfristig</u> versuchen, die Kosten zu senken oder den Preis zu verändern.

Weiter reichende Folgerungen (z.B. Elimination des Stuhls aus dem Produktionsprogramm) können aber an dieser Stelle nicht abgeleitet werden, da man auch den Sortimentseffekt (die Kunden erwarten beide Produkte im Programm) und die gegenseitige Ergänzung beider Produkte berücksichtigen muss. Ebenso können hier keine <u>kurzfristigen</u> Entscheidungen abgeleitet werden, da eine Trennung in variable und fixe Kosten nicht erfolgt ist.

Ergänzung/Erweiterung zu den Lösungshinweisen

Wenn man den hier gegangenen Lösungsweg erfolgreich beschritten hat, kann man einige Schritte automatisieren (z.B. mit dem Tabellenkalkulationsprogramm Excel) und auch ein wenig vereinfachen und abkürzen. Dies soll die folgende Ergänzung/Erweiterung verdeutlichen:

(1) Man berechnet die ermittelten Verhältnisse nur *einmalig* und bezeichnet sie als *Zuschlagssätze*; diese werden üblicherweise in Prozent angegeben und auf zwei Stellen hinter dem Komma kaufmännisch gerundet:

$$\frac{\text{MGK (ges. Betrieb)}}{\text{MEK (ges. Betrieb)}} \cdot 100 = \frac{2.187{,}50\ €}{10.937{,}50\ €} \cdot 100 = 20\ \%\ \textit{(MGK-Zuschlagssatz)}$$

$$\frac{\text{FGK (ges. Betrieb)}}{\text{FEK (ges. Betrieb)}} \cdot 100 = \frac{19.134{,}50\ €}{11.140{,}50\ €} \cdot 100 = 171{,}76\ \%\ \textit{(FGK-Zuschlagssatz)}$$

$$\frac{\text{VwGK (ges. Betrieb)}}{\text{HK (ges. Betrieb)}} \cdot 100 = \frac{17.457{,}00\ €}{43.400{,}00\ €} \cdot 100 = 40{,}22\ \%\ \textit{(VwGK-Zuschlagssatz)}$$

$$\frac{\text{VtGK (ges. Betrieb)}}{\text{HK (ges. Betrieb)}} \cdot 100 = \frac{4.243{,}00\ €}{43.400{,}00\ €} \cdot 100 = 9{,}78\ \%\ \textit{(VtGK-Zuschlagssatz)}$$

(2) Nun nimmt man die Kalkulation gleich *stückbezogen* vor; man erhält damit kleinere und übersichtlichere Werte, gerade in Unternehmen mit hohen Stückzahlen. Dabei berechnet man die Gemeinkosten jeweils durch Multiplikation der Basis (also den MEK, FEK oder HK) mit dem jeweiligen Zuschlagssatz:

Stück-Kalkulationsschema in € (Tabelle 5)

	Stuhl	**Tisch**
MEK	7,85	39,00
+ MGK (20 % der MEK)	1,57	7,80
+ FEK	15,33	27,50
+ FGK (171,76 % der FEK)	26,33	47,23
= Herstellkosten pro Stück	51,08	121,53
+ VwGK (40,22 % der HK)	20,54	48,88
+ VtGK (9,78 % der HK)	5,00	11,89
= Selbstkosten pro Stück	76,62	182,30

Zusammenfassung: Die wichtigsten Begriffe der Kosten- und Leistungsrechnung im Überblick

Einzelkosten (EK)	Einzelkosten können einem einzelnen Produkt direkt zugerechnet werden; es sind entweder Material-EK (Fertigungsmaterial: Rohstoffe und Fremdbauteile) oder Fertigungs-EK (Fertigungslöhne).
Gemeinkosten (GK)	Gemeinkosten können einem einzelnen Produkt nicht direkt zugerechnet werden; es ist erforderlich, sie zunächst auf die Kostenstellen zu verteilen (-> Kostenstellenrechnung).
Herstellkosten	Die Herstellkosten umfassen die Einzel- und Gemeinkosten der Kostenstellen Material und Fertigung. Verwaltungs- und Vertriebsgemeinkosten sind darin nicht enthalten. Herstellkosten können sich auf alle Produkte des gesamten Betriebes oder auf jedes einzelne Produkt beziehen.
Kostenartenrechnung	Die Kostenartenrechnung ist die erste von drei Stufen der Kosten- und Leistungsrechnung; hier werden alle Kosten nach der Art der verbrauchten Produktionsfaktoren ausgewiesen.
Kostenstellen	Orte, an denen Kosten verursacht werden; die Mindestaufteilung besteht aus der Material-Kostenstelle (Einkauf, Materiallager, Materialverwaltung), der Fertigungs-Kostenstelle (Produktion, Produktionsleitung), der Verwaltungs-Kostenstelle (allgemeine Verwaltung, Leitung, Rechnungswesen usw.) und der Vertriebs-Kostenstelle (Verkauf, Marketing, Fertigwarenlager).
Kostenstellenrechnung	Die Kostenstellenrechnung ist die zweite von drei Stufen der Kosten- und Leistungsrechnung; hier werden die Gemeinkosten auf die (->) Kostenstellen des Betriebes verteilt.
Kostenträger	Produkte des Unternehmens; sie müssen letztlich die Kosten »tragen«
Kostenträgerrechnung	Die Kostenträgerrechnung ist die dritte und letzte Stufe der Kosten- und Leistungsrechnung; hier werden den Produkten die durch sie verursachten Kosten zugerechnet (auch: Kalkulation). Als Ergebnisse erhält man die (->) Herstell- und (->) Selbstkosten der Produkte.
Selbstkosten	Die Selbstkosten umfassen alle Einzel- und Gemeinkosten eines Produktes.
unechte Gemeinkosten	Unechte Gemeinkosten (z.B. Hilfsstoffkosten) könnte man als Einzelkosten behandeln; aus Gründen der Vereinfachung und Wirtschaftlichkeit werden diese jedoch wie Gemeinkosten behandelt.

1 Einführung in die Kosten- und Leistungsrechnung

1.1 Aufgaben der Kosten- und Leistungsrechnung im Rahmen des betrieblichen Rechnungswesens

Situation

Die Graweco GmbH mit Sitz in Erfurt und Produktionsstätten in Eschwege, Eisenach und Erfurt ist ein mittelständisches Unternehmen, das medizinische Geräte und Apparate herstellt. – Seit der Privatisierung durch die »Treuhand« haben sich die Umsätze mit zweistelligen Steigerungsraten sehr positiv entwickelt, die Ertragserwartungen aber bisher noch nicht erfüllt – vermutlich wegen der im Vergleich zur Konkurrenz zu hohen Kosten.

Mit 600 gewerblichen und kaufmännischen Mitarbeitern wird ein umfangreiches Produktionsprogramm gefertigt und vermarktet. Die Fertigungstiefe ist beachtlich, sodass sich in den Betrieben ständig eine Vielzahl von verschiedenen Halb- und Fertigerzeugnissen auf Lager befindet.

Um in einem Unternehmen dieser Größenordnung den Überblick nicht zu verlieren und den gesetzlichen Vorschriften zu genügen, wird ein Großteil der kaufmännischen Angestellten in verschiedenen Abteilungen mit reinen Abrechnungs- und Verwaltungsaufgaben, d.h. im »betrieblichen Rechnungswesen« beschäftigt. Der traditionellen Einteilung folgend werden hierfür im Organisationsplan des Unternehmens folgende Teilbereiche aufgeführt:

- Finanzbuchführung und Bilanzierung
- Kosten- und Leistungsrechnung
- Statistik und Vergleichsrechnung
- Planungsrechnung (Budgetierung)

Eine Betriebsanalyse durch einen externen Berater wurde in Auftrag gegeben und lässt schon erkennen: Während die detaillierte Buchführung offensichtlich den Anforderungen genügt, scheinen die übrigen Bereiche des Rechnungswesens unterentwickelt zu sein.

Problem

Wie kann eine Neugestaltung des Rechnungswesens, insbesondere eine Weiterentwicklung der Kosten- und Leistungsrechnung, zu einer besseren Transparenz des Betriebsgeschehens führen und damit helfen, die Ertragskraft der Unternehmung zu stärken?

Lösung

Die bisherige Einteilung des Rechnungswesens hat sich wegen vielfacher Aufgabenüberschneidungen als unzweckmäßig erwiesen. Der Konkurrenzdruck zwingt die Geschäftsleitung dieses Unternehmens nun, im Rahmen von Rationalisierungsmaßnahmen über die sinnvolle Einteilung der Aufgaben und Verfahren, insbesondere in der Kosten- und Leistungsrechnung, neu zu entscheiden.

Die »Statistik und Vergleichsrechnung« sollte nicht als eigenständiger Bestandteil des Rechnungswesens gesehen werden, da sowohl in den Teilbereichen der Buchführung als auch in der Kosten- und Leistungsrechnung statistische Methoden und Auswertungen integriert wurden.

Auch eine »Planungsrechnung« lässt sich nicht isoliert durchführen; denn planerische Elemente, Soll-Ist-Vergleiche bzw. ein »Controlling« sind mittlerweile in allen Teilbereichen des betrieblichen Rechnungswesens vorzufinden. Deshalb werden Finanz- und Liquiditätsplanung der Buchführung und Kostenplanung der Kosten- und Leistungsrechnung zugeordnet.

Sinnvoll ist insbesondere eine *Unterteilung in externes und internes Rechnungswesen*, d. h. eine *Zuordnung des Zahlenmaterials und der Aktivitäten im Rechnungswesen nach dem Informationsempfänger:*

Das externe Rechnungswesen enthält die Finanzbuchführung und Bilanzierung einschließlich zugehöriger Nebenbuchführungen (wie Kontokorrent) und Statistiken (Vergleichsrechnungen). Diese Teile dienen primär der Information und Beeinflussung von Außenstehenden (z. B. Gläubiger, Finanzamt, Öffentlichkeit).

Hier gelten deshalb über alle Betriebsarten und alle Branchen hinweg einheitliche *handelsrechtliche und steuerrechtliche Vorschriften* (z. B. im Handelsgesetzbuch – HGB – und in der Abgabenordnung – AO), ferner auch rechtsform- und branchenspezifische Ergänzungsbestimmungen (z. B. in der Publizitätsordnung und dem Körperschaftsteuergesetz). Durch die Verwendung von *Kontenrahmen* (z. B. Industriekontenrahmen – IKR – oder Einzelhandelskontenrahmen) wird eine weitere Vereinheitlichung erreicht.

Das interne Rechnungswesen, zu dem die Kosten- und Leistungsrechnung gehört, kann hingegen weitgehend betriebsindividuell gestaltet werden. Von wenigen Ausnahmen abgesehen gibt es für dessen Ausgestaltung *keine gesetzlichen Vorschriften.* Es dient der Betriebsführung zu Planungs-, Abrechnungs-, Steuerungs- und Kontrollzwecken.

Als **Aufgaben einer Kosten- und Leistungsrechnung** können festgehalten werden:

- Zunächst kommt es darauf an, alle durch den betrieblichen Leistungsprozess verursachten **Kosten** *zu erfassen.* Es soll ermittelt werden, welche Aufwendungen wirklich für das Kerngeschäft notwendig sind; nur sie stellen Kosten dar.
- Auf dieser Basis wird dann die **Kontrolle** *der Wirtschaftlichkeit* der beteiligten Werke und Betriebsabteilungen möglich. Es muss jede »Kostenstelle« ständig daraufhin überwacht werden, ob sie sparsam bzw. rationell gearbeitet hat.[1]
- Für den Jahresabschluss muss eine möglichst exakte **Bewertung** *der Bestände* an Halb- und Fertigfabrikaten durchgeführt werden.
- Als eine wesentliche Aufgabe der Kosten- und Leistungsrechnung wird ferner die **Stückkostenkalkulation,** *d. h. die Ermittlung* der auf ein Erzeugnis (»Kostenträger«) entfallenden Kosten, möglich.
- Es soll auch ermittelt werden, welche *Mindestpreise* am Markt für die Produkte erzielt werden müssen und welche *Zusammenstellung des Sortiments* sinnvoll ist. Damit liefert die Kostenrechnung wertvolle **Entscheidungsgrundlagen** für die Produkt- und Preispolitik.
- Schließlich ergibt sich durch regelmäßige Gegenüberstellung der Kosten und Leistungen eine *kurzfristige betriebliche* **Ergebnisrechnung.**

---

[1] Als **Kennziffer** für die Wirtschaftlichkeit gilt allgemein das Ergebnis des Bruches **Leistung : Kosten** (bzw. Erträge : Aufwendungen). Eine Verbesserung der Wirtschaftlichkeit ist das Ziel aller Rationalisierungsmaßnahmen.

Merke:

1. Während in jedem Unternehmen als **externes Rechnungswesen** vor allem die Finanzbuchführung *nach gesetzlichen Vorschriften einheitlich geregelt* ist, wird als ein rein **internes Rechnungswesen** die Kosten- und Leistungsrechnung *betriebsindividuell zweckmäßig gestaltet.*
2. Wesentliche **Aufgaben der Kosten- und Leistungsrechnung** sind
   - *Wirtschaftlichkeitskontrolle* der Abteilungen,
   - *Bewertung fertiger und unfertiger Erzeugnisse,*
   - *Kalkulation* der Kostenträger,
   - Bereitstellung von *Entscheidungsgrundlagen* für die Preis- und Produktpolitik,
   - Durchführung einer kurzfristigen *Betriebsergebnisrechnung.*

1.2 Hauptbereiche der Kosten- und Leistungsrechnung im Überblick

Zunächst ist es wichtig, die betriebsnotwendigen Aufwendungen genau zu erfassen. Das ist die Aufgabe der **Kostenartenrechnung**. Dieser Bereich der Kosten- und Leistungsrechnung führt die Ableitung der Kosten aus den Aufwendungen der Geschäftsbuchführung durch.

Um die Möglichkeiten der Kostensenkung zu erkennen, muss die Kostenartenrechnung die einzelnen Kosten sehr stark aufspalten, z. B. die Kostenart »Gehälter« in »Gehälter für Verwaltung«, »Gehälter für Fertigung 1«, »Gehälter für Fertigung 2« usw.

Aus der Kostenartenrechnung erhält man eine einfache *Betriebsergebnisrechnung*, wenn man der Summe der Kostenarten die *Gesamtleistung* gegenüberstellt.

Die Gesamtleistung besteht aus der Außenleistung (Umsatzerlöse) und der Innenleistung (Bestandserhöhungen, aktivierungsfähige Eigenleistungen wie selbst erstellte Anlagen). Aus der Differenz zwischen den *Gesamtkosten* der Kostenartenrechnung und der *Gesamtleistung* errechnet sich das *Betriebsergebnis:*

Gesamtleistung – Gesamtkosten = Betriebsergebnis

Die Abteilungskontrolle erfolgt in der **Kostenstellenrechnung**. Dieser Bereich der Kosten- und Leistungsrechnung basiert auf der Kostenartenrechnung. Um die Kosten wirksam kontrollieren zu können, muss man nämlich wissen, welche Abteilung die Kosten verursacht hat bzw. an welcher Stelle die Kosten entstanden sind. Diese Zuordnung ist umso leichter, je genauer die Kostenarten bei ihrer Entstehung gekennzeichnet werden. Wenn man z. B. die Kostenart »Gehälter« in Gehälter für Verwaltung, Fertigung 1, Fertigung 2 usw. aufspaltet, ist die Verteilung auf die entsprechenden Kostenstellen ohne Weiteres möglich.

Die Beständebewertung und die Stückkostenkalkulation sowie darüber hinaus die Schaffung von Entscheidungsgrundlagen für die Sortiments- und Absatzplanung sind Aufgaben der **Kostenträgerrechnung.** Besonders wichtig ist es in diesem Bereich der Kosten- und Leistungsrechnung, der Geschäftsleitung und der Vertriebsabteilung die notwendigen Informationen für eine richtige Preis-, Absatz- und Sortimentspolitik zu liefern.

Falls die Marktpreise durch die Konkurrenzsituation vorgegeben sind, muss die Unternehmung beurteilen, bei welchen Artikeln die vorgegebenen Marktpreise gewinnbringend oder wenigstens verlustmindernd sind.

Falls die Unternehmung im Ausnahmefall die Angebotspreise selbst bestimmen kann, muss sie zunächst die Kosten je Erzeugnis kennen, um daraus den Angebotspreis zu ermitteln. Weil die Kosten der Unternehmung durch die Erzeugnisse getragen werden müssen, bezeichnet man diesen Teil der Kostenrechnung als **Kostenträgerstückrechnung.** Diese ist außerdem notwendig zur Berechnung der Innenleistungen und damit zur Bewertung der Bestände an Erzeugnissen bzw. aktivierten Eigenleistungen in der Bilanz.

Stellt man den Kosten der Erzeugnisse bzw. der Erzeugnisgruppen die zugehörigen Umsatzerlöse gegenüber, so erhält man das Betriebsergebnis je Erzeugnis bzw. je Erzeugnisgruppe. Eine solche Darstellung wird auch als **Kostenträgerzeitrechnung** (erzeugnisbezogene kurzfristige Erfolgsrechnung) bezeichnet.

Eine richtige Umrechnung der Kosten auf die Erzeugnisse bzw. die Innenleistungen ist nur möglich, wenn eine genaue Zuordnung nach Kostenarten und Kostenstellen vorliegt.

Eine Übersicht über diese Hauptbereiche der Kosten- und Leistungsrechnung finden Sie auf der nächsten Seite, Einzelheiten dazu in den folgenden Abschnitten.

Merke:

1. Eine genaue **Kostenartenrechnung** ist die *Grundlage für alle weiteren Kostenzuordnungen.*
2. Die **Kostenstellenrechnung** dient der *Kostenkontrolle* in den Verantwortungsbereichen. Sie ist darüber hinaus die *Grundlage für die Umrechnung der Kosten auf die Leistungen.*
3. Die **Kostenträgerrechnung** baut auf der Kostenarten- und Kostenstellenrechnung auf. Sie dient der *Preis-, Absatz- und Sortimentspolitik* und der *Beständebewertung.*

Übersicht über die Bereiche der Kosten- und Leistungsrechnung

Kostenrechnung

Kostenartenrechnung

welche Kosten?

Gesamtkosten
- Personalkosten
- Materialverbrauch
- Abschreibungen
- sonstige Kosten

Kostenstellenrechnung

wo verursacht?

- **Beschaffung**: Einkauf, Materiallager
- **Produktion**: Fertigung 1, Fertigung 2
- **Absatz**: Verkauf, Erzeugnislager
- **Verwaltung**

Kostenträgerrechnung

für welche Leistungen?

Kostenträgerzeitrechnung
- Innenleistung
- Erzeugnis 1
- Erzeugnis 2
- Erzeugnis 3
- Umsatzerlöse
- aktivierte Eigenleistungen
- Bestandserhöhung von Erzeugnissen

Gesamtleistung
- Außenleistung
- Innenleistung

Leistungsrechnung

Aufgaben zu 1.1 und 1.2

1-1 Fragen

a) Wie lautet die traditionelle Einteilung des Rechnungswesens in vier Teilbereiche?

b) Aus welchen beiden Gründen unterscheidet man das externe vom internen Rechnungswesen?

c) Worin bestehen die wesentlichen Zielsetzungen der Kosten- und Leistungsrechnung?

d) Warum kann der Jahresabschluss einer Industrieunternehmung nicht ohne die Hilfe der Kosten- und Leistungsrechnung erstellt werden?

e) Welche Aufgaben hat die Kosten- und Leistungsrechnung für die Unternehmensleitung hinsichtlich ihrer Marktstrategie zu erfüllen?

f) Erläutern Sie die Teilaufgaben »Kostenerfassung« und »einfache Betriebsergebnisrechnung« als Funktionen der Kostenartenrechnung!

g) Worin besteht die Hauptaufgabe der Kostenstellenrechnung?

h) Wie interpretieren Sie die Aussage: »Die Kostenträgerrechnung baut auf der Kostenartenrechnung und der Kostenstellenrechnung auf«?

i) Wodurch unterscheiden sich Kostenträgerstückrechnung und Kostenträgerzeitrechnung?

1-2 Lückentest

In dem folgenden Text sind wichtige Begriffe ausgelassen. Die Lücken sind gekennzeichnet mit (a) bis (e). Schreiben Sie in Ihrem Arbeitsheft zu den einzelnen Buchstaben die zugehörigen Begriffe nieder!

Die Erfassung der für die betriebliche Produktion der Periode notwendigen Aufwendungen erfolgt in der ...(a)... Die Kontrolle der Wirtschaftlichkeit der Betriebsabteilungen ist eine Aufgabe der ...(b)... Die Umrechnung der Kosten auf die Produkte erfolgt in der ...(c)... Für den Jahresabschluss ist diese Umrechnung notwendig, weil die ...(d)... immer ...(e)... werden müssen.

2 Die Kostenartenrechnung

2.1 Sachliche Abgrenzung in Ergebnistabellen

2.1.1 Ausgrenzung neutraler Erfolgsvorgänge

Situation

Die Ziegelei Gebrüder Dahmen GmbH, 41179 Mönchengladbach, stellt Mauersteine her. Der Leiter der Buchhaltung, Herr Henning, legt den beiden Inhabern Heinrich und Karl Dahmen die Gewinn- und Verlustrechnung für das abgelaufene Geschäftsjahr vor:

Konto-Nr.	Kontenbezeichnung	Aufwendungen €	Erträge €
5000	Umsatzerlöse		2.515.000,00
5200	Bestandsveränderungen	75.000,00	
5480	Erträge aus der Auflösung von Rückstellungen		17.000,00
5500	Erträge aus Beteiligungen		50.000,00
60	Aufwendungen für Roh-, Hilfs- und Betriebsstoffe	787.000,00	
62 / 64	Personalaufwendungen	934.500,00	
6520	Abschreibungen auf Sachanlagen	385.500,00	
6800	Spenden	25.000,00	
6960	Verluste aus Anlagenabgang	127.500,00	
6990	Steuernachzahlungen	65.000,00	
7460	Verluste aus Wertpapierverkäufen	20.000,00	
7700	Gewerbesteuer	24.500,00	
7800	sonstige betriebliche Aufwendungen	221.000,00	
		2.665.000,00	2.582.000,00
	Ergebnis		83.000,00
		2.665.000,00	2.665.000,00

Der Gesellschafter Heinrich Dahmen ist bestürzt über die Höhe des Verlustes. Er schlägt vor, die Unternehmung aufzulösen und das Werksgelände an die Stadt Mönchengladbach zu verkaufen.

Der Buchhalter, Herr Henning, warnt vor voreiligen Schlüssen. Er meint: »Sie können aus dem Verlust nicht ohne weiteres ableiten, dass unsere Ziegelei unwirtschaftlich gearbeitet hat!«

Problem

Welche Positionen der Gewinn- und Verlustrechnung bestimmen den eigentlichen Betriebserfolg, und welche sind auf besondere Umstände zurückzuführen?

Lösung

Es ist zu unterscheiden, in welchem Umfang das Ergebnis durch das Kerngeschäft bedingt ist und in welchem Maße es auf sonstigen Einflüssen beruht. Dazu müssen alle Aufwendungen und Erträge genau analysiert werden.

Diejenigen Erträge der Abrechnungsperiode, die durch die reguläre betriebliche Tätigkeit als Kombination der Produktionsfaktoren bedingt sind, bezeichnet man als **Leistungen.**

Die Aufwendungen, die durch die Erstellung der Leistungen der Periode verursacht wurden, werden **Kosten** genannt.

Der Erfolg des Betriebes muss daher in einer Gegenüberstellung der Kosten und Leistungen dargestellt werden, der **Kosten- und Leistungsrechnung.** Das Ergebnis der Kosten- und Leistungsrechnung ist das **Betriebsergebnis.**

Um die bereinigten Zahlen der Kosten- und Leistungsrechnung zu erhalten, sind die **neutralen Aufwendungen** und die **neutralen Erträge** abzugrenzen. Diese Erfolgsbestandteile werden als *neutral* bezeichnet, weil sie sich im Betriebsergebnis *nicht* auswirken sollen. Als neutral ist ein Aufwand oder ein Ertrag anzusehen, wenn mindestens eines der folgenden **Merkmale** zutrifft:

- nicht auf die betriebliche Tätigkeit (Kerngeschäft) bezogen = **betriebsfremd,**
- nicht auf die Abrechnungsperiode bezogen = **periodenfremd,**
- unregelmäßig anfallend oder ungewöhnlich hoch = **außergewöhnlich** bzw. **außerordentlich.**

typische Beurteilung / **Erfolgsposten**	**betriebs-bedingt**	**perioden-richtig**	**normal**	**Zuordnung**
Umsatzerlöse	+	+	+	Leistungen
Bestandsveränderungen	+	+	+	Kosten/Leistungen
Erträge aus der Auflösung von Rückstellungen	+	(+)	–	neutraler Aufwand
Erträge aus Beteiligungen	–	+	(+)	neutraler Ertrag
Aufwendungen für Roh-, Hilfs- und Betriebsstoffe	+	+	+	Kosten
Personalaufwendungen	+	+	+	Kosten
Verluste aus Anlagenabgang	+	+	–	neutraler Aufwand
Nachzahlungen betrieblicher Steuern	+	–	–	neutraler Aufwand
Verluste aus Wertpaperverkäufen	–	+	–	neutraler Aufwand
Gewerbekapitalsteuer	+	+	+	Kosten
sonstige betriebliche Aufwendungen	+	+	+	Kosten

Die neutralen Aufwendungen und Erträge werden ebenfalls einander gegenübergestellt, und daraus wird ein **neutrales Ergebnis** ermittelt.

Betriebsergebnis und neutrales Ergebnis müssen zusammen wieder das Ergebnis der Geschäftsbuchhaltung ergeben, das als **Gesamtergebnis** bezeichnet wird.

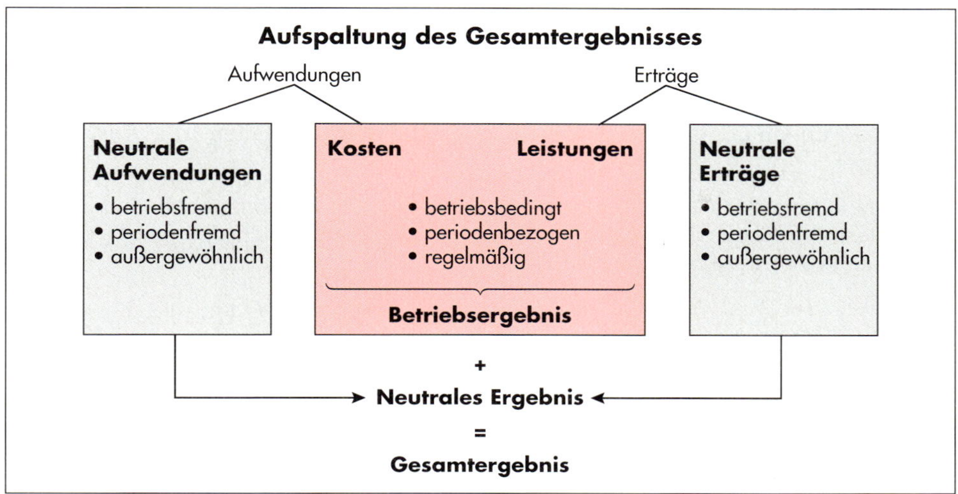

Diese Umrechnungen werden im so genannten **Rechnungskreis 2** vorgenommen. Der Industriekontenrahmen sieht dafür die Kontenklasse 9 vor. Dort können die Kosten und Leistungen, die neutralen Aufwendungen und Erträge sowie die drei Ergebnisse kontenmäßig ausgewiesen werden. Meistens werden diese Umrechnungen jedoch außerhalb des Systems der doppelten Buchführung als statistische Darstellung durchgeführt.

Die Aufspaltung des Gesamtergebnisses wird in der sogenannten Ergebnistabelle vorgenommen. Sie hat für die Firma Gebrüder Dahmen folgendes Aussehen:

Ergebnistabelle der Gebrüder Dahmen GmbH **Geschäftsjahr 20..**

Konto-Nr.	Text	Gesamtergebnis GuV-Rechnung		Neutrales Ergebnis Abgrenzungen		Betriebsergebnis KuL-Rechnung	
		Aufwendungen €	Erträge €	Aufwendungen €	Erträge €	Kosten €	Leistungen €
5000	Umsatzerlöse		2.515.000,00				2.515.000,00
5200	Bestandsveränderungen	75.000,00				75.000,00	
5480	Erträge aus der Auflösung von Rückstellungen		17.000,00		17.000,00		
5500	Erträge aus Beteiligungen		50.000,00		50.000,00		
60	Aufwendungen für Roh-, Hilfs- und Betriebsstoffe	787.000,00				787.000,00	
62 / 64	Personalaufwendungen	934.500,00				934.500,00	
6520	Abschreibungen auf Sachanlagen	385.500,00				385.500,00	
6880	Spenden	25.000,00		25.000,00			
6960	Verluste aus Anlagenabgang	127.500,00		127.500,00			
6990	Steuernachzahlungen	65.000,00		65.000,00			
7460	Verluste aus Wertpapierverkauf	20.000,00		20.000,00			
7700	Gewerbekapitalsteuer	24.500,00				24.500,00	
7800	sonstige betriebliche Aufwendungen	221.000,00				221.000,00	
		2.665.000,00	2.582.000,00	237.500,00	67.000,00	2.427.500,00	2.515.000,00
			83.000,00		170.500,00	87.500,00	
		2.665.000,00	2.665.000,00	237.500,00	237.500,00	2.515.000,00	2.515.000,00

Die erste Doppelspalte der Ergebnistabelle enthält unverändert die Zahlen der Geschäftsbuchführung. Daraus werden die neutralen Aufwendungen und Erträge herausgezogen und in der zweiten Doppelspalte als »**Abgrenzungen**« aufgeführt. Die letzte Doppelspalte enthält jetzt nur noch diejenigen Aufwendungen und Erträge, die betriebsbedingt, periodenbezogen und regelmäßig anfallen: die Kosten und Leistungen.

Die Aufspaltung der Aufwendungen und Erträge in der Ergebnistabelle hat also gezeigt, dass die Firma Gebrüder Dahmen nicht unwirtschaftlich gearbeitet, sondern ein positives Betriebsergebnis erzielt hat.

Aufgaben zu 2.1.1

2-1 **Lückentest**

In dem folgenden Text sind wichtige Begriffe ausgelassen. Die Lücken sind gekennzeichnet mit (a) bis (m). Schreiben Sie in Ihrem Arbeitsheft zu den einzelnen Buchstaben die zugehörigen Begriffe nieder!

Die regelmäßig anfallenden und auf die betriebliche Tätigkeit der Periode bezogenen Aufwendungen bezeichnet man als ...(a)... Ihnen werden die regelmäßig anfallenden betrieblichen ...(b)... der Periode gegenübergestellt. Die auf diese Weise entstehende ...(c)... ergibt als Saldo einen Überschuss oder einen Fehlbetrag, der als ...(d)... bezeichnet wird. Um die Kosten und Leistungen aus den Zahlen der ...(e)... abzuleiten, muss man die ...(f)... Aufwendungen und Erträge abgrenzen. Das sind zunächst alle Aufwendungen und Erträge, die nichts mit dem ...(g)... zu tun haben. Als neutral gelten aber auch alle Aufwendungen und Erträge, die nicht in die ...(h)... gehören oder ganz unregelmäßig bzw. in ...(i)... Höhe anfallen. Aus der Gegenüberstellung der neutralen Aufwendungen und Erträge lässt sich als Saldo das ...(j)... errechnen. ...(k)... und ...(l)... ergeben zusammen das ...(m)... der Unternehmung.

2-2 **Zuordnungen**

Merkmale: (a) Kosten, (b) Leistungen, (c) neutrale Aufwendungen, (d) neutrale Erträge.

Führen Sie für folgende Geschäftsfälle der Maschinenfabrik Enzinger KG an, ob Merkmal (a), (b), (c) oder (d) zutrifft!

1. Erträge aus der Vermietung einer Werkshalle
2. Miete für die EDV-Anlage
3. Gewerbesteuerrückzahlung für eines der Vorjahre
4. Erträge aus der Erstellung eigener Werkzeuge
5. Verbrauch an Blechen für die Produktion
6. Forderungsausfall durch Konkurs eines Großabnehmers (Eine Pauschalwertberichtigung war *nicht* gebildet worden.)
7. Grundsteuer für Werkswohnungen
8. Inventurverluste an Hilfs- und Betriebsstoffen (Fehlbestand)
9. Telefongebühren für die Verkaufsabteilung
10. Lohnfortzahlung für erkrankte Arbeiter

11. Erhöhung des Bestandes an fertig gestellten Küchengeräten
12. Überschuss durch Verkauf eines Lkw über dem Buchwert
13. Fahrspesen für Kraftfahrer der werkseigenen Lkw
14. Erträge aus dem Verkauf von Abfällen, die bei der Produktion anfielen
15. Gewerbesteuervorauszahlung
16. Aufwendungen für die Instandhaltung der Maschinen (Fremdleistungen)
17. Kfz-Steuer für den Pkw der Geschäftsleitung
18. Verringerung des Bestandes an unfertigen Erzeugnissen
19. Erträge aus der Auflösung von Rückstellungen
20. Stromverbrauch für die Produktion

Zuordnungen 2-3

Merkmale: (a) Kosten, (b) Leistungen, (c) neutrale Aufwendungen, (d) neutrale Erträge.

Die Geschäftsbuchhaltung der Firma Gladbacher Tuche AG erfasste u. a. folgende Vorgänge:

1. Ungeklärter Mehrbestand bei der Inventur im Garnlager
2. Miete für eine gemietete Lagerhalle
3. Vierteljahreszahlung der Grundsteuer für das Betriebsgebäude
4. Vertreterprovision
5. Bestandserhöhung bei den Vorräten an unfertigen Erzeugnissen
6. Erträge aus Tuchverkäufen an Belegschaftsangehörige
7. Verlust durch einen Brand im Fertigerzeugnislager
8. Nachzahlung für Gewerbesteuer der Vorjahre (Eine Rückstellung war nicht gebildet worden.)
9. Beiträge an den Fachverband Textilindustrie
10. Totalschaden am Pkw der Geschäftsleitung durch eigenes Verschulden (Der Pkw war nicht kaskoversichert.)
11. Aufwendungen durch Bildung einer Rückstellung für einen schwebenden Prozess vor dem Arbeitsgericht
12. Zahlung von Weihnachtsgeld an die Arbeitnehmer
13. Erträge aus dem Verkauf von Wertpapieren
14. Nachzahlung an die Rheinischen Elektrizitätswerke infolge einer Erhöhung der Strompreise
15. Schadenersatzleistung der Feuerversicherung für Brandschäden im Tuchlager
16. Eingangsrechnung für eine Webstuhlreparatur
17. Hilfslöhne für die Instandhaltung des Werkssportplatzes
18. Erträge aus der Beteiligung an der Firma Rheydter Kleiderfabrik GmbH
19. Jahresbeitrag für den Verein »Naturpark Schwalm-Nette«
20. Abschreibung auf das Verwaltungsgebäude

Arbeitsauftrag:

Führen Sie zu der Nummer jedes Vorgangs an, ob das Merkmal (a), (b), (c) oder (d) zutrifft!

2-4 Ergebnistabelle

Die Geschäftsbuchhaltung der Papierfabrik Heck GmbH weist folgende Zahlen aus:

Konto-nummer	Text	Gesamtergebnis GuV-Rechnung Aufwendungen €	Erträge €
5000	Umsatzerlöse		3.449.000,00
5200	Bestandsveränderungen		75.000,00
5300	aktivierte Eigenleistungen		56.000,00
5480	Erträge aus der Auflösung von Rückstellungen		16.900,00
5500	Erträge aus Beteiligungen		150.000,00
5710	Zinserträge		14.500,00
5780	Wertpapiererträge		65.000,00
6000	Aufwendungen für Rohstoffe	689.000,00	
6030	Aufwendungen für Betriebsstoffe	59.000,00	
6040	Verpackung	27.000,00	
6140	Ausgangsfrachten	83.400,00	
6160	Reparaturen	190.500,00	
62 / 64	Personalaufwendungen	934.500,00	
6520	Abschreibungen auf Gebäude	82.500,00	
6521	Abschreibungen auf Maschinen	685.500,00	
6700	Mieten	107.500,00	
6800	Büromaterial	73.600,00	
6880	Spenden	25.000,00	
6900	Versicherungen	26.600,00	
6930	Verluste aus Schadensfällen (Fertigung)	154.500,00	
6950	Abschreibungen auf Forderungen	179.500,00	
6960	Verluste aus Anlagenabgang	27.500,00	
70	betriebliche Steuern	141.500,00	
7420	Abschreibungen auf Wertpapiere	50.000,00	
7510	Zinsaufwendungen	54.000,00	
7600	außerordentliche Steueraufwendungen	165.000,00	
7800	sonstige betriebliche Aufwendungen	227.500,00	
		3.983.600,00	3.826.400,00
		0,00	157.200,00
		3.983.600,00	3.983.600,00

Arbeitsaufträge:

a) Übertragen Sie die Angaben der Geschäftsbuchhaltung auf ein Ergebnisblatt mit den Spalten einer Ergebnistabelle!

b) Ermitteln Sie das neutrale Ergebnis und das Betriebsergebnis!

c) Stellen Sie für die Endsalden folgende Gleichung auf:
Betriebsergebnis ± neutrales Ergebnis = Gesamtergebnis!

d) Erläutern Sie Ihre Ergebnisanalyse!

Ergebnistabelle **2-5**

a) Erstellen Sie die Ergebnistabelle für die Gebrüder Dahmen GmbH (siehe oben)!

b) Fügen Sie dabei nach der Doppelspalte Gesamtergebnis eine Spalte für eine Kennziffer ein!

c) Erteilen Sie nach Eingabe der Zahlenwerte des Beispiels für jede Aufwands- bzw. Ertragsart eine Kennziffer (Kosten = 1, neutrale Aufwendungen = 2, Leistungen = 3, neutrale Erträge = 4)!

d) Lassen Sie den Computer durch eine bedingte Anweisung (»Wenn …, dann …«) die Verteilung auf die restlichen Spalten der Ergebnistabelle vornehmen!

e) Lassen Sie den Computer durch Eingabe der entsprechenden Befehle die Summen und Salden (Ergebnisse) berechnen!

Ergebnistabelle **2-6**

Die Enko-Automaten GmbH stellt Getränkeautomaten her in den Werken Mannheim und Bochum. Die Geschäftsbuchhaltung weist für Mannheim einen Gewinn aus und für Bochum einen Verlust.

		Werk: Mannheim		**Werk: Bochum**	
Konto-nummer	Text	**Gesamtergebnis** GuV-Rechnung		**Gesamtergebnis** GuV-Rechnung	
		Aufwendungen €	Erträge €	Aufwendungen €	Erträge €
5000	Umsatzerlöse		1.150.000,00		1.280.000,00
5200	Bestandsveränderungen		12.000,00	15.000,00	
5300	aktivierte Eigenleistungen		10.000,00		14.000,00
5460	Erträge aus Anlagenabgang		26.000,00		10.000,00
5480	Erträge aus der Auflösung von Rückstellungen		29.000,00		
5710	Zinserträge		22.000,00		6.000,00
5780	Wertpapiererträge		25.000,00		
60	Aufwendungen für Roh-, Hilfs- und Betriebsstoffe	530.000,00		540.000,00	
62/64	Personalaufwendungen	621.000,00		610.000,00	
6160	Reparaturen	14.000,00		18.000,00	
6520	Abschreibungen auf Sachanlagen	30.000,00		27.000,00	
6880	Spenden	3.000,00		10.000,00	
6930	Verluste aus Schadensfällen			55.000,00	
7420	Abschreib. auf Wertpapiere des Umlaufvermögens	4.000,00		38.000,00	
7600	außerordentliche Aufwendungen			35.000,00	
7700	Gewerbekapitalsteuer	20.000,00		14.000,00	
7800	sonstige betriebliche Aufwendungen	5.000,00		12.000,00	
		1.227.000,00	1.274.000,00	1.374.000,00	1.310.000,00
		47.000,00			64.000,00
		1.274.000,00	1.274.000,00	1.374.000,00	1.374.000,00

Arbeitsaufträge:

a) Erstellen Sie entsprechend den Anweisungen der Aufgabe 2–5 eine Ergebnistabelle für das Werk Mannheim!

b) Geben Sie nach dem Ausdruck der Ergebnistabelle für das Werk Mannheim die Zahlen für das Werk Bochum ein, und lassen Sie die Ergebnistabelle für dieses Werk ausdrucken!

c) Vergleichen Sie die Ergebnisse von Mannheim und Bochum!

2.1.2 Berücksichtigung kalkulatorischer Kosten

Situation

Bisher wurde die Lage der Ziegelei Gebrüder Dahmen GmbH dargestellt. Der zunächst in der Geschäftsbuchhaltung ermittelte Verlust in Höhe von 83.000,00 € wurde in der Ergebnistabelle in ein neutrales Ergebnis von – 170.500,00 € und ein Betriebsergebnis von + 87.500,00 € aufgespalten.

Der Gesellschafter Heinrich Dahmen ist auch mit diesem Betriebsergebnis nicht zufrieden. Er bleibt bei seiner Meinung, dass es besser sei, das Angebot der Stadt Mönchengladbach anzunehmen und das Betriebsgrundstück nach Auflösung der Unternehmung an die Stadt zu verkaufen. Er begründet seine Meinung folgendermaßen: »Mein Bruder Karl und ich waren ein ganzes Jahr lang für den Betrieb tätig. Angestellten hätten wir für diese Tätigkeit monatlich 10.000,00 € zahlen müssen. Demnach haben wir der Firma durch unsere Tätigkeit 120.000,00 € an Jahresgehältern erspart und nur dadurch noch einen Betriebsgewinn von 87.500,00 € erzielt. Dabei ist noch nicht einmal berücksichtigt, dass wir beide immerhin ein Eigenkapital von insgesamt 800.000,00 € eingebracht haben. Dafür könnte man auf dem Kapitalmarkt bei 8,00 %iger Verzinsung jährlich 64.000,00 € erwirtschaften. Ich kann nur wiederholen: Auflösen und an die Stadt verkaufen!«

Herr Henning meint dazu: »Sie haben Recht: Tatsächlich sind in der Ergebnistabelle nur die gezahlten Fremdkapitalzinsen in Höhe von insgesamt 144.000,00 € enthalten. Auch Ihre Arbeitsleistung konnte ich nicht als Aufwand berücksichtigen. Beides führte dazu, dass die Kosten zu niedrig dargestellt wurden. Andererseits muss ich darauf hinweisen, dass wir die neuen Lastwagen steuerlich höher als tatsächlich angemessen abgeschrieben haben. Dasselbe gilt für die übrigen Abschreibungen auf Maschinen. Demnach sind hierfür zu hohe Kosten ausgewiesen. Ich lege Ihnen eine neue Ergebnistabelle vor, die diese Überlegungen berücksichtigt.«

Problem

Welche Ergänzungen und Umrechnungen müssen vorgenommen werden, um die Kosten vollständig und in der richtigen Höhe auszuweisen?

Lösung

Das neutrale Ergebnis ist noch einmal aufzugliedern in die Spalten **Abgrenzungen** und und **Umrechnungen.**

In der Kosten- und Leistungsrechnung sind *alle* Kosten anzusetzen, die durch die Erzeugnisse verursacht worden sind. Dazu gehören auch die sogenannten **kalkulatorischen Kosten.** Diese enthalten zwei Gruppen von Kosten:

1. Zusatzkosten

Sie müssen rechnerisch berücksichtigt werden, obwohl sie zu keiner Zeit ausgabenwirksam waren.

Dazu zählen als Entgelt für die Arbeitsleistung des Unternehmers ein **kalkulatorischer Unternehmerlohn** und bei unentgeltlicher Überlassung von privaten Vermögensgegenständen (z. B. Fahrzeug, PC) eine entsprechende **kalkulatorische Miete.**

In der Ergebnistabelle der Gebrüder Dahmen GmbH sind daher 120.000,00 € kalkulatorischer Unternehmerlohn als Kosten hinzuzufügen. Da dieser Unternehmerlohn sich nicht auf das Gesamtergebnis auswirken soll, muss er in der Spalte Umrechnungen als neutraler Ertrag erfasst werden.

2. Anderskosten

Sie müssen *in einer anderen Höhe* berücksichtigt werden, als sie gezahlt bzw. als Aufwand verrechnet wurden. Dazu gehören z. B. **kalkulatorische Abschreibungen.** In der Geschäftsbuchführung sind die Abschreibungen auf Basis der Anschaffungskosten berechnet worden; dabei waren steuerliche Bestimmungen und bilanzpolitische Überlegungen maßgebend. Für die Kosten- und Leistungsrechnung gelten andere Gesichtspunkte: Die Abschreibung soll die tatsächliche Beanspruchung durch den Gebrauch und die voraussichtlichen Wiederbeschaffungspreise berücksichtigen. Auf diese Weise ergeben sich für die Gebrüder Dahmen GmbH kalkulatorische Abschreibungen in Höhe von 175.000,00 €, die in der Ergebnistabelle in der Spalte Umrechnungen den bilanzmäßigen Abschreibungen von 385.500,00 € gegenübergestellt werden.

Auch **kalkulatorische Wagnisse** gehören zu den Anderskosten.

In jedem Bereich der Unternehmung gibt es *spezielle* Risiken.

Bereich	Risiken
Anlagen	Unfälle, Brand, Explosionen ...
Vorräte	Schwund, Diebstahl, Warenverschlechterung, Preisfall ...
Fertigung	Fehlschlag von Entwicklungen, außergewöhnlicher Anfall von Ausschuss, Nachbesserungsarbeiten ...
Vertrieb	Garantieverpflichtungen, Forderungsausfälle, Kursfall für Fremdwährungsforderungen ...

Für diese *Einzelrisiken* sind die möglichen Verluste nach Erfahrungsprozentsätzen zu berechnen, bezogen auf die jeweilige Risikobasis (z. B. durchschnittlicher Anlagenbestand, durchschnittlicher Vorratsbestand usw.). Die sich daraus ergebenden Beträge werden als kalkulatorische Wagniskosten in die Spalte Kosten- und Leistungsrechnung eingesetzt und in der Spalte Umrechnungen den tatsächlich angefallenen Verlusten gegenübergestellt.

Nicht zu den kalkulatorischen Wagnissen gehört das allgemeine Unternehmenswagnis (z. B. Nachfragerückgang oder -verlagerung), das mit der Gewinnchance abgegolten ist und daher auch ein Verlustrisiko einschließt. *Nicht* zu den kalkulatorischen Wagnissen gehören ferner solche Risiken, für die eine Versicherung abgeschlossen wurde (z. B. Feuerversicherung), sodass die Versicherungsprämien sich bereits als Kosten auswirken.

Entsprechend den Abschreibungen ist bei den Zinsen zu verfahren: In der Kosten- und Leistungsrechnung sind die Gesamtzinsen in Höhe von 208.000,00 € zu erfassen und mit den Fremdkapitalzinsen in Höhe von 144.000,00 € tabellarisch zu verrechnen.

Kalkulatorische Zinsen sind als Anderskosten zu behandeln. Statt die effektiven Fremdkapitalzinsen um die kalkulatorischen Eigenkapitalzinsen zu erhöhen, ermittelt man in diesem Fall zunächst das betriebsnotwendige Gesamtkapital nach der folgenden Rechnung:

	betriebsnotwendiges Anlagevermögen (= Anlagevermögen zu kalkulatorischen Restwerten, ohne nicht betriebsnotwendiges AV wie Wohngebäude, stillgelegte Fabrikanlagen usw.)
+	*betriebsnotwendiges Umlaufvermögen* (= Umlaufvermögen ohne nicht betriebsnotwendige Teile wie spekulative Rohstoffvorräte oder Wertpapierbestände usw.)
=	*betriebsnotwendiges Gesamtkapital*

Auf das so ermittelte Gesamtkapital wird der für Kapitalanlagen übliche Zinssatz verrechnet. Auf diese Weise errechnete **kalkulatorische Gesamtkapitalzinsen** werden in der Spalte Umrechnungen den effektiv gezahlten Fremdkapitalzinsen gegenübergestellt.

Insgesamt kann man die Kosten wie folgt einteilen:

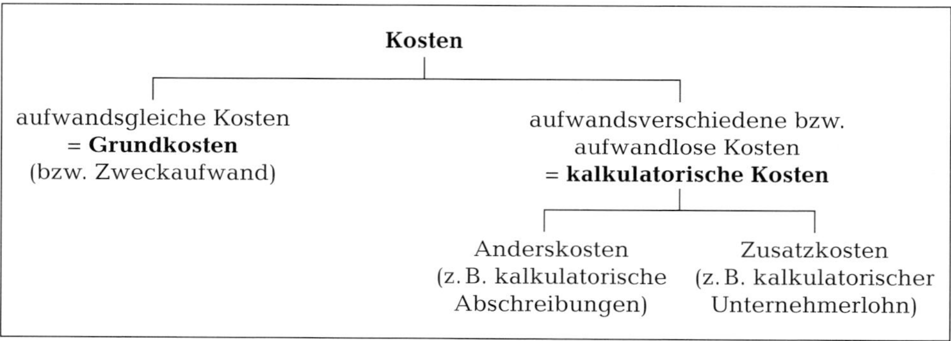

Wie sich die Berücksichtigung der kalkulatorischen Kosten auf die Ergebnisanalyse der Gebrüder Dahmen GmbH auswirkt, ist der auf der folgenden Seite abgebildeten Ergebnistabelle zu entnehmen. Durch die genauere Kostenerfassung ist das Betriebsergebnis um 26.500,00 € günstiger ausgewiesen als in der ursprünglichen Tabelle.

Die beiden Gesellschafter kommen dadurch zu einer günstigeren Beurteilung der Situation. Künftig soll das Ergebnis immer in dieser genaueren Form der Analyse dargestellt werden.

Die Berücksichtigung kalkulatorischer Kosten ist aus verschiedenen Gründen wichtig:

1. Die Ertragskraft des Betriebes kann richtig beurteilt werden.
2. Die Ergebnistabelle liefert geeignete Unterlagen für die Betriebskontrolle und die Berechnung der Selbstkosten der Erzeugnisse.
3. Der Vergleich mit den Ergebnistabellen anderer Betriebe derselben Branche wird nicht durch Zufälligkeiten der Finanzstruktur oder der Unternehmensform beeinträchtigt.

Ergebnistabelle der Gebrüder Dahmen GmbH **Geschäftsjahr 20..**

Konto-nummer	Text	Gesamtergebnis GuV-Rechnung		Neutrales Ergebnis Abgrenzungen		Neutrales Ergebnis Umrechnungen		Betriebsergebnis KuL-Rechnung	
		Aufwendungen €	Erträge €	Aufwendungen €	Erträge €	Aufwendungen €	Erträge €	Kosten €	Leistungen €
5000	Umsatzerlöse		2.515.000,00						2.515.000,00
5200	Bestandsveränderungen	75.000,00						75.000,00	
5480	Erträge aus der Auflösung von Rückstellungen		17.000,00		17.000,00				
5500	Erträge aus Beteiligungen		50.000,00		50.000,00				
60	Aufwendungen für Roh-, Hilfs- und Betriebsstoffe	787.000,00						787.000,00	
62/64	Personalaufwendungen	934.500,00						934.500,00	
6520	Abschreibungen auf Sachanlagen	385.500,00				385.500,00	175.000,00	175.000,00	
6880	Spenden	25.000,00		25.000,00					
6960	Verluste aus Anlagenabgang	127.500,00		127.500,00					
6990	Steuernachzahlungen	65.000,00		65.000,00					
7460	Verluste aus Wertpapierverkäufen	20.000,00		20.000,00					
7510	Zinsaufwendungen	144.000,00				144.000,00	208.000,00	208.000,00	
7700	Gewerbeertragsteuer	24.500,00						24.500,00	
7800	sonstige betriebliche Aufwendungen	77.000,00						77.000,00	
9200	kalkulatorischer Unternehmerlohn						120.000,00	120.000,00	
		2.665.000,00	2.582.000,00	237.500,00	67.000,00	529.500,00	503.000,00	2.401.000,00	2.515.000,00
			83.000,00		170.500,00		26.500,00	114.000,00	
		2.665.000,00	2.665.000,00	237.500,00	237.500,00	529.500,00	529.500,00	2.515.000,00	2.515.000,00

Wegen der Bedeutung der Ergebnistabelle für die Erfolgsanalyse sei die Vorgehensweise noch einmal schematisch dargestellt:

Arbeitsschema zur Aufstellung einer Ergebnistabelle

	Gesamtergebnis		**Neutrales Ergebnis**				**Betriebsergebnis**	
	GuV-Rechnung		Abgrenzungen		Umrechnungen		KuL-Rechnung	
	Aufwendungen	Erträge	Aufwendungen	Erträge	Aufwendungen	Erträge	Kosten	Leistungen
Erlöse		… →						→ …
aufwandsgleiche Kosten	… →						→ …	
betriebsfremde Aufwendungen	… →		→ …					
periodenfremde Aufwendungen	… →				→ …			
außerordentliche Aufwendungen	… →				→ …			
betriebsfremde Erträge		… →		→ …				
priodenfremde Erträge		… →				→ …		
außerordentliche Erträge		… →				→ …		
kostenverschiedene Aufwendungen bzw. Anderskosten	… →				→ …	… ←	← …	
Zusatzkosten						… ←	← …	
Summe								
Ergebnis								

Abgrenzungsergebnis + Umrechnungsergebnis

Gesamtergebnis = neutrales Ergebnis + Betriebsergebnis

Merke:

1. Als **Kosten** bezeichnet man die zum Zwecke der Leistungserstellung angefallenen Aufwendungen einer Periode.
2. Unter **Leistungen** versteht man die Erträge, die durch die betriebliche Tätigkeit in einer Abrechnungsperiode entstanden sind.
3. **Neutrale Aufwendungen und Erträge** sind betriebsfremde, periodenfremde und / oder außergewöhnliche Aufwendungen und Erträge.
4. **Kalkulatorische Kosten** sind entweder *Zusatzkosten*, denen kein Aufwand gegenübersteht, oder *Anderskosten*, die in aufwandsverschiedener Höhe verrechnet werden.
5. Die **Ergebnistabelle** gliedert das Gesamtergebnis in Teilergebnisse auf.
6. Das **Betriebsergebnis** wird in der Kosten- und Leistungsrechnung ermittelt.
7. Die Summe aus Abgrenzungsergebnis und Umrechnungsergebnis bezeichnet man als **neutrales Ergebnis.**

Aufgaben zu 2.1.1 und 2.1.2

Lückentest 2-7

In dem folgenden Text sind wichtige Begriffe ausgelassen. Die Lücken sind gekennzeichnet mit (a) bis (m). Schreiben Sie in Ihrem Arbeitsheft zu den einzelnen Buchstaben die zugehörigen Begriffe nieder!

Bei einigen betriebsbedingten Aufwendungen ist es zweckmäßig, sie für die Kostenrechnung umzurechnen, d.h., in ...(a)... Höhe anzusetzen als in der Geschäftsbuchhaltung. Die Kosten werden als ...(b)...-kosten bezeichnet. Dazu gehören z.B. die Abschreibungen, die in der Geschäftsbuchhaltung häufig nach steuerlichen Gesichtspunkten angesetzt werden, in der Kostenrechnung jedoch nach dem tatsächlichen ...(c)... Die bilanzmäßigen Abschreibungen der Geschäftsbuchhaltung beziehen sich auf die ...(d)... der Vergangenheit, die kalkulatorischen Abschreibungen der Kostenrechnung sollten nach den voraussichtlichen ...(e)... der Zukunft berechnet werden. Ein weiteres Beispiel für die Abweichung zwischen Geschäftsbuchhaltung und Kostenrechnung bilden die Wagnisse. In der ...(f)... werden die tatsächlichen ...(g)... berücksichtigt, in der Kosten- und Leistungsrechnung jedoch gleich bleibende Erfahrungs-...(h)... Um die Aussagekraft der ...(i)... zu erhöhen, werden einige Kosten hinzugesetzt, denen keine ...(j)... entsprechen. Man bezeichnet sie als ...(k)...-kosten. Dazu gehören z. B. ...(l)... ...(m)... für die Tätigkeit des Unternehmers in einer Einzelunternehmung oder Personengesellschaft.

Ergebnistabelle 2-8

Die Geschäftsbuchhaltung der Bauunternehmung Kohns & Co. OHG weist folgende Zahlen aus:

Kontonummer	Text	**Gesamtergebnis** GuV-Rechnung	
		Aufwendungen €	Erträge €
5000	Umsatzerlöse		1.920.000,00
5480	Erträge aus der Auflösung von Rückstellungen		12.000,00
5710	Zinserträge		8.000,00
60	Aufwendungen für Roh-, Hilfs- und Betriebsstoffe	580.000,00	
62 / 64	Personalaufwendungen	1.000.000,00	
6520	Abschreibungen auf Sachanlagen	200.000,00	
6960	Verluste aus Anlagenabgang	4.000,00	
7510	Zinsaufwendungen	16.000,00	
7700	Gewerbesteuer	25.000,00	
7800	sonstige betriebliche Aufwendungen	35.000,00	
9200	kalkulatorischer Unternehmerlohn	0,00	
		1.860.000,00	1.940.000,00

Arbeitsaufträge:

a) Erstellen Sie eine Ergebnistabelle mit Abgrenzungen und Umrechnungen!
Dabei sind folgende Angaben zu berücksichtigen:
   1. Für jeden der beiden Gesellschafter ist ein Unternehmerlohn von je 60.000,00 € anzusetzen.
   2. Das betriebsnotwendige Kapital ist mit 500.000,00 € berechnet worden. Statt der gezahlten Zinsen sollen darauf 4,00 % verrechnet werden.
   3. Die kalkulatorischen Abschreibungen betragen 170.000,00 €.

b) Ermitteln Sie Abgrenzungsergebnis, Umrechnungsergebnis und Betriebsergebnis!

c) Stellen Sie für die Endsalden die Gleichung auf:
Betriebsergebnis ± neutrales Ergebnis = Gesamtergebnis

d) Erläutern Sie Ihre Ergebnisanalyse!

2-9 Ergebnistabelle

Die Geschäftsbuchhaltung der Gonzbacher Lederwerke AG weist folgende Zahlen aus:

Kontonummer	Text	**Gesamtergebnis** GuV-Rechnung	
		Aufwendungen €	Erträge €
5000	Umsatzerlöse		23.880.000,00
5200	Bestandsveränderungen		200.000,00
5460	Erträge aus Anlagenabgang		150.000,00
5710	Zinserträge		30.000,00
60	Aufwendungen für Roh-, Hilfs- und Betriebsstoffe	8.700.000,00	
62 / 64	Personalaufwendungen	7.100.000,00	
6520	Abschreibungen auf Sachanlagen	6.000.000,00	
7510	Zinsaufwendungen	710.000,00	
7700	Gewerbesteuer	110.000,00	
7710	Körperschaftsteuer	290.000,00	
7800	sonstige betriebliche Aufwendungen	100.000,00	
9210	kalkulatorische Wagnisse	0,00	
		23.010.000,00	24.260.000,00

Arbeitsaufträge:

a) Erstellen Sie eine Ergebnistabelle mit Abgrenzungen und Umrechnungen!
Dabei sind folgende Angaben zu berücksichtigen:

1. Wegen der steigenden Preise für Häute soll der Materialverbrauch mit erhöhten Verrechnungspreisen bewertet werden: 9.000.000,00 €.
2. Die kalkulatorische Abschreibung vom Wiederbeschaffungswert beträgt 7.300.000,00 €.
3. Das betriebsnotwendige Kapital wurde mit 20.000.000,00 € berechnet. Es soll mit 4,00 % verzinst werden.
4. Für Forderungsausfälle ist ein kalkulatorisches Risiko von 40.000,00 € anzusetzen.

b) Ermitteln Sie Abgrenzungsergebnis, Umrechnungsergebnis und Betriebsergebnis!

c) Stellen Sie für die Endsalden die Gleichung auf:
Betriebsergebnis ± neutrales Ergebnis = Gesamtergebnis!

d) Erläutern Sie Ihre Ergebnisanalyse!

2-10 Auswahlantworten

Geben Sie an, welche der folgenden Aussagen zutreffen:

a) Allen Kosten, die in der Betriebsergebnisrechnung enthalten sind, entsprechen Aufwendungen der Geschäftsbuchhaltung.

b) In die Kosten- und Leistungsrechnung werden nicht alle Erträge übernommen.

c) Die neutralen Aufwendungen und Erträge wirken sich im Gesamtergebnis der Unternehmung nicht aus.

d) Durch den Ansatz von zusätzlichen kalkulatorischen Kosten verringert sich das Gesamtergebnis nicht.

e) Alle betriebsbedingten Aufwendungen sind als Kosten zu berücksichtigen.

f) Durch kalkulatorische Kosten wird die Betriebsergebnisrechnung genauer.

g) In der Kostenrechnung ist es möglich, für buchhalterisch voll abgeschriebene Anlagen weiterhin Abschreibungen zu berücksichtigen.

h) Wenn man die in der Betriebsergebnisrechnung ausgewiesenen Kosten um die neutralen Aufwendungen erhöht, erhält man die Aufwendungen der Geschäftsbuchhaltung.

Fragen 2-11

1. Ordnen Sie den Begriffen »Ausgaben« und »Aufwendungen« je 2 Beispiele zu!
2. Erläutern Sie die Unterschiede zwischen »Aufwendungen« und »Kosten«!
3. Stellen Sie fest, ob nachstehende »Ausgaben« zu neutralem »Aufwand« oder zu »Kosten« werden!

   Falls dies zutrifft, geben Sie an, zu welchem Zeitpunkt aus den Ausgaben neutrale Aufwendungen oder Kosten werden!

   a) Rohstoffkauf per Scheck
   b) Überweisung für Urlaub des Unternehmers
   c) Abführung der Umsatzsteuer
   d) Buchung der Löhne und Gehälter
   e) Kauf eines Lieferwagens per Scheck
   f) Überweisung der Gewerbesteuer
   g) Überweisung an einen Lieferer
   h) Barzahlung für eine Kleinreparatur an einem nicht betriebsnotwendigen Gebäude
4. Zeigen Sie am Beispiel der Abschreibungen und Zinsen den Unterschied zwischen »Aufwendungen« und »Kosten« auf!
5. Welche kalkulatorischen Kosten kennen Sie?
   Warum werden kalkulatorische Kosten verrechnet?
6. Mit welcher Begründung berücksichtigen manche Unternehmen einen sogenannten kalkulatorischen Unternehmerlohn?
7. Wie berechnet man das betriebsnotwendige Kapital?
   Welche Bedeutung hat diese Größe für die Kostenrechnung?
8. Bei der Abgrenzung zwischen Aufgaben, Aufwendungen und Kosten lassen sich folgende Gruppen bilden:

   a) aufwandsverschiedene Ausgaben (= Ausgaben, die keinen Aufwand darstellen),
   b) ausgabengleiche Aufwendungen (= Aufwendungen, die mit einer Ausgabe verbunden sind),
   c) ausgabenverschiedene Aufwendungen (= Aufwendungen, die keine Ausgabe darstellen),
   d) aufwandsgleiche Kosten (= Kosten, die zugleich Aufwendungen bedeuten),
   e) neutrale Aufwendungen (= kostenverschiedene Aufwendungen),
   f) aufwandsverschiedene Kosten (= Zusatzkosten),
   g) ausgabenwirksame Zweckaufwendungen (= Aufwendungen, die zugleich Ausgaben und Kosten darstellen).

   Bilden Sie zu jeder Gruppe je 2 Beispiele!

9. Man kann die 7 Gruppen der Ausgaben, Aufwendungen und Kosten gemäß 8.a) bis g) in einem Schema mit verschränkten Balken darstellen.

   a) Übertragen Sie das nachfolgende Schema auf ein Arbeitsblatt!

   Ausgaben
   Aufwendungen
   Kosten

   b) Setzen Sie die Buchstaben der Gruppen in Aufgabe 8.a) bis g) in das Schema ein!

2-12 Kalkulatorische Kosten

Auszug aus der GuV-Rechnung der Möbelfabrik Klaus Grunder & Co.:

6600	Abschreibungen auf Sachanlagen	800.000,00 €
7000	Zinsaufwendungen	34.000,00 €
7810	Schadensfälle	85.000,00 €

Folgende Angaben sind für die Kosten- und Leistungsrechnung noch zu berücksichtigen:

a) Die kalkulatorischen Abschreibungen betragen 680.000,00 €

b) Das betriebsnotwendige Kapital von 2.500.000,00 € ist kalkulatorisch mit 5,00 % zu verzinsen.

c) Kalkulatorische Wagnisse sind zu verrechnen in Höhe von 78.000,00 €

d) Der kalkulatorische Unternehmerlohn beträgt 96.000,00 €

Arbeitsaufträge:

1. Berechnen Sie die kalkulatorischen Zinsen!
2. Ermitteln Sie, in welcher Höhe Grundkosten, Zusatzkosten, Anderskosten und neutraler Aufwand bei den Fällen a) bis d) entstanden sind!
3. Erklären Sie den Unterschied zwischen den Zinsaufwendungen der GuV-Rechnung und den kalkulatorischen Zinsen!
4. Begründen Sie die Berücksichtigung eines kalkulatorischen Unternehmerlohns!
5. Erläutern Sie die Begriffe Grundkosten, Anderskosten und Zusatzkosten!

2-13 Ergebnistabelle (Erweiterung von Aufgabe 2–5)

a) Erstellen Sie die Ergebnistabelle für die Gebrüder Dahmen GmbH!

b) Fügen Sie dabei nach der Doppelspalte Gesamtergebnis eine Spalte für eine Kennziffer ein!

c) Erteilen Sie nach Eingabe der Zahlenwerte des Beispiels für jede Aufwands- bzw. Ertragsart eine Kennziffer (Kosten = 1, neutrale Aufwendungen = 2, Umrechnungen = 3, Leistungen = 4, neutrale Erträge = 5)!

d) Lassen Sie den Computer durch eine bedingte Anweisung (»Wenn …, dann …, sonst …«) die Verteilung auf die restlichen Spalten der Ergebnistabelle vornehmen!

e) Lassen Sie den Computer durch Eingabe der entsprechenden Formeln die Summen und Salden (Ergebnisse) berechnen!

Die Geschäftsbuchhaltung der Papierfabrik Heck & Co. weist folgende Zahlen aus: **2-14**

Kontonummer	Text	Gesamtergebnis GuV-Rechnung	
		Aufwendungen €	Erträge €
5000	Umsatzerlöse		3.449.000,00
5200	Bestandsveränderungen		75.000,00
5300	aktivierte Eigenleistungen		56.000,00
5480	Erträge aus der Auflösung von Rückstellungen		16.900,00
5500	Erträge aus Beteiligungen		150.000,00
5710	Zinserträge		14.500,00
5780	Wertpapiererträge		65.000,00
6000	Aufwendungen für Rohstoffe	689.000,00	
6030	Aufwendungen für Betriebsstoffe	59.000,00	
6040	Verpackung	27.000,00	
6140	Ausgangsfrachten	83.400,00	
6160	Reparaturen	190.500,00	
62 / 64	Personalaufwendungen	934.500,00	
6520	Abschreibungen auf Gebäude	82.500,00	
6521	Abschreibungen auf Maschinen	685.500,00	
6700	Mieten	107.500,00	
6800	Büromaterial	73.600,00	
6880	Spenden	25.000,00	
6900	Versicherungen	26.600,00	
6930	Verluste aus Schadensfällen (Fertigung)	154.500,00	
6950	Abschreibungen aus Forderungen	179.500,00	
6960	Verluste aus Anlagenabgang	27.500,00	
70	betriebliche Steuern	141.500,00	
7420	Abschreibungen auf Wertpapiere	50.000,00	
7510	Zinsaufwendungen	54.000,00	
7600	außerordentliche Steueraufwendungen	165.000,00	
7800	sonstige betriebliche Aufwendungen	227.500,00	
9200	kalkulatorischer Unternehmerlohn	0,00	
		3.983.600,00	3.826.400,00

Arbeitsaufträge:

a) Erstellen Sie entsprechend den Anweisungen in Aufgabe 2–13 eine vollständige Ergebnistabelle mit Abgrenzungen und Umrechnungen! Dabei sind folgende Angaben zu berücksichtigen:
   1. Von den Abschreibungen auf Maschinen sind 544.000,00 € Kosten.
   2. Die Abschreibungen auf Forderungen sind ungewöhnlich hoch. Als Kosten sollen nur 3,00 % des Forderungsbestandes von 800.000,00 € verrechnet werden.
   3. Das betriebsnotwendige Kapital von 4.100.000,00 € ist mit 4,00 % zu verzinsen.
   4. In der Geschäftsführung arbeiten 2 Gesellschafter. Diese entnehmen jeder im Vorgriff auf den Jahresgewinn monatlich 4.000,00 €, die in dieser Höhe als Zusatzkosten berücksichtigt werden sollen.

b) Ermitteln Sie Abgrenzungsergebnis, Umrechnungsergebnis und Betriebsergebnis!

c) Stellen Sie für die Endsalden die Gleichung auf:
Betriebsergebnis ± neutrales Ergebnis = Gesamtergebnis!

d) Vergleichen Sie Ihre Ergebnistabelle mit der Lösung zu Aufgabe 2–4 und erläutern Sie Ihre Ergebnisanalyse!

2.2 Einteilung der Kostenarten und Möglichkeiten der Kostenerfassung

Problem

Woher stammt das Zahlenmaterial, das auf dem Wege über die Abgrenzungsrechnung als Kostenarten in der Kostenstellenrechnung und Kostenträgerrechnung weiterverrechnet werden soll?
Wie kann dieses Zahlenmaterial sinnvoll gegliedert werden?

Lösung

Die als **Abgrenzungsrechnung** in die Ergebnistabelle übernommenen *summarischen Zahlen* werden schon in den Kontenklassen der Finanzbuchführung gegliedert, und zwar im heute meist verwendeten Industriekontenrahmen (IKR):

Erträge in Umsatzerlöse und Bestandsveränderungen (Kontengruppen 50 und 52) und Zinsen sowie diverse andere Erträge (Kontengruppen 53–59). Durch die sachliche Abgrenzung werden hieraus die **Leistungen** ermittelt.

Aufwendungen *nach Produktionsfaktoren* in Materialaufwendungen, Personalaufwendungen und Abschreibungen für den Anlageneinsatz sowie Fremdleistungsaufwendungen und sonstige Aufwendungen (Kontenklassen 6 und 7). Hieraus werden in der Abgrenzungsrechnung/Ergebnistabelle die **Kosten** errechnet.

Mit einer Weiterverrechnung der summarischen Werte der Kostenarten ist es allerdings nicht getan, wenn die Kosten- und Leistungsrechnung ihre vielfältigen Aufgaben erfüllen soll. Es ist vielmehr für die Kostenstellen- und Kostenträgerstückrechnung eine *detaillierte Mengen- und Wertrechnung* nötig.

Verschiedene **Nebenrechnungen der Finanzbuchführung** liefern hierzu zunächst die erforderlichen Unterlagen:

- die **Materialabrechnung**[1] *(Lagerbuchführung)* weist – soweit möglich, abteilungs- und produktbezogen – genau den Verbrauch an Roh-, Hilfs- und Betriebsstoffen sowie Fremdbauteilen nach,
- die **Lohn- und Gehaltsabrechnung**[1] hält arbeitnehmerbezogen alle für die Kalkulation erforderlichen Details bereit, und
- die **Anlagenabrechnung**[1] enthält nicht nur die im gesetzlichen Rahmen notwendigen bilanzmäßigen Abschreibungen, sondern auch die für die Kostenrechnung wichtigeren kalkulatorischen Abschreibungen (insbesondere Leistungsabschreibungen).

Unverzichtbar ist heutzutage ein **EDV-gestütztes Rechnungswesen.** Es ermöglicht die notwendige Genauigkeit und Wirtschaftlichkeit bei der Kostenerfassung:

- Viele Kosten können direkt in den Betriebsabteilungen »vor Ort« durch automatisierte Verfahren der **Betriebsdatenerfassung (BDE)** bzw. *Maschinendatenerfassung (MDE)* sehr genau erfasst werden. Vielfach können Daten aus den vorhandenen *Produktions-Planungs- und Steuerungssystemen (PPS)* übernommen werden.
- Durch eine detaillierte **Vorkontierung der Aufwendungen/Kosten** *hinsichtlich Zeitpunkt und Verursachung*[2] kann eine automatische Weiterverrechnung der Kosten auf Kostenstellen und Kostenträger erfolgen.

---

[1] Zum Gesamtverständnis der Kostenrechnung notwendige Einzelheiten werden im folgenden Abschnitt 2.3 dargestellt.

[2] Im Gegensatz zur Finanzbuchführung wird in der Kostenrechnung eine monatsgenaue Erfassung unverzichtbar. Die Unterscheidungen zwischen Einzelkosten und Gemeinkosten sowie zwischen fixen und variablen Kosten werden in den Kapiteln 3 und 6 erarbeitet.

2.3 Kostenerfassung bei einzelnen Kostenarten

2.3.1 Materialkosten-Erfassung mit Bezugskalkulation

Situation

Von der Einkaufsabteilung der Nordholz-Schulmöbel GmbH sollen bei zwei Lieferern je 1 000 kg Emaillelack bestellt werden. Schon für einen Angebotsvergleich, aber auch zur Bestimmung der genauen Materialkosten müssen die Lieferungs- und Zahlungsbedingungen berücksichtigt werden, da sie Einfluss auf den Einstandspreis haben. Die Konditionen sind im nachfolgenden Schema zusammengefasst:

Angebotsinhalte	Farbenfabrik Edler Köln GmbH	Müller OHG Nürnberg
Art der Ware	Emaillelack, braun ZZX 200	Emaillelack braun
Menge	Mindestabnahme 100 kg ab 500 kg 5 % Rabatt ab 1 000 kg 15 % Rabatt	beliebig ab 1 000 kg 10 % und ab 5 000 kg 25 % Rabatt
Nettopreis je kg	13,00 €	13,50 €
Verpackungskosten	im Preis enthalten	handelsübliche Plastikeimer, im Preis enthalten
Beförderungskosten	unfrei*	frei Haus
Lieferzeit	14 Tage nach Eingang der Bestellung	sofort
Zahlungsbedingungen	innerhalb von 30 Tagen ohne Abzug	2 % Skonto bei Zahlung innerhalb von 10 Tagen oder 30 Tage netto
Erfüllungsort	Köln	Nürnberg

* Nach Auskunft der Deutschen Bahn AG betragen die Frachtkosten frei Haus 250,00 € netto.

Die Beschaffung der 2 000 kg Emaillelack reicht für die Schulmöbelproduktion mehrerer Monate aus. Die Entnahme aus dem Lager und die Verrechnung der Verbrauchsmengen erfolgen nach Bedarf.

Problem 1

Wie können jeweils die effektiven Materialkosten je Einheit berechnet werden?

Lösung

Wir erstellen für beide Angebote eine **Bezugskalkulation.** Sie wird grundsätzlich nach dem nebenstehenden **Schema** gegliedert:

	Netto-Listenpreis
–	Rabatt
	Netto-Zieleinkaufspreis
–	Skonto
	Netto-Bareinkaufspreis
+	Bezugskosten
=	Einstandspreis (Bezugspreis)

Vom Netto[1]-**Listenpreis** als Ausgangsgröße der Kalkulation sind **Rabatte** immer zuerst abzuziehen. Der sich daraus ergebende **Zieleinkaufspreis** wird um **Skonto** gekürzt. So erhält man den **Bareinkaufspreis.** Wird dieser um die **Bezugskosten** erhöht, ergibt sich der **Einstandspreis** (= Bezugspreis) als tatsächlicher Preis des Werkstoffs.

Anwendung des Kalkulationsschemas auf die konkreten Angebote der Situation:

	Edler, Köln		Müller, Nürnberg	
	%	€	%	€
Netto-Listenpreis je 1 000 kg		13.000,00		13.500,00
Rabatt	15,00	1.950,00	10,00	1.350,00
Netto-Zieleinkaufspreis		11.050,00		12.150,00
Skonto	0,00	0,00	2,00	243,00
Netto-Bareinkaufspreis		11.050,00		11.907,00
Bezugskosten		250,00		0,00
Einstandspreis		11.300,00		11.907,00
bezogen auf 1 kg		11,30		11,91

So zeigt die Bezugskalkulation, dass der Emaillelack – wenn nur der Preis entscheidet – in Zukunft bei der Farbenfabrik Edler bestellt werden sollte, und außerdem, zu welchem kg-Preis der Verbrauch aus dem derzeitigen Bestand abgerechnet werden kann.

Die effektiven Einstandspreise sind aber nicht ohne weiteres für die Verrechnung des Materialverbrauchs in der Kostenrechnung verwendbar. Wenn die Materialpreise sich über einen längeren Zeitraum hinweg ändern, können ihre Schwankungen auf die Erzeugnispreise unerwünscht durchschlagen.

Wenn man stattdessen mit dem (monatlichen) **Durchschnitt der Einstandspreise** rechnet oder gar einem mehrmonatlichen Durchschnitt, können Preisschwankungen der Vergangenheit ausgeglichen werden.

Sowohl beim Ansatz von effektiven als auch von durchschnittlichen Einstandspreisen spricht man von **Istpreis-Verfahren** der Kostenbewertung.

Mit den verbesserten technischen Möglichkeiten (EDV) kommt stattdessen immer häufiger das **Festpreis-Verfahren** zum Einsatz: Es werden **Verrechnungspreise (= Standardpreise)** gebildet. Hierbei werden folgende Überlegungen angestellt:

- Durch langfristig feste Verrechnungspreise als Standardpreise lassen sich Zufälligkeiten der Preisentwicklung in der Kostenrechnung völlig ausschalten. So ist neben einer Stetigkeit in der Kalkulation auch eine zuverlässige *Kontrolle der Wirtschaftlichkeit* der Leistungserstellung gewährleistet.
- Außerdem ist es bei steigenden Preisen für wertvolle Materialien sinnvoll, durch *Berücksichtigung von Wiederbeschaffungspreisen* bei der Bestimmung der Kosten eine Substanzerhaltung anzustreben.

Problem 2

Wie können in der Kostenstellenrechnung und Kostenträgerrechnung jeweils die genauen Verbrauchs*mengen* abgerechnet werden?

[1] netto = ohne Umsatzsteuer

Lösung

Für die korrekte Erfassung der Verbrauchsmengen (Entnahme *durch* bekannte Kostenstellen und *für* bestimmte Kostenträger) gelangen in der Praxis drei Verfahren zum Einsatz:

- Die **Inventurmethode** *(= Befundrechnung)* errechnet als Bestandsdifferenzrechnung den Verbrauch am Ende einer Abrechnungsperiode nach der Formel

Verbrauch = Anfangsbestand + Zugang – Endbestand

  Dieses Verfahren hat verschiedene Nachteile, nämlich:
  - bei der Verbrauchserrechnung durch Saldierung ist nicht feststellbar, welche Kostenstelle (bzw. welcher Kostenträger) jeweils die Lagerentnahmen verursacht hat,
  - irreguläre Bestandsminderungen durch Schwund und Diebstahl werden nicht erkannt, und
  - bei der in der Kostenrechnung üblichen monatlichen Abrechnung ist der Arbeitsaufwand für die Bestandsaufnahmen zu hoch.

  Daher wird die Inventurmethode in der Kostenrechnung allenfalls bei Materialien von untergeordneter Bedeutung angewendet.

- Das vorherrschende Verfahren ist die **Fortschreibungsmethode** *(= Skontration)*. Hierbei werden nicht nur die Lagerzugänge, sondern auch jeder Lagerabgang auf Belegen *(Materialentnahmeschein)* mit Datum und Verwendungszweck erfasst. Formel:

Verbrauch = Summe der Entnahmen lt. Materialentnahmescheinen

- Eine dritte Methode der Verbrauchsmengenermittlung kommt gelegentlich auch zur Anwendung: Es ist die **Rückrechnung** *(= retrograde Methode)*. Hierbei wird unter Berücksichtigung unvermeidbarer Abfälle der Gesamtverbrauch als Produkt aus Einzelverbrauch (aus den technischen Unterlagen wie Stücklisten u. a. bekannt) und abgelieferter Stückzahl ermittelt:

Verbrauch = hergestellte Stückzahl · Sollverbrauchsmenge je Stück

Merke:

1. Für die *Ermittlung der effektiven Einstandspreise* wird das Rechenschema der **Bezugskalkulation** angewendet. Durch Berücksichtigung von Rabatten, Skonti und Bezugskosten macht sie verschiedene Angebote vergleichbar.
2. Die Weiterverrechnung der Materialkosten in der Kostenrechnung kann nach dem **Istpreis-Verfahren** erfolgen (effektive Einstandspreise bzw. Durchschnittspreise) oder häufiger nach dem **Festpreis-Verfahren** (Standard- oder Verrechnungspreise).
3. Die **Verbrauchsmengenerfassung** kann vorzugsweise nach der *Fortschreibungsmethode*, aber auch nach der *Inventurmethode* oder durch *Rückrechnung* vorgenommen werden.

Aufgaben zu 2.2 und 2.3.1

2-15 **Fragen**

1. Welche Einteilung der Kostenarten ergibt sich, wenn nach Produktionsfaktoren unterschieden wird?
2. Nennen Sie drei für die Kostenerfassung wichtige Nebenrechnungen der Finanzbuchführung!
3. Was bedeuten die für Verfahren in einem EDV-gestützten Rechnungswesen verwendeten Abkürzungen BDE, MDE und PPS?
4. Welche Bedeutung hat die Bezugskalkulation für Einkaufsentscheidungen und für die Kostenrechnung?
5. Beschreiben Sie kurz die Methoden, nach denen die Materialverbrauchsmengen bestimmt werden können!

2-16 Ermitteln Sie nach folgenden Angaben die Netto-Einstandspreise für folgende Artikel:

Artikel	A	B	C	D	E
Listenpreis je Einheit (netto)	520,00	1.200,00	24.480,00	132,00	44,00
Rabatt	25,00 %	12 ½ %	6 ¼ %	33 ⅓ %	5,00 %
Skonto	3,00 %	2,00 %	2,00 %	0	3,00 %
Bezugskosten	21,70	71,00	109,00	6,00	0,00

2-17 Welchen Wert dürfen die Listenpreise nicht übersteigen, wenn folgende Einstandspreise für die Einkaufsabteilung die Obergrenze bilden?

Artikel	A	B	C	D
Einstandspreis	1.990,00	5.450,00	776,00	122,00
Bezugskosten	50,00	60,00	0,00	2,55
Skonto	3,00 %	2,00 %	3,00 %	2,00 %
Rabatt	20,00 %	33 ⅓ %	10,00 %	15,00 %

2-18 Die Futura GmbH, Spezialist für Hi-Fi-Anlagen, will in eine kleine Serie von Geräten der Luxusklasse Mikroprozessoren einbauen. Auf ihre Anfrage an verschiedene Hersteller erhält sie mehrere Angebote, von denen die folgenden drei in die engere Wahl kommen, weil sie qualitativ vergleichbar sind:

Angebotsinhalte	Angebot A	Angebot B	Angebot C
Nettopreis je Einheit	58,00 €	65,00 €	55,00 €
Rabatte	7,50 % bei Abnahme von 75 Stück 15 % ab 150 Stück	Einführungsrabatt 10,00 %; bei Mengen ab 60 Stück zusätzlich 5,00 %	10,00 % ab 150 Stück
Beförderungskosten[1)]	frei Haus	frachtfrei	unfrei
Zahlungsbedingungen	innerhalb von 30 Tagen ohne Abzug	sofortige Kasse	3,00 % Skonto innerhalb von 10 Tagen oder 30 Tage netto

Ermitteln Sie die Einstandspreise für einen Probeeinkauf bei einer Abnahmemenge von

a) 50 Stück, b) 100 Stück, c) 150 Stück.

Entscheiden Sie unter Berücksichtigung aller Angebotsinhalte, welches das günstigste Angebot ist!

---

1) Hausfracht je Teilstrecke je 20,00 €; Frachtkosten ohne Hausfracht 25,00 €

Erstellen Sie mithilfe eines Ihnen verfügbaren Tabellenkalkulationsprogramms ein Modell der Bezugskalkulation als Angebotsvergleich für drei Artikel und testen Sie dessen Richtigkeit mit den Werten der Aufgabe 2–18! **2–19**

2.3.2 Personalkosten-Erfassung

Situation

Die Lennewerk GmbH, Eisenverarbeitung, in Altena/Westfalen stellt aus geschmiedeten Edelstahlteilen Maschinenteile wie Gehäuse, Achsen usw. her. Dazu sind folgende Arbeitsgänge notwendig: Abdrehen auf die gewünschte Form, Fräsen von Nuten, Glatthobeln bzw. Polieren.

Die hiermit beschäftigten Facharbeiter werden nach Akkord entlohnt. Die Vorarbeiter, die diese Arbeiten beaufsichtigen, sowie die Arbeitskräfte, die für Reparaturen, Transport- und Lagerarbeiten eingesetzt sind, werden dagegen im Stundenlohn bezahlt. – Die Werkmeister und die Angestellten der Firma erhalten Gehalt.

Problem

Wie werden die Personalkosten für die Lohn- und Gehaltsempfänger berechnet?

Lösung

Zeitlohn-Berechnung (Stundenlöhne und Gehälter)

Die nicht unmittelbar mit der Produktion beschäftigten Arbeiter und Angestellten der Lennewerk GmbH erhalten Zeitlohn, weil ihre *Arbeitszeit nicht mengenmäßig messbar* ist. Für alle Mitarbeiter erfolgt jedoch mit Hilfe eines modernen BDE-Systems eine genaue Erfassung der **Anwesenheitszeit;** die »Kommt«- und »Geht«-Zeiten werden an Stechuhren zur Kontrolle auf *Stempelkarten* ausgedruckt und automatisch gespeichert.

Die Grundformel für die Zeitlohn-Berechnung lautet:

Bruttolohn = Anwesenheitszeit · Stundensatz

Bei der Berechnung des Bruttolohns wird auch noch häufig zwischen *Normalzeit* und *Überstundenzeit (mit Zuschlägen)* unterschieden. Zunehmend wird jedoch mit *flexiblen Arbeitszeitkonten* gerechnet, wobei monatliche Stundenüberhänge und -defizite gegeneinander verrechnet werden.

Beispiele zur Zeitlohn-Berechnung:

a) Betriebselektriker Meyer

M. weist laut Stempelkarte im Monat Juli 20.. eine Arbeitszeit von insgesamt 178 Stunden nach. *Davon* sind 10 Stunden mit 25,00 % Nachtzuschlag und 8 Stunden mit 100,00 % Feiertagszuschlag abzurechnen. Der Stundenlohn beträgt zzt. laut Tarifvertrag 20,00 €.

Berechnung zu a)	
178 Std. zu 20,00 €	3.560,00 €
Zuschläge:	
10 Std. zu 25,00 % = 5,00 €	50,00 €
8 Std. zu 100,00 % = 20,00 €	160,00 €
Bruttomonatslohn	3.770,00 €

b) Handlungsreisender Müller

Der Angestellte im Verkauf erhält zusätzlich zum monatlichen Grundgehalt (Fixum) von 1.800,00 € eine umsatzabhängige Provision von 0,75 %, ferner Spesen in Höhe von 25,00 € pro Reisetag und ein Kilometergeld von 0,72 €. – Er hat im Juli 20.. an 18 Reisetagen 3.000 km zurückgelegt und einen Umsatz von 70.000,00 € erzielt.

Berechnung zu b)

Fixum	1.800,00 €
Provision:	
0,75 % von 70.000,00 €	525,00 €
Spesen 18 · 25,00 €	450,00 €
Spesen 3 000 · 0,72 €	2.160,00 €
Bruttomonatslohn	4.935,00 €

Akkordlohn-Berechnung:

Grundsätzlich gelten für die Entlohnung nach Akkord folgende Regeln:

- Wegen des Leistungsdrucks wird der normale Stundenlohn um einen prozentualen **Akkordzuschlag** erhöht, woraus sich der **Akkordstundenlohn** ergibt – zum *Beispiel* bei einem Stundenlohn von 18,00 € und 15,00 % Akkordzuschlag:
  18,00 + 2,70 = 20,70 €
- Nicht die tatsächlich benötigte Arbeitszeit wird bezahlt, sondern eine in Zeitstudien ermittelte **Normalleistung.** *Beispiel:* Normalleistung für das Abdrehen von Rotguss-Gleitlagern 30 Stück pro Stunde = Stückzeit (Zeitakkordsatz) 2 Minuten

Bei Gewährung von **Stückgeldakkord** rechnet man zunächst einen **Geldakkordsatz** je Leistungseinheit aus (*Beispiel:* 20,70 € : 30 Stück = 0,69 € je Stück) und dann den Lohn für den Auftrag nach der Formel:

Bruttolohn = Leistungsmenge · Geldakkordsatz je Leistungseinheit

Beispiel: Für einen Auftrag von 800 Gleitlager-Rohlingen erhält ein Dreher somit 800 · 0,69 = 552,00 €.

Um nicht bei jeder Tariflohnänderung alle Geldakkordsätze neu berechnen zu müssen, wird in der Industrie häufiger der Bruttolohn auftragsweise nach dem **Stückzeitakkord** berechnet: Für jede Lohngruppe muss zunächst ein über einen längeren Zeitraum gültiger **Minutenfaktor** ermittelt werden (Akkordstundenlohn : 60 Minuten, zum *Beispiel:* 20,70 € : 60 Minuten = 0,345 € je Minute).

Für jeden Auftrag errechnet sich dann die **Vorgabezeit** nach der Hilfsformel:

Vorgabezeit = Rüstzeit + (abgelieferte Stückzahl[1] · Stückzeit)

und der Akkordlohn des Auftrags nach der Formel:

Bruttolohn = Vorgabezeit · Minutenfaktor

Beispiel: Für das Formfräsen von 500 Werkstücken bei einem Minutenfaktor von 0,30 €, einer Auftragsvorbereitungszeit von 20 Minuten und einer reinen Bearbeitungszeit je Stück von 3 Minuten wird gerechnet:
(20 + 500 · 3) · 0,30 = 456,00 €

[1] Dies ist die Leistungsmenge.

2.3.3 Erfassung von Leistungsabschreibungen und anderen Anlagenkosten

Situation

Die Graweco GmbH setzt sowohl für den Transport der Halbfabrikate zwischen den Produktionsstätten in Eschwege, Eisenach und Erfurt als auch für die Auslieferung der fertigen Geräte und Apparate an die Kunden einen Sattelschlepper mit einem Anschaffungswert von 320.000,00 € ein. Die Gesamtlaufleistung des Fahrzeugs wird auf 400.000 km geschätzt. Für Kfz-Steuer und Autobahngebühren sind jährlich 6.000,00 € und für Haftpflicht- und Kaskoversicherungen vierteljährlich 1.200,00 € gezahlt worden.

Im laufenden Monat hat der Sattelschlepper 7.200 km zurückgelegt. Die Fahrzeugkosten in diesem Zeitraum sollen für die Kostenstellenrechnung ermittelt werden.

Problem

Welche Kosten sind im Abrechnungsmonat als Wertminderung für den Sattelschlepper sowie für Steuern und Versicherungen anzusetzen?

Lösung

Wie schon die Überlegungen zur Abgrenzungsrechnung ergeben haben, sind für den Wertverzehr in der Kostenrechnung nicht die bilanzmäßigen Abschreibungen zugrunde zu legen, sondern es ist der *tatsächliche Wertverzehr* nach der Methode der **Leistungsabschreibung** als *kalkulatorische Abschreibung* zu berechnen.

Für den Sattelschlepper ergibt sich damit

als Leistungsabschreibung pro km: 320.000,00 € : 400.000 km = 0,80 €/km
und für den Abrechnungsmonat ein Betrag von 7.200 km · 0,80 €/km= 5.760,00 €.

Nicht nur für Fahrzeuge, sondern auch für Maschinen[1] kann die Leistungsabschreibung nach folgenden Formeln ermittelt werden:

$$\text{Abschreibung je Leistungseinheit} = \frac{\text{Anschaffungswert}}{\text{geschätzte Gesamtleistung}}$$

$$\text{Abschreibungsbetrag} = \text{Periodenleistung} \cdot \text{Abschreibung je Leistungseinheit}$$

In der Graweco GmbH sind außerdem die Kfz-Steuern und die Versicherungsbeträge durch eine **monatsbezogene zeitliche Abgrenzung**[2] zu ermitteln:

Steuern: 6.000,00 € : 12 = 500,00 €
und Versicherungen: 1.200,00 € : 3 = 400,00 €

[1] Leistungsmessung: Laufzeit in Stunden oder produzierbare Gesamtstückzahl.

[2] Eine monatsgenaue zeitliche Abgrenzung ist auch für andere Kostenarten ggf. erforderlich. Beispiele: Verteilung von Reparaturkosten von Anlagen oder von Urlaubslöhnen und Weihnachtsgratifikationen.

Merke:

1. **Zeitlohn** (Stundenlohn oder Gehalt) wird auf Grund der *Anwesenheitszeit* berechnet; verschiedene Zuschläge und Zulagen sind zu berücksichtigen.
2. Der Akkord ist **Leistungslohn,** weil der Lohn von der individuell erbrachten Leistung abhängt; er wird als **Stückgeldakkord** oder als **Stückzeitakkord** berechnet.
3. Die **Leistungsabschreibung** berücksichtigt die tatsächlich erbrachte Leistung des Anlagegutes. Bei diesem Verfahren wird die mögliche Gesamtleistung im Voraus geschätzt; danach werden die Abschreibung je Leistungseinheit und die monatliche Abschreibung errechnet.
4. Verschiedene Kostenarten müssen bei Übernahme der Werte aus der Finanzbuchführung durch eine **monatsbezogene zeitliche Abgrenzung** umgerechnet werden.

Aufgaben zu 2.3.2 und 2.3.3

2–20 **Zeitlohn-Berechnungen** (Angaben für 2–21 in Klammern)

Helmut A. wird für innerbetriebliche Reparaturarbeiten eingesetzt und erhält einen
2–21 Stundenlohn laut Tarifvertrag von 14,00 (16,00) €. Gemäß Stempelkarte sind für ihn insgesamt 190 (200) Stunden abzurechnen. Darin sind enthalten 12 (18) Überstunden mit 25,00 (20,00) % und 20 (15) Stunden an Sonn- und Feiertagen mit 100,00 (125,00) % Zuschlag. Bruttomonatslohn?

2–22 Berechnen Sie den Bruttowochenlohn (Angaben für 2–23 in Klammern)!

a) In einer kleinen Korbflechterei werden verschiedene Erzeugnisse im **Stückgeld-**
2–23 **akkord** hergestellt. Der Firmeninhaber hat folgende Geldakkordsätze mit den Arbeiterinnen vereinbart: Einkaufstragekorb 4,50 (6,00) €, Korbsessel 15,00 (16,00) €, Sitzbank 24,00 (25,00) €.

   Die Korbflechterin Elvira (Carmen) hat in der abgelaufenen Dekade 50 (40) Körbe, 12 (15) Sessel und 5 (8) Bänke hergestellt.

b) Ein Bauunternehmer entlohnt seine Maurer wöchentlich im **Stückgeldakkord.** Stundenlöhne: 24,00 (22,50) €; Akkordzuschläge 20,00 (25,00) %. Die veranschlagte Normalleistung je Stunde beträgt 40 Vormauersteine bzw. Klinker (30 Planblocksteine). Wie hoch ist der Geldakkordsatz für Maurer X (Y) und der Bruttowochenlohn bei einer Gesamtarbeitsleistung von 2.000 Klinkern (1.400 Planblocksteinen)?

2–24 Berechnen Sie nach dem **Stückzeitakkord-**Verfahren den Bruttolohn für einen Auftrag (Angaben für 2–25 in Klammern)!

2–25 a) Der Metallfacharbeiter X bearbeitet 400 (280) Bleche an einer Abkantmaschine. Die Vorgabezeit je Blech beträgt 7,5 (9) Minuten; eine Rüstzeit fällt nicht an. Seine tatsächlich benötigte Arbeitszeit für den Auftrag beträgt 45 (38) Stunden, und der Minutenfaktor für seine Lohngruppe ist auf 0,25 (0,33) € festgesetzt.

b) Der Scherenschleifer Y, dessen Minutenfaktor 0,28 (0,26) € beträgt, liefert 120 (165) einwandfreie OP-Scheren ab. Laut Arbeitsauftrag wird eine Rüstzeit von 20 (30) Minuten und eine Stückzeit von je 7 (12) Minuten vorgegeben. Istzeit für das Los 800 (1.800) Minuten.

Der Dreher Z. ist in einer Maschinenfabrik im Monat November 20.. zunächst 75 Stunden mit Präzisionsarbeiten im Zeitlohn beschäftigt. Die restliche Zeit arbeitet er im Akkord, und zwar 35 Stunden am Auftrag A und 50 Stunden am Auftrag B. Laut Arbeitskarte für Auftrag A werden 150 Kurbelwellen mit einer Rüstzeit von 100 Minuten und einer Stückzeit von je 16 Minuten abgerechnet. Auftrag B umfasst 200 Passstücke, für die jeweils 25 Minuten angesetzt waren. Für die Maschineneinrichtung waren insgesamt 60 Minuten vorgesehen. **2-26**

Der Stundenlohn von Z. beträgt laut Tarifvertrag 18,00 €, der Akkordzuschlag in der Firma 10,00 %.

Ermitteln Sie in einer formgerechten Aufstellung, die alle für die Nachprüfung durch den Arbeiter notwendigen Einzelheiten enthält, den Bruttomonatslohn!

Fragen **2-27**

a) Wie werden Überstunden in der Zeitlohnberechnung berücksichtigt?
b) Aus welchen Bestandteilen setzt sich das Monatseinkommen eines Handlungsreisenden üblicherweise zusammen?
c) Nach welcher Formel wird der Bruttolohn nach dem Stückgeldakkord berechnet?
d) Warum findet der Stückgeldakkord in der Industrie nur noch selten Anwendung?
e) Erklären Sie die Begriffe Akkordstundenlohn, Vorgabezeit und Minutenfaktor!
f) Wie lautet die *allgemeine* Formel für den Stückzeitakkord, und mit welchen Hilfsformeln ist zu rechnen?

Lückentest **2-28**

In dem folgenden Text sind wichtige Begriffe ausgelassen. Die Lücken sind gekennzeichnet mit (a) bis (o). Schreiben Sie in Ihrem Arbeitsheft zu den einzelnen Buchstaben die zugehörigen Begriffe nieder!

Für die Zeitlohnberechnung wird i. d. R. auf Stempelkarten erfasste ...(a)... mit dem ...(b)... ...(c)... Oft sind, z. B. bei Nacht- oder Feiertagsarbeit, außerdem ...(d)... für ...(e)... zu berücksichtigen.

Im Gegensatz zum Stundenlohn ist der Akkordlohn ein ...(f)... Man unterscheidet zwei Arten der Akkordberechnung:

Der ...(g)... ist einfach zu berechnen, wird aber in der Industrie heute seltener angewendet als der ...(h)... Vergütet wird bei Letzterem nicht die für einen Auftrag tatsächlich benötigte Zeit, sondern die ...(i)... Sie setzt sich normalerweise zusammen aus einer ...(j)... und der Summe der ...(k)... Die Vorgabezeit muss multipliziert werden mit einem je nach Lohngruppe unterschiedlichen ...(l)... Dieser ergibt sich durch Division des ...(m)... durch ...(n = Zahl)... bzw. ...(o = Zahl)...

Eine Papiermaschine wird kalkulatorisch nach Leistungseinheiten abgeschrieben. Die erwartete Gesamtleistung wird mit 900.000 Einheiten angenommen. Der Einkaufspreis beträgt 268.600,00 €, die Bezugskosten 5.400,00 €. Der Schrotterlös wird auf 8.000,00 € geschätzt und die Demontagekosten auf 4.000,00 €. **2-29**

a) Wie hoch ist der Abschreibungsbetrag je Leistungseinheit?
b) Wie viel € werden in der 1. und 2. Abrechnungsperiode bei 36.000 bzw. 134.000 Leistungseinheiten abgeschrieben?

2-30 Im Vertriebsaußendienst der Graweco GmbH sind 8 Diesel-Pkw (Anschaffungswert je 40.000,00 €) im Einsatz, deren Laufleistung auf je 200 000 km geschätzt wird. Die Geschäftsleitung nutzt 2 Pkw der Oberklasse (zum Kaufpreis von je 75.000,00 €), für die eine Gesamtfahrleistung von je 150.000 km anzunehmen ist.

Welche Leistungsabschreibungen sind im Monat April a) für den Vertrieb und b) für die Geschäftsleitung zu verrechnen, wenn gemäß Aufschreibungen alle Handlungsreisenden in diesem Monat insgesamt 19.500 km und die beiden Geschäftsführer zusammen 6.200 km zurückgelegt haben?

2-31 **Fragen**

a) Warum sind Abschreibungen auf Anlagen als Kosten zu berücksichtigen?

b) Welche Ursachen der Wertminderung werden durch die Leistungsabschreibung nicht erfasst?

2-32 Für den gesamten Fuhrpark werden die Kfz-Steuern und die Lkw-Autobahnvignetten für ein Jahr schon im Januar mit 72.000,00 € bezahlt sowie die Haftpflicht- und Kaskoversicherungsprämien für das erste Quartal mit 15.000,00 €. Welche Kosten für Steuern und Versicherungen sind für den Monat Januar in der Kostenrechnung anzusetzen?

3 Die Kostenstellenrechnung (BAB) und die Kostenträgerrechnung als Zuschlagskalkulation

3.1 Das Problem der Kostenzurechnung: Einzelkosten und Gemeinkosten

Situation

Die Möbelfabrik Heinz Krämer GmbH stellte bisher ausschließlich Bauerntruhen nach alten Modellen her. Die hohe Nachfrage ermuntert Herrn Krämer, die Produktion um dazu passende Tische zu erweitern. Aus Konkurrenzgründen muss Firma Krämer die Tische besonders günstig anbieten. Das setzt voraus, dass die Kosten den Truhen und Tischen genau zugerechnet werden. Außerdem müssen die Kosten für beide Produkte laufend kontrolliert werden.

Problem

Wie kann die Unternehmung die Kosten für verschiedene gleichzeitig hergestellte Produktarten ermitteln?

Lösung

Unternehmer Krämer stellt zusammen mit seinem Buchhalter zunächst fest, dass u. a. angefallen sind:

- Kosten für Material und
- Kosten für Personal.

Bei Durchsicht der Belege ergibt sich aus den genauen Angaben auf den

- Materialentnahmescheinen und
- Lohnzetteln,

dass jeweils ein Teil dieser Kosten den Truhen und ein anderer den Tischen *direkt zugerechnet* werden kann. Sie werden als **Einzelkosten** bezeichnet. Die Materialeinzelkosten z. B. betragen für Truhen 300.000,00 €, für Tische 100.000,00 €.

Für die übrigen Kosten ist allerdings nicht eindeutig zu sagen, welches Erzeugnis sie zu tragen hat, denn sie werden von beiden Produkten *gemeinsam verursacht.* Diese Kosten heißen **Gemeinkosten.** Dazu gehören z. B. Reparaturen, Strom- und Wasserverbrauch, Abschreibungen und Zinsen.

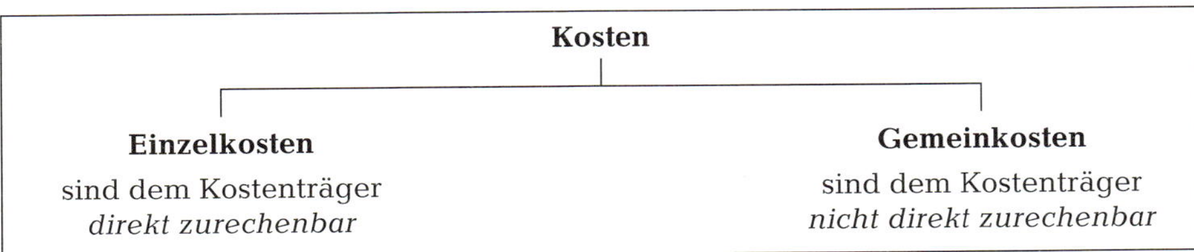

Die *Materialeinzelkosten* (Verbrauch des Rohstoffes Holz) können für die Truhen und Tische ohne Schwierigkeiten festgestellt werden (Konstruktionszeichnungen, Materialentnahmescheine). Dasselbe gilt für die *Fertigungseinzelkosten;* das sind die Fertigungslöhne, die durch Arbeitszeitstudien und Lohnzettel ermittelt werden.

Problematisch ist die Zurechnung der *Gemeinkosten* auf die Produkte, da sich z. B. in den Abteilungen der kaufmännischen Verwaltung, aber auch z. B. im Lager und Versand nicht genau festlegen lässt, welche Arbeiten – und damit welche Kosten! – dem einen oder dem anderen Produkt zuzurechnen sind.

Die Truhen und Tische nehmen die Leistungen der einzelnen Abteilungen unterschiedlich in Anspruch. Wir wollen das am Beispiel der Abteilung Fertigung verfolgen: Während gedrechselte Beine und Querstreben sowie verzierte Kanten ein Merkmal der nach alten Modellen gefertigten Tische sind, zeichnen sich die Truhen durch aufwendig geschnitzte Vorderfronten aus. Die Fertigung dieser Teile geschieht heute nicht mehr ausschließlich von Hand (da wäre unser Problem nicht vorhanden; denn Fertigungslöhne sind Einzelkosten!), sondern wird weitgehend von Maschinen ausgeführt. Die sehr *unterschiedliche Inanspruchnahme der Maschinen* führt zu *unterschiedlichen Gemeinkosten* je Produkt: Betriebsstoffe, Abschreibungen, Wartung und Reparaturen! Die exakte Zurechnung dieser Gemeinkosten ist aber entweder technisch nicht durchführbar – nicht jede Maschine hat ein entsprechendes Zählwerk! – oder sehr umständlich und teuer, sodass man darauf verzichtet.

Man muss für alle Gemeinkosten nach einem Verfahren suchen, sie den Kostenträgern verursachungsgerecht zuzuordnen.

3.2 Kostenstellenrechnung mithilfe des einfachen Betriebsabrechnungsbogens/ einfache Zuschlagskalkulation

3.2.1 Kostenstellengliederung

Problem

Wie können **Gemeinkosten** möglichst genau denjenigen Produkten zugerechnet werden, die ihre Entstehung verursacht haben?

Lösung

Man beschreitet hierbei den Weg, dass man *zuerst* die Frage beantwortet:

- Wo entstehen die Kosten?

Erst danach, *in einem weiteren Schritt,* geht man im Rahmen der Kostenträgerrechnung der Frage nach:

- Wie viel Kosten verursacht ein bestimmtes Produkt?

Um die Kosten nach dem Ort ihrer Entstehung aufteilen zu können, muss der Betrieb in festgelegte **Kostenverursachungsbereiche** – der Fachmann sagt »**Kostenstellen**« – eingeteilt werden. Welche Kostenstellen es in einem Betrieb geben soll, wird im Allgemeinen von der Betriebsleitung festgelegt.

Mögliche Gliederungsprinzipien:

1. Räumliche Gliederung des Unternehmens

Dieser Weg der Kostenstellenbildung ist nur dann sinnvoll, wenn in einem Gebäude oder Raum die gleichen oder eng verwandte Funktionen erfüllt werden.

2. Gliederung nach Verantwortungsbereichen

Diese Einteilung ist besonders geeignet, wenn man Betriebsangehörige mit Entscheidungsbefugnis bei ungünstiger Kostenentwicklung verantwortlich machen will.

Man berücksichtigt die ersten beiden Gliederungen meist indirekt auch in der folgenden Einteilung.

3. Gliederung nach Funktionen

Dieser Weg der Kostenstellenbildung ist der am häufigsten gewählte. Man unterscheidet *mindestens folgende vier Bereiche:*

- **Materialbereich:** Hierzu gehören alle Abteilungen, die sich mit Beschaffung, Annahme und Lagerung aller Materialien befassen.
- **Fertigungsbereich:** Dieser umfasst die Vorbereitung, Durchführung und Kontrolle der Fertigung.
- **Verwaltungsbereich:** Hierzu rechnet man u. a. kaufmännische Leitung, Rechnungswesen und Personalabteilung.
- **Vertriebsbereich:** Darunter kann man Werbung, Fertiglager, Verkauf und Versand zusammenfassen.

Wie wird diese **Kostenstellenrechnung** im Betrieb praktisch durchgeführt?

Jeden Monat – in manchen Betrieben auch im Quartals- oder Halbjahresabstand – wird eine übersichtliche *Zusammenstellung der Kostenstellen und der auf sie entfallenden Gemeinkosten in Tabellenform* angefertigt. Diese Tabelle nennt man **Betriebsabrechnungsbogen:**

Betriebsabrechnungsbogen (BAB)					
Gemein-kostenarten	Gesamtbetrag €	Kostenstellen			
		Material €	Fertigung €	Verwaltung €	Vertrieb €
Hilfsstoffe Hilfslöhne Gehälter Reparaturen Strom Wasser Kfz-Kosten Abschreibungen usw.					
Summen					

3.2.2 Verteilung der Gemeinkosten auf die Kostenstellen

Problem

Wie können die Gemeinkosten auf die verursachenden Kostenstellen verteilt werden?

Lösung

Für einige Gemeinkosten ist die Verteilung auf die Kostenstellen nicht schwierig: **Belege** geben genau darüber Auskunft, dass z. B. die Hilfsstoffe in der Kostenstelle Fertigung verbraucht wurden; andere Belege verzeichnen, welche Kostenstelle Reparaturkosten verursachte. Solche Kosten, die *einzelnen Kostenstellen direkt zuzurechnen* sind, nennt man **Kostenstelleneinzelkosten.**

Andere Gemeinkosten muss man allerdings über Verteilungsschlüssel auf die Kostenstellen umlegen: Dies gilt z. B. für Gebäudeabschreibungen, Versicherungen, Heizung. Die nur *indirekt mithilfe von Schlüsseln* auf die Kostenstellen zu verteilenden Gemeinkosten nennt man **Kostenstellengemeinkosten.**

Es ist nicht einfach, für jede Kostenart einen Verteilungsmaßstab zu finden, der der Verursachung wirklich gerecht wird. Die wichtigsten Schlüssel sind:

Mengenschlüssel

Strom nach kWh

Wasser nach Zahl der Mitarbeiter in der Kostenstelle

Heizung nach m^3 umbauter Raum

Reinigung nach m^2 Fläche

usw.

Wertschlüssel

Abschreibungen
nach investiertem Kapital

Versicherungen
nach Werten der Vermögensteile je Kostenstelle

usw.

Die Firma Krämer hat nach diesen Kostenverteilungsregeln im letzten Monat folgenden **Betriebsabrechnungsbogen** aufgestellt:

Gemein-kostenarten	Gesamtbetrag €	Verteilungs-grundlagen	Kostenstellen Material €	Fertigung €	Verwaltung €	Vertrieb €
Hilfsstoffe	40.000,00	Entnahmeschein	–	40.000,00	–	–
Hilfslöhne	131.000,00	Lohnlisten	20.000,00	90.000,00	–	21.000,00
Gehälter	296.560,00	Gehaltslisten	30.000,00	110.000,00	124.080,00	32.480,00
Reparaturen	20.000,00	Rechnungen	–	15.000,00	3.000,00	2.000,00
Strom	4.600,00	kWh	400,00	2.800,00	600,00	800,00
Wasser	2.700,00	m^3	200,00	1.600,00	300,00	600,00
Büro	25.800,00	Belege	2.600,00	10.400,00	9.800,00	3.000,00
Kfz-Kosten	22.140,00	km	1.000,00	5.200,00	3.940,00	12.000,00
Abschreibungen	85.800,00	Anlagekartei	1.800,00	61.000,00	7.000,00	16.000,00
Summen	628.600,00		56.000,00	336.000,00	148.720,00	87.880,00

Ein solcher Betriebsabrechnungsbogen gibt der Unternehmensleitung zunächst darüber Auskunft, wie viel Gemeinkosten in jeder Kostenstelle angefallen sind. Außerdem ermöglicht er durch einen Vergleich mit Betriebsabrechnungsbögen vergangener Zeiträume zugleich eine **Kostenkontrolle.**

Wir wollen aber jetzt weiter verfolgen, wie der BAB dazu beiträgt, die Kalkulation vorzubereiten.

3.2.3 Ermittlung der Gemeinkostenzuschlagssätze für die Zuschlagskalkulation

Problem

Wie können die Zahlen des Betriebsabrechnungsbogens für die Kalkulation verwendet werden?

Lösung

Laut BAB sind im **Materialbereich** für Beschaffung, Lagerung und Verwaltung Materialgemeinkosten in Höhe von 56.000,00 € entstanden. Man unterstellt, dass sie durch den Fertigungsmaterialverbrauch – in Firma Krämer Holzzuschnitte und Furniere für

Truhen und Tische im Wert von 400.000,00 € – verursacht wurden. In Prozenten ausgedrückt bedeutet das, dass dem Fertigungsmaterialverbrauch 14,00 % Materialgemeinkosten zugeschlagen werden.

Formel für den Materialgemeinkostenzuschlagssatz

$$\textbf{Materialgemeinkostenzuschlagssatz} = \frac{\text{Materialgemeinkosten} \cdot 100}{\text{Fertigungsmaterial}}$$

In der Fa. Krämer also: Materialgemeinkostenzuschlagssatz $= \frac{56.000 \cdot 100}{400.000} = \underline{\underline{14{,}00\ \%}}$

Für eine Truhe wird lt. Konstruktionszeichnung bzw. Stückliste Fertigungsmaterial (Materialeinzelkosten) in Höhe von 150,00 €, für einen Tisch in Höhe von 80,00 € verbraucht. Dazu kommen die errechneten 14,00 % Materialgemeinkosten.

Die **Summe aus Materialeinzelkosten** und **Materialgemeinkosten** ergibt zunächst die **Materialkosten.**

	Gesamt €	Erzeugnis A (Truhe) €	Erzeugnis B (Tisch) €
Materialeinzelkosten	400.000,00	150,00	80,00
+ 14,00 % Materialgemeinkosten	56.000,00	21,00	11,20
Materialkosten	456.000,00	171,00	91,20

Die **Fertigungsgemeinkosten** setzt man in Beziehung zu den Fertigungslöhnen (Fertigungseinzelkosten). Dabei unterstellt man, dass die Höhe der Fertigungslöhne die Höhe der Gemeinkosten für die Fertigungsvorbereitung, -durchführung und -kontrolle bestimmt. Oder anders gesagt, dass sich die Fertigungsgemeinkosten *proportional,* d. h. in gleichem Maße wie die Fertigungseinzelkosten verändern.[1)]

Formel für den Fertigungsgemeinkostenzuschlagssatz

$$\textbf{Fertigungsgemeinkostenzuschlagssatz} = \frac{\text{Fertigungsgemeinkosten} \cdot 100}{\text{Fertigungslöhne}}$$

Möbelfabrik Krämer: Fertigungsgemeinkostenzuschlagssatz $= \frac{336.000 \cdot 100}{560.000} = \underline{\underline{60{,}00\ \%}}$

Die **Summe aus Fertigungseinzelkosten und Fertigungsgemeinkosten** ergibt die **Fertigungskosten.** Addiert man die Materialkosten und die Fertigungskosten, dann erhält man die **Herstellkosten.**

Die Kalkulation der Möbelfabrik Krämer zeigt jetzt folgendes Bild:

	Gesamt €	Erzeugnis A (Truhe) €	Erzeugnis B (Tisch) €
Materialeinzelkosten	400.000,00	150,00	80,00
+ 14,00 % Materialgemeinkosten	56.000,00	21,00	11,20
Materialkosten	456.000,00	171,00	91,20
Fertigungseinzelkosten	560.000,00	160,00	192,00
+ 60,00 % Fertigungsgemeinkosten	336.000,00	96,00	115,20
Fertigungskosten	896.000,00	256,00	307,20
Herstellkosten	1.352.000,00	427,00	398,40

1) Diese Proportionalität ist allerdings besonders bei anlageintensiven Betrieben etwas problematisch, da keine direkte Abhängigkeit der Fertigungsgemeinkosten von den Fertigungslöhnen mehr besteht (vgl. Abschnitt 3.4).

Auch für die **Verwaltungsgemeinkosten** und **Vertriebsgemeinkosten** ermittelt man Zuschlagssätze; *als Basis* dienen jeweils die *Herstellkosten*. Zwischen diesen Gemeinkosten und den Herstellkosten als Beziehungsgröße besteht keine volle Proportionalität. Man nimmt jedoch an, dass wenigstens ein großer Teil der Verwaltungs- und der Vertriebsgemeinkosten von den Herstellkosten abhängig ist und sich mit ihnen verändert. Daher hält man die Herstellkosten als Zuschlagsbasis für vertretbar.

Formeln:

$$\textbf{Verwaltungsgemeinkostenzuschlagssatz} = \frac{\text{VwGK} \cdot 100}{\text{Herstellkosten}}$$

$$\textbf{Vertriebsgemeinkostenzuschlagssatz} = \frac{\text{VtGK} \cdot 100}{\text{Herstellkosten}}$$

Für die Möbelwerke Krämer GmbH: $\text{VwGKZS} = \frac{148.720 \cdot 100}{1.352.000} = \underline{\underline{11,00\ \%}}$

$$\text{VtGKZS} = \frac{87.880 \cdot 100}{1.352.000} = \underline{\underline{6,50\ \%}}$$

Mit den so gewonnenen Zuschlagssätzen können jetzt in der Heinz Krämer GmbH die **Selbstkosten** für die Truhen und Tische – jedes Produkt einzeln! – vollständig kalkuliert werden.

Zuschlagskalkulation mit Monatsgesamtwerten und für zwei Erzeugnisse

	Gesamt €	Erzeugnis A (Truhe) €	Erzeugnis B (Tisch) €
Materialeinzelkosten	400.000,00	150,00	80,00
+ 14,00 % Materialgemeinkosten	56.000,00	21,00	11,20
Materialkosten	456.000,00	171,00	91,20
Fertigungseinzelkosten	560.000,00	160,00	192,00
+ 60,00 % Fertigungsgemeinkosten	336.000,00	96,00	115,20
Fertigungskosten	896.000,00	256,00	307,20
Herstellkosten	1.352.000,00	427,00	398,40
+ 11,00 % Verwaltungsgemeinkosten	148.720,00	46,97	43,82
+ 6,50 % Vertriebsgemeinkosten	87.880,00	27,76	26,90
Selbstkosten	1.588.600,00	501,73	468,12

Merke:

1. **Einzelkosten** sind Kosten, die dem **Kostenträger,** dem Produkt, aufgrund von Belegen **unmittelbar zugerechnet** werden können, also direkt in die Kalkulation übernommen werden.
2. **Gemeinkosten** können dem Kostenträger **nicht direkt** zugerechnet werden.
3. **Kostenstellen** sind selbstständige Bereiche, denen die angefallenen Gemeinkosten zugerechnet werden können.

   Es gibt mindestens **vier Hauptkostenstellen:** Material, Fertigung, Verwaltung und Vertrieb.
4. Im **Betriebsabrechnungsbogen** werden die Gemeinkosten aus den *Kostenarten* der Ergebnistabelle übernommen und nach ihrer Verursachung auf die *Kostenstellen* verteilt.
5. **Kostenstelleneinzelkosten** sind Kosten, deren Erfassung und Verrechnung *direkt für eine Kostenstelle* vorgenommen werden kann.

   Kostenstellengemeinkosten müssen *mithilfe von Verteilungsschlüsseln* umgelegt werden.
6. Mithilfe des **BAB** kann die **Kostenkontrolle** der Abteilungen vorgenommen und die **Kostenentwicklung** verfolgt werden.
7. Die im BAB ermittelten Summen der Gemeinkosten je Kostenstelle bieten die Möglichkeit, **Zuschlagssätze für die Zuschlagskalkulation** zu ermitteln.
8. Die Zuschlagssätze ermittelt man dadurch, dass man die Summe der Materialgemeinkosten in Prozent vom Fertigungsmaterial ausdrückt und die Summe der Fertigungsgemeinkosten in Prozent der Fertigungslöhne.

   Die Zuschlagssätze für Verwaltungs- und Vertriebsgemeinkosten berechnet man, indem man die Summe der Verwaltungsgemeinkosten und die Summe der Vertriebsgemeinkosten in Prozent der Herstellkosten ausdrückt.
9. **Grundschema der Zuschlagskalkulation**

<table>
<tr><td>Materialeinzelkosten (Fertigungsmaterial)</td><td rowspan="2">Materialkosten</td><td rowspan="4">Herstellkosten</td><td rowspan="6">Selbstkosten</td></tr>
<tr><td>Materialgemeinkosten</td></tr>
<tr><td>Fertigungseinzelkosten (Fertigungsmaterial)</td><td rowspan="2">Fertigungskosten</td></tr>
<tr><td>Fertigungsgemeinkosten</td></tr>
<tr><td colspan="3">Verwaltungsgemeinkosten</td></tr>
<tr><td colspan="3">Vertriebsgemeinkosten</td></tr>
</table>

Aufgaben zu 3.1 bis 3.2.3

3-1 Ein Industrieunternehmen erfasste folgende Gemeinkostenarten, die in einem BAB auf die Kostenstellen Material, Fertigung, Verwaltung und Vertrieb unter Anwendung der gegebenen Verteilungsgrundlagen bzw. -schlüssel zu verteilen sind.

Gemeinkostenarten		Material	Fertigung	Verwaltung	Vertrieb
Gehälter	120.000,00	nach Gehaltslisten			
		12.000,00	24.000,00	72.000,00	12.000,00
Hilfslöhne	68.000,00	nach Lohnlisten			
		5.000,00	60.000,00	0,00	3.000,00
soziale Aufwendungen	56.000,00	10,00 %	50,00 %	30,00 %	10,00 %
Strom	24.000,00	nach Grundfläche			
		150 m²	600 m²	200 m²	50 m²
Versicherung	12.000,00	nach investierten Werten			
		20.000,00	360.000,00	85.000,00	15.000,00
Miete	36.000,00	nach Grundfläche s. o.			
Reparaturen	14.000,00	nach Rechnungen: im Verhältnis 1 : 6 : 2 : 1			
Abschreibungen	96.000,00	nach investierten Werten s. o.			

Arbeitsaufträge:

Ermitteln Sie die Gemeinkosten je Kostenstelle und erstellen Sie den BAB. (Gestaltung der Tabelle einschließlich Verteilungsschlüsseln s. Aufgabe 3–2)

3-2 Der Betriebsabrechnungsbogen eines Industrieunternehmens weist für den vergangenen Abrechnungszeitraum folgende Gemeinkosten und Verteilungsschlüssel aus:

Kostenstellenrechnung (einfacher BAB)[*] **Monat: Dezember 20..**

Schlüssel 1) zur Kostenverteilung*			*kWh*	*4 000*	*41 000*	*8 000*	*2 000*
Schlüssel 2) zur Kostenverteilung*			*Verhältnis*	*1*	*6*	*3*	*2*
Gemeinkostenarten		**Zahlen der Ergeb.tab.**	**Verteilungs-grundlage**	**Kostenbereiche**			
Bezeichnung	**Kto.-Nr.**			**Material**	**Fertigung**	**Verwaltung**	**Vertrieb**
Hilfsstoffe	6020	100.000,00	MES	6.000,00	89.000,00	0,00	5.000,00
Energie	6050	11.000,00	Schlüssel 1*)				
Hilfslöhne	6205	83.300,00	Lohnlisten	22.000,00	41.300,00	15.000,00	5.000,00
Gehälter	6300	103.620,00	Gehaltslisten	4.000,00	12.000,00	80.000,00	7.620,00
Reparaturen	6160	22.000,00	Belege	3.000,00	14.500,00	4.500,00	0,00
Abschreibungen	6520	64.000,00	Anlagenkartei	4.000,00	40.000,00	16.000,00	4.000,00
Versicherungen	6900	3.000,00	Schlüssel 2*)				
Betriebsteuern	70	25.000,00	Verteilungsliste	4.000,00	10.000,00	8.000,00	3.000,00
Summen:							
				MGK	FGK	VwGK	VtGK
Zuschlagsgrundlagen:							
				MEK	FEK	HK	HK
Ist-Zuschlagssätze:							

[*] Die Eingabefelder sind durch Rasterung hervorgehoben.

Arbeitsaufträge:

a) Ermitteln Sie die Summe der Gemeinkosten je Kostenstelle und stimmen Sie sie mit der Summe der Ergebnistabelle ab!

b) Berechnen Sie die Zuschlagssätze! Der Verbrauch an Fertigungsmaterial betrug 230.000,00 €; für Fertigungslöhne wurden 125.000,00 € aufgewendet.

Der BAB eines Industriebetriebes lieferte folgende Monatssummen: **3–3**

MGK	30.000,00 €	Einzelkosten:	
FGK	462.000,00 €	Fertigungsmaterial (FM)	150.000,00 €
VwGK	159.300,00 €	Fertigungslöhne (FL)	420.000,00 €
VtGK	53.100,00 €		

Arbeitsaufträge:

a) Führen Sie die Gesamtkalkulation bis zu den Selbstkosten durch!

b) Berechnen Sie die Zuschlagssätze!

c) Kalkulieren Sie auf der Basis der in b) errechneten Zuschlagssätze ein Erzeugnis, für das die Arbeitsvorbereitung folgende Einzelkosten ermittelte: Materialeinzelkosten 180,00 € Fertigungseinzelkosten 250,00 €

Beantworten Sie folgende **Fragen** möglichst *ohne* Zuhilfenahme des Buches! **3–4**

a) Wie ist ein BAB aufgebaut?

b) Nennen Sie typische Kostenstellen des Material- und des Verwaltungsbereiches!

c) Nach welchen Merkmalen können die Abrechnungsbereiche eines Betriebes gebildet werden?

d) Unterscheiden Sie unter Anführung von Beispielen Stelleneinzelkosten und Stellengemeinkosten!

e) Welche Arten von Kostenverteilungsschlüsseln kennen Sie? Nennen Sie dazu Beispiele!

f) Welches sind die Aufgaben des BAB?

g) Auf welche Weise kann der BAB die Aufgabe der Kostenkontrolle erfüllen?

h) Erstellen Sie das vollständige Kalkulationsschema bis zu den Selbstkosten!

i) Welche Zusammenhänge bestehen zwischen Fertigungsverfahren und Kalkulationsverfahren?

Einfacher BAB und Zuschlagskalkulation **3–5**

Aus den BAB eines Industriebetriebes ergeben sich folgende Gemeinkosten: **3–6**

	3–5	**3–6**
Material-GK	18.400,00 €	13.800,00 €
Fertigungs-GK	130.000,00 €	97.500,00 €
Verwaltungs-GK	54.972,00 €	34.879,00 €
Vertriebs-GK	27.486,00 €	21.464,00 €

Für Material- und Fertigungseinzelkosten fielen 92.000,00 € bzw. 65.000,00 € an.

Arbeitsaufträge:

a) Ermitteln Sie die Zuschlagssätze!

b) Kalkulieren Sie ein Produkt, für das lt. Auskunft der Arbeitsvorbereitung folgende Einzelkosten anfallen werden:

Fertigungsmaterial	1.950,00 €	Fertigungslöhne	2.110,00 €

3-7
3-8

Kostenverteilung im einfachen BAB

Bei der Maschinenfabrik Schottmüller & Söhne KG ist für den Monat Januar (Aufgabe 3–8: Februar) der BAB noch nicht aufgestellt. Es sind folgende Kosten angefallen:

	3–7	3–8
Einzelkosten:	€	€
Fertigungsmaterial	600.000,00	546.000,00
Fertigungslöhne	750.000,00	682.500,00
Gemeinkosten:		
Hilfsstoffverbrauch	20.800,00	18.900,00
Energieverbrauch	19.200,00	17.300,00
Gehälter	250.000,00	250.000,00
Sozialkosten	170.000,00	158.500,00
Mieten	40.000,00	40.000,00
Abschr. a. Gebäude	25.000,00	25.000,00
Abschr. a. Maschinen	75.000,00	71.600,00
Heizung	15.000,00	13.000,00
Reparaturen	77.000,00	59.000,00
Steuern	18.000,00	13.700,00

Daten zur Kostenverteilung (Aufgabe 3–7):

Hauptkostenstellen:	Material-bereich	Fertigungs-bereich	Verwaltungs-bereich	Vertriebs-bereich
Energieverbrauch in kWh:	2.500	140.000	10.000	7.500
Flächen in m²:	100	900	150	50
Gehälter laut Gehaltsliste €	42.000,00	28.000,00	120.000,00	60.000,00
Verteilung der Mieten auf Verwaltung und Vertrieb nach m²				
Verteilung der Abschreibungen auf Gebäude: auf Material und Fertigung nach m²				
Verteilung der Heizung nach m²				
Zuordnung d. Reparat. (Einzelbel.):	0,00	74.300,00	2.500,00	200,00
Übernahme d. Steuern auf Verwaltung				

Daten zur Kostenverteilung (Aufgabe 3–8):

Hauptkostenstellen:	Material-bereich	Fertigungs-bereich	Verwaltungs-bereich	Vertriebs-bereich
Energieverbrauch in kWh:	2.400	127.000	9.800	7.400
Zuordnung d. Reparat. (Einzelbel.):	4.300,00	26.000,00	13.200,00	15.500,00

Die übrigen Gemeinkosten werden verteilt wie in Aufgabe 3–7.

Arbeitsaufträge zu Aufgabe 3–7:

a) Erstellen Sie den BAB nach dem Muster in Aufgabe 3–2! – Ergänzen Sie dabei die Tabelle um 2 zusätzliche Zeilen für den Arbeitsauftrag b)!

b) Ermitteln Sie die Abweichungen der Januarzuschlagssätze gegenüber denen des Vormonats! (Im Dezember betrugen sie: Materialbereich 8,14 %, Fertigungsbereich 52,30 %, Verwaltungsbereich 11,45 %, Vertriebsbereich 4,50 %.)

Arbeitsauftrag zu Aufgabe 3–8:

Erstellen Sie den BAB für den Monat Februar unter Verwendung des für den Monat Januar in Aufgabe 3–7 entwickelten Lösungsmodells!

3.2.4 Gemeinkostenzuschlagssätze unter Einbeziehung von Bestandsveränderungen

Situation

Im zweiten Monat nach Aufnahme der Produktion der altdeutschen Tische wird in der Krämer GmbH festgestellt, dass am Monatsende für 28.000,00 € Tische im Lager stehen sowie geschnitzte Frontplatten für Truhen im Wert von 17.000,00 €.
Herr Krämer macht sich deswegen keine Sorgen; denn es handelt sich um den Urlaubsmonat, in dem der Absatz in jedem Jahr gering ist.

Problem

Welchen Einfluss haben Bestandsveränderungen auf die Zuschlagssätze?

Lösung

Für die Zuschlagssätze für Material- und Fertigungsgemeinkosten spielt es keine Rolle, ob die Erzeugnisse verkauft wurden oder sich im Lager befinden. Die *Zuschlagssätze für Verwaltungs- und Vertriebsgemeinkosten müssen* aber *überprüft werden.* Allgemein wird angenommen, dass sie in voller Höhe nur für solche Produkte anfallen, die abgesetzt werden. Begründet wird das damit, dass bei Absatzrückgang im Vertriebsbereich z. B. die Kosten für Verpackung und Versand zurückgehen und im Verwaltungsbereich z. B. die Kosten für Rechnungserteilung sinken.

Wenn man von den gesamten Herstellkosten **(= Herstellkosten der Fertigung bzw. Erzeugung)** die *Herstellkosten des Mehrbestandes an Fertigerzeugnissen und unfertigen Erzeugnissen abzieht,* erhält man als besser geeignete Zuschlagsbasis die Herstellkosten der abgesetzten Erzeugnisse **(= Herstellkosten des Umsatzes).**

Herstellkosten der Erzeugung
– **Mehrbestand** an Fertigerzeugnissen und unfertigen Erzeugnissen
= Herstellkosten des Umsatzes

Die **Herstellkosten des Umsatzes** werden als **geeignete Zuschlagsgrundlage für Verwaltungs- und Vertriebsgemeinkosten** angesehen.

$$\text{Verwaltungsgemeinkostenzuschlagssatz} = \frac{\text{Verwaltungsgemeinkosten} \cdot 100}{\text{Herstellkosten des Umsatzes}}$$

$$\text{Vertriebsgemeinkostenzuschlagssatz} = \frac{\text{Vertriebsgemeinkosten} \cdot 100}{\text{Herstellkosten des Umsatzes}}$$

In der Krämer GmbH ergaben sich in dem betreffenden Monat aus dem BAB folgende Zahlen: Herstellkosten der Erzeugung 1.200.000,00 €; Verwaltungsgemeinkosten 132.825,00 €; Vertriebsgemeinkosten 80.850,00 €.

Die Zuschlagssätze für die Verwaltungs- und Vertriebsgemeinkosten sind nun unter Berücksichtigung der Bestandsveränderungen (siehe Situation!) neu zu berechnen:

Herstellkosten der Erzeugung	1.200.000,00 €
– Bestandsmehrungen	45.000,00 €
= Herstellkosten des Umsatzes	1.155.000,00 €

$$\text{VwGKZS} = \frac{13.282.500{,}00\ €}{1.155.000{,}00\ €} = 11{,}50\ \% \qquad \text{VtGKZS} = \frac{8.085.000{,}00\ €}{1.155.000{,}002\ €} = 7{,}00\ \%$$

Verkauft man Erzeugnisse vom Lager, entstehen mehr Kosten im Verwaltungs- und Vertriebsbereich, als für den Absatz der laufenden Erzeugung allein anfallen würden. Daraus folgt: Den Herstellkosten der Erzeugung müssen die *Herstellkosten des Minderbestandes zugezählt* werden, um die richtige Berechnungsgrundlage für die Zuschlagssätze zu erhalten:

Herstellkosten der Erzeugung
+ Minderbestand an Fertigerzeugnissen und unfertigen Erzeugnissen
= Herstellkosten des Umsatzes

In einem Abrechnungszeitraum können auch beide Arten der Bestandsveränderungen auftreten. Der untere Teil der Gesamtkalkulation zeigt dann folgendes Bild:

Herstellkosten der Erzeugung	
– **Mehrbestand** an fertigen/unfertigen Erzeugnissen	
+ **Minderbestand** an fertigen/unfertigen Erzeugnissen	
= Herstellkosten des Umsatzes	
+ Verwaltungsgemeinkosten	in % der HK des Umsatzes
+ Vertriebsgemeinkosten	in % der HK des Umsatzes
= Selbstkosten	

Merke:

1. Die Grundlage für die Berechnung der **Zuschlagssätze** der **Verwaltungsgemeinkosten** und der **Vertriebsgemeinkosten** sind in aller Regel die **Herstellkosten des Umsatzes.**
2. Diese berechnet man, indem man die **Herstellkosten der Erzeugung** um **Bestandsmehrungen** an fertigen und unfertigen Erzeugnissen **verringert** und um **Bestandsminderungen vermehrt.**

3. **Gesamtübersicht**

Ermittlung der Zuschlagssätze für die Zuschlagskalkulation im BAB

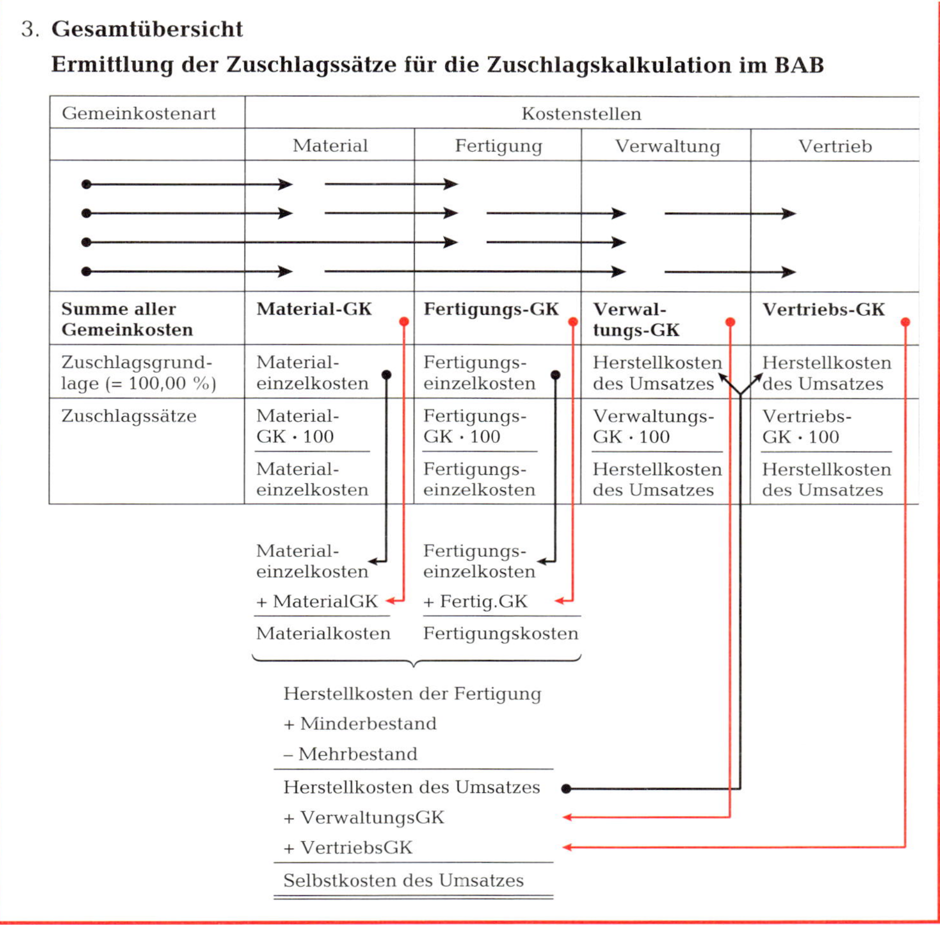

Aufgaben zu 3.2.4

In einem Fabrikationsbetrieb mit vier Kostenbereichen sind die Gemeinkosten außer den Energiekosten von 2.100,00 € bereits wie folgt verteilt: 3-9

Materialbereich	Fertigungsbereich	Verwaltungsbereich	Vertriebsbereich
229.850,00 €	863.750,00 €	272.640,00 €	181.560,00 €

Arbeitsaufträge:

a) Verteilen Sie die Energiekosten auf die Kostenbereiche nach dem Verbrauch der Kostenbereiche: Material 750 kWh; Fertigung 6.250 kWh; Verwaltung 1.500 kWh; Vertrieb 2.000 kWh.

b) Errechnen Sie die Endsummen der Kostenbereiche!

c) Ermitteln Sie die Gemeinkostenzuschlagssätze bei folgenden Einzelkosten: Fertigungsmaterial 287.500,00 €; Fertigungslöhne 692.000,00 €.

Zuschlagsgrundlage für die Verwaltungs- und Vertriebsgemeinkosten bilden die Herstellkosten des Umsatzes. (Zuschläge getrennt ermitteln!)

Das Bestandsveränderungskonto hat folgendes Aussehen:

Soll	**Bestandsveränderungen**		**Haben**
unfertige Erzeugnisse	300.000,00 €	fertige Erzeugnisse	100.000,00 €

3-10 Der BAB eines Industrieunternehmens enthält folgende Gemeinkostensummen für eine Abrechnungsperiode:

Materialbereich	45.000,00 €	Verwaltungsbereich	225.000,00 €
Fertigungsbereich	980.000,00 €	Vertriebsbereich	54.000,00 €

Die Einzelkosten betragen für

Material	56.250,00 €	Fertigung	700.000,00 €

Es sind außerdem folgende Bestandsveränderungen zu berücksichtigen:

Minderbestand Fertigerzeugnisse	28.750,00 €	Mehrbestand unfertige Erzeugnisse	10.000,00 €

Arbeitsauftrag:

Ermitteln Sie alle Zuschlagssätze! – (Die Herstellkosten des Umsatzes gelten als Zuschlagsgrundlage für die Verwaltungs- und Vertriebsgemeinkosten.)

3.2.5 Normalgemeinkosten: Kostenüber- und -unterdeckungen

Der Betriebsabrechnungsbogen wird in den meisten Industriebetrieben monatlich mit den **Ist-Gemeinkosten** des Vormonats erstellt. Da diese Zahlen nicht ständig gleich bleiben, ändern sich auch laufend die aus ihnen ermittelten **Ist-Zuschlagssätze.**

Für diese *Schwankungen* sind teils *innerbetriebliche Gründe* verantwortlich (z.B. unterschiedliche Beschäftigung, Leistungsschwankungen, unregelmäßig anfallende Kosten wie Reparaturen, Urlaubslöhne u.a.), teils *außerbetriebliche Gründe* (z.B. Preisänderungen der Stoffe, Steigen der Personalkosten durch Tarifabschlüsse usw.). In der Praxis werden Ist-Kosten und Ist-Zuschlagssätze hauptsächlich für die Kostenkontrolle und -überwachung ermittelt.

In der Kalkulation verwendet man zusätzlich **Normal-Zuschlagssätze,** die für einen längeren Zeitraum festgelegt werden. Damit erreicht man eine gewisse *Stetigkeit* und kann zukünftige Entwicklungen einbeziehen. Die Normal-Zuschlagssätze werden daher als Durchschnitt mehrerer Ist-Zuschlagssätze (z. B. der letzten 6 Monate) unter Berücksichtigung von Kostenaufschlägen für zu erwartende Lohn- und Preissteigerungen berechnet.

Die mithilfe von Normal-Zuschlagssätzen berechneten Gemeinkosten heißen entsprechend **Normal-Gemeinkosten.**

Am Ende eines jeden Monats stellt man anhand des neu erstellten BAB fest, inwieweit **Kostenabweichungen**[1] zwischen Ist-Gemeinkosten und Normal-Gemeinkosten vorliegen:

- Bei **Kostenüberdeckungen** sind die Ist-Kosten geringer als die Normal-Kosten;
- bei **Kostenunterdeckungen** werden die Ist-Kosten nicht durch die Normal-Kosten gedeckt.

[1] Vgl. Kapitel 5

Ermittlung der Kostenüberdeckungen und -unterdeckungen im BAB

Kostenarten	Kostenstellen			
	Material €	Fertigung €	Verwaltung €	Vertrieb €
Summe der Ist-Gemeinkosten	18.125,00	166.250,00	68.730,00	22.910,00
Zuschlagsgrundlagen:				
Materialeinzelkosten	145.000,00			
Fertigungseinzelkosten		87.500,00		
Herstellkosten des Umsatzes *			343.650,00	343.650,00
Ist-Zuschläge	12,50 %	190,00 %	20,00 %	$6\,^2/_3$ %
Normal-Zuschläge	**11,00 %**	**195,00 %**	**18,00 %**	**8,00 %**
Verrechnete Normal-Gemeinkosten * *	**15.950,00**	**170.625,00**	**62.253,00**	**27.668,00**
Kostenüberdeckung (+)		+ 4.375,00		+ 4.758,00
Kostenunterdeckung (–)	– 2.175,00		– 6.477,00	

* unter Annahme von Bestandsmehrungen in Höhe von 73.225,00 €
* * Herstellkosten des Umsatzes (Normal): 345.850,00 €

Aufgaben zu 3.2.5

3-11 Nach der Verteilung der Gemeinkostenarten auf die Kostenstellen zeigt ein BAB folgende Summen:

Kostenarten	Material	Fertigung	Verwaltung	Vertrieb
.	.	.	.	.
.	.	.	.	.
.	.	.	.	.
Summe	4.000,00 €	88.000,00 €	33.300,00 €	11.100,00 €

In der Abrechnungsperiode wurden für MEK 50.000,00 € und für FEK 80.000,00 € aufgewendet.
Die Normal-Zuschlagssätze betrugen: MGK 7,50 %; FGK 105,00 %; VwGK 17,50 %; VtGK 4,00 %.
Bestandsveränderungen sind nicht eingetreten.

Arbeitsauftrag:

Stellen Sie fest, ob und in welcher Höhe Abweichungen (in Prozentpunkten und in €) gegenüber den Normal-Gemeinkosten im Abrechnungszeitraum entstanden sind!

3-12 Ein BAB eines kleinen Industriebetriebes enthält für die drei Hauptkostenstellen folgende Summen: Materialgemeinkosten 42.000,00 €, Fertigungsgemeinkosten 124.000,00 €, Verwaltungs- und Vertriebsgemeinkosten 116.000,00 €.
Die Einzelkosten betrugen: Material 180.000,00 €, Löhne 190.000,00 €.
Ferner ist eine Bestandsminderung von 40.000,00 € zu verzeichnen; in der vergangenen Periode wurde mit Normal-Zuschlagssätzen von 25,00 % (MGK), 60,00 % (FGK) und 20,00 % (Vw + VtGK) gerechnet.

Arbeitsaufträge:

a) Wie hoch sind die neuen Ist-Zuschlagssätze?
b) Welche Über- bzw. Unterdeckungen ergeben sich?
c) Kalkulieren Sie mithilfe eines Ihnen zur Verfügung stehenden Tabellenkalkulationsprogramms!

3.2.6 Sondereinzelkosten

Situation

Ein amerikanischer Tourist hat während seines Deutschlandurlaubs die altdeutschen Truhen der Krämer GmbH gesehen und möchte eine Truhe erwerben. Als Sonderwunsch hätte er gern in der Truhenfront nicht die übliche Schnitzerei, sondern das Motiv seines Familienwappens. Außerdem wird der Transport in die USA erhebliche Kosten verursachen.

Problem

Wie beeinflussen Kosten, die sich aus Sonderwünschen für einen Auftrag ergeben, die Kalkulation?

Lösung

Für das Wappen des Auftraggebers muss ein besonderer Entwurf angefertigt und die Maschine, die die spätere Frontplatte bearbeitet, neu eingestellt werden. Hierdurch entstehen in der Fertigung *Einzelkosten,* die diesem speziellen Auftrag zuzurechnen sind. Das Gleiche gilt für den Vertrieb: Normalerweise werden die Truhen auf dem Inlandsmarkt abgesetzt. Die Truhe des amerikanischen Auftraggebers muss als Seefracht mit Spezialverpackung versendet werden. Es entstehen also auch im Vertrieb Einzelkosten.

Um die Tatsache zu betonen, dass es sich um *Sonderfälle* handelt, spricht man von

- **Sondereinzelkosten der Fertigung** und
- **Sondereinzelkosten des Vertriebs.**

Sie werden wie folgt in das Kalkulationsschema eingebaut:

Kalkulationsschema	
Materialeinzelkosten + Materialgemeinkosten	} Materialkosten
+ Fertigungseinzelkosten + Fertigungsgemeinkosten	} Fertigungskosten
+ Sondereinzelkosten der Fertigung	
= Herstellkosten	
+ Verwaltungsgemeinkosten + Vertriebsgemeinkosten **+ Sondereinzelkosten des Vertriebs**	
= Selbstkosten	

Aufgaben zu 3.2.6

Ermitteln Sie die Selbstkosten für die Truhe, die der Amerikaner bestellt hat (siehe Situation)! Berücksichtigen Sie dabei folgende Einzelkosten und die unten aufgeführten Zuschlagssätze: **3-13**

Fertigungsmaterial	150,00 €	Sondereinzelkosten der Fertigung	160,00 €
Fertigungslöhne	220,00 €	Sondereinzelkosten des Vertriebs	320,00 €

MGK 14,00 %, FGK 60,00 %, VwGK 10,00 %, VtGK 6,50 %

Wodurch unterscheiden sich Fertigungslöhne, Sondereinzelkosten der Fertigung und Fertigungsgemeinkosten? **3-14**

In einem Industriebetrieb wird ein Produkt in einer Großserie hergestellt. Um einen Kundenwunsch zu erfüllen, fallen außer den normalen Einzelkosten Sondereinzelkosten an: **3-15**

3-16

	3–15	**3–16**
MEK	480,00 €	620,00 €
FEK	360,00 €	540,00 €
Sonder-EK der Fertigung	75,00 €	100,00 €
Sonder-EK des Vertriebs	80,00 €	95,00 €

Die Zuschlagssätze betragen für Materialgemeinkosten 80,00 %, Fertigungsgemeinkosten 120,00 %, Verwaltungs- und Vertriebsgemeinkosten zusammen 25,00 %.

Arbeitsaufträge:

a) Ermitteln Sie durch manuelle Berechnung die Selbstkosten des Erzeugnisses!

b) Kalkulieren Sie mithilfe eines Ihnen zur Verfügung stehenden Tabellenkalkulationsprogramms!

3.3 Der erweiterte und mehrstufige BAB/ verfeinerte Zuschlagskalkulation

3.3.1 Einrichtung mehrerer Fertigungshauptstellen

Situation

In dem Metallbearbeitungswerk Kunze & Wagner OHG, das als Zulieferer Bauteile für die Automobilindustrie herstellt, wird die Fertigung in verschiedenen Werkstätten durchgeführt.

Neben anderen Erzeugnissen werden hauptsächlich hergestellt:

- Wellen für den Achsantrieb von Pkw und
- Querstreben für die Radaufhängung.

Durch verschärften Wettbewerb bei den Querstreben ist der Abschluss eines neuen Liefervertrages mit dem Hauptabnehmer, der Westdeutschen Kraftfahrzeug-Industrie-AG, gefährdet. Da die Fertigung im letzten Jahr erheblich modernisiert worden ist, müsste der Betrieb eigentlich zu konkurrenzfähigen Preisen anbieten können. Die Geschäftsleitung vermutet aber, dass wegen Ungenauigkeiten in der Kostenstellenrechnung noch zu hohe Selbstkosten für das Produkt Querstreben ausgewiesen werden, sodass sich hierfür ein nicht marktgerechter Preis ergibt.

Die Nachkalkulation mit den Zahlen des Monats Januar zeigte folgendes Bild:

	Antriebswelle		Querstrebe	
		€		€
Fertigungsmaterial	40,00		15,00	
+ Materialgemeinkosten 10,00 %	4,00		1,50	
= Materialkosten		44,00		16,50
+ Fertigungslöhne	25,00		8,50	
+ Fertigungsgemeinkosten 155,00 %	38,75		13,18	
= Fertigungskosten		63,75		21,68
= Herstellkosten		107,75		38,18
+ Verwaltungs- u. Vertriebsgemeink. 9,00 %		9,70		3,44
= Selbstkosten		117,45		41,62

Die Geschäftsleitung erteilt den Auftrag, das System der Kostenverrechnung zu überprüfen.

Problem

Kann die Genauigkeit der Zuschlagssätze durch eine weiter gehende Kostenstellengliederung erhöht werden?

Lösung

In kleinen Industriebetrieben ist eine ausreichend genaue Kostenverrechnung möglich, wenn je Kostenbereich einschließlich der Fertigung nur *eine* Kostenstelle gebildet und dafür *ein* Zuschlagssatz errechnet wird. In der Kunze & Wagner OHG gliedert sich der Fertigungsbereich jedoch in die **Werkstätten:**

- Schmiede,
- Härterei sowie
- mechanische Werkstatt (Dreherei, Fräserei, Schleiferei).

In diesen Werkstätten ist eine stark **unterschiedliche Kostenstruktur** gegeben:

- In der Schmiede verursacht eine alte Schmiedepresse nur noch geringe Abschreibungen, aber hohe Energiekosten.
- In der Werkstatt »Härterei« fallen zwar hohe Fertigungslöhne, aber wegen der einfachen Ausstattung nur geringe Fertigungsgemeinkosten an.
- Die mechanische Werkstatt ist seit Kurzem mit teuren Universaldrehbänken und anderen hochmodernen Fertigungsmaschinen ausgestattet, die hohe Abschreibungs- und Zinskosten verursachen.

Nach dem vorhandenen Schema (vgl. die Situation) werden Antriebswellen und Querstreben einheitlich kalkuliert. Durch die Produktionstechnik ergibt sich jedoch eine **unterschiedliche Inanspruchnahme der Werkstätten:**

- Die geschmiedeten Wellenrohlinge erfahren nach einer kurzen Zwischenbearbeitung in der Härterei noch eine umfangreiche Feinbearbeitung in der mechanischen Werkstatt.
- Die Querstreben hingegen kommen aus der Schmiede nur noch zu einer groben Überarbeitung in die Härterei und sind dann verkaufsfähig.

Daher ist zwangsläufig die Kalkulation ungenau, wenn beide Erzeugnisse mit dem gleichen pauschalen FGK-Zuschlagssatz belastet werden.

In der Firma Kunze & Wagner OHG soll in Zukunft ein Betriebsabrechnungsbogen aufgestellt werden, in dem der **Fertigungsbereich in mehrere Kostenstellen gegliedert** ist. Für diese werden getrennte Zuschlagssätze berechnet.

Ein Betriebsabrechnungsbogen dieser Art heißt **erweiterter BAB.** Er ermöglicht eine *genauere Zurechnung der Fertigungsgemeinkosten.*

Außerdem kann die Betriebsleitung durch die Aufspaltung in mehrere Fertigungsstellen die Entwicklung der Kosten besser kontrollieren.

Erweiterter BAB der Kunze & Wagner OHG für den Monat Januar 20..

Kostenarten	Kostenstellen					
			Fertigungsbereich			
Bezeichnung	€	Materialbereich €	Schmiede €	Härterei €	mechanische Werkstatt €	Verwaltungs- und Vertriebsbereich €
...	...	...	...	...	...	...
Summe Gemeinkosten	218.000,00	18.000,00	35.000,00	20.000,00	100.000,00	45.000,00
Zuschlagsgrundlagen		180.000,00 MEK	35.000,00 FEK	25.000,00 FEK	40.000,00 FEK	500.000,00 HKU
Zuschlagssatz		10,00 %	100,00 %	80,00 %	250,00 %	9,00 %

Im Gegensatz zum einfachen BAB ergeben sich hier *drei* Zuschlagssätze für den Fertigungsbereich. Damit wird der erweiterte BAB der Kostenverursachung besser gerecht und ermöglicht eine **verfeinerte Zuschlagskalkulation** für die beiden Produkte:

erweitertes Kalkulationsschema:		Antriebswelle €	Querstrebe €
1 MEK	10,00 %	40,00	15,00
2 MGK		4,00	1,50
3 MK		44,00	16,50
4 FEK I	100,00 %	3,00	2,50
5 FGK I		3,00	2,50
6 FK I	Schmiede	6,00	5,00
7 FEK II	80,00 %	2,00	6,00
8 FGK II		1,60	4,80
9 FK II	Härterei	3,60	10,80
10 FEK III	250,00 %	20,00	0,00
11 FGK III		50,00	0,00
12 FK III	mechanische Werkstatt	70,00	0,00
13 FK ges. (Zeilen 6 + 9 + 12)		79,60	15,80
14 HK (Zeilen 3 + 13)	9,00 %	123,60	32,30
15 VVGK		11,12	2,91
16 SK		134,72	35,21

Auf Grund dieser genaueren Kalkulation kann die Kunze & Wagner OHG ihrem Hauptabnehmer die Querstreben wesentlicher günstiger anbieten als bisher und so der Konkurrenz standhalten. Die nach der neuen Berechnungsmethode höheren Selbstkosten für Gelenkwellen wirken sich nicht negativ aus, da hier eine geringfügige Preiserhöhung leichter durchzusetzen ist.

3.3.2 Fertigungshilfsstellen im BAB

Situation

Bei den Untersuchungen zur Neugestaltung der Kostenstellenrechnung in der Kunze & Wagner OHG ist aufgefallen, dass die Fertigungsgemeinkosten erheblich sind. Eine Analyse dieser Gemeinkosten zeigt, dass ein hoher Anteil auf die Arbeitsvorbereitung und die Werkzeugmacherei entfällt. Diese Abteilungen sind zwar für eine rationelle Fertigung sehr wichtig, aber nicht unmittelbar an ihr beteiligt.

Problem

Wie sollen die Kosten der Fertigungsabteilungen, die nicht direkt an der Produktion beteiligt sind, im BAB behandelt werden?

Lösung

Auf den Kostenbelegen werden meistens die Kosten verursachenden Abteilungen ausdrücklich genannt, z. B. die Arbeitsvorbereitung und die Werkzeugmacherei. Daher ist es zweckmäßig, auch für diese Abteilungen Kostenstellen einzurichten. Da sie an der Fertigung indirekt mitwirken, nennt man sie **Fertigungshilfs(kosten)stellen.** Die einzelnen Gemeinkosten werden bei der Aufstellung des BAB sowohl auf die Fertigungshauptstellen als auch auf die Fertigungshilfsstellen verteilt.

Die Leistungen der Fertigungshilfsstellen werden in sehr unterschiedlichem Maße von den Fertigungshauptstellen in Anspruch genommen:

- Die Werkzeugmacherei arbeitet z. B. überhaupt nicht für die Härterei und Entgratung, wenig für die Gesenkschmiede und sehr viel für die mechanische Werkstatt.
- Die Arbeitsvorbereitung wird ebenfalls hauptsächlich für die mechanische Werkstatt und in geringerem Umfang für die anderen Fertigungshauptstellen tätig.

Folglich müssen die Fertigungshauptstellen mit den Kosten der Fertigungshilfsstellen auch anteilig belastet werden.

Deshalb wird ein erweiterter, **mehrstufiger BAB** aufgestellt.

Bezogen auf den Fertigungsbereich ergeben sich folgende **Schritte:**

① Die Gemeinkostenarten werden *zuerst* auch auf die Fertigungshilfsstellen verteilt und

② *dann* in Umlagen den Fertigungshauptstellen nach der Inanspruchnahme zugerechnet (Verursachungsprinzip).

Die Verrechnung der innerbetrieblichen Leistungen geschieht entweder aufgrund von Einzelbelegen (z.B. Bau einer Vorrichtung für die mechanische Werkstatt) oder nach Schlüsseln.

In der Kunze & Wagner OHG seien folgende **Umlageschlüssel** festgelegt:

- Die Kosten der Werkzeugmacherei sind im Verhältnis 1 : 0 : 4 auf die Fertigungshauptstellen 1, 2 und 3 zu verteilen.
- Die Fertigungsgemeinkosten der Arbeitsvorbereitung sind im Verhältnis 1 : 4 : 7 umzulegen.

③ *Danach* werden die Zuschlagssätze nur für die Fertigungshauptstellen ermittelt.

Nach Durchführung der Umlagen zeigt der BAB im Fertigungsbereich für den Monat Januar dann folgendes Bild:

	Fertigungshauptstellen			**Fertigungshilfsstellen**	
	1 Schmiede €	2 Härterei €	3 mechanische Werkstatt €	1 Werkzeug-macherei €	2 Arbeits-vorbereitung €
vorläufige Gemeinkostensummen	30.000,00	18.000,00	96.000,00	5.000,00	6.000,00
Umlage	1.000,00 ←	0,00 ←	4.000,00 ←		
Umlage	500,00 ←	2.000,00 ←	3.500,00 ←		
endgültige Gemeinkostensummen	31.500,00	20.000,00	103.500,00	0,00	0,00
Zuschlagsgrundlagen	35.000,00	25.000,00	40.000,00		
Zuschlagssätze	**90,00 %**	**80,00 %**	**259,00 %**		

Unter Umständen kann es sinnvoll sein, auch außerhalb der Fertigung – z. B. im Vertriebsbereich – spezielle Hilfskostenstellen einzurichten.

3.3.3 Allgemeine Kostenstellen

Situation

Bestimmte Abteilungen, die in jedem größeren Industriebetrieb anzutreffen sind, wurden in den bisher gezeigten Betriebsabrechnungsbögen nicht ausdrücklich aufgeführt, sondern waren der Einfachheit halber dem Verwaltungsbereich zugeordnet worden:

- Pförtnerei
- Heizungszentrale
- Werksschutz
- Unfallstation
- Kantine
- Werkskindergarten (= betriebliche Sozialeinrichtungen)

Die Leistungen dieser Abteilungen kommen allen übrigen zugute.

Problem

Wie sollen die Gemeinkosten der Abteilungen, die dem Gesamtbetrieb dienen, im BAB behandelt werden?

Lösung

Auch für diese Abteilungen ist es zweckmäßig, besondere Kostenstellen einzurichten. Man nennt sie **allgemeine Kostenstellen.** Dadurch kann auch hier die Kostenentwicklung genauer verfolgt und beeinflusst werden.

Sowohl die allgemeinen Kostenstellen als auch die Fertigungshilfsstellen gehören zu den **Hilfskostenstellen;** für sie werden keine Zuschlagssätze gebildet.

Die in den allgemeinen Kostenstellen ermittelten Gemeinkostensummen werden auf **alle** *nachfolgenden Kostenstellen umgelegt.*

Geeignete Umlageschlüssel für die Kosten des allgemeinen Bereichs sind zum Beispiel:

- für die Sozialeinrichtungen die Mitarbeiteranzahl in den übrigen Kostenstellen,
- für die Heizungszentrale die gewichteten Raumgrößen der anderen Abteilungen.

Der vollständige Arbeitsablauf für die Aufstellung eines mehrstufigen BAB umfasst damit folgende Teilarbeiten:

①. Schritt:
Verteilung der Gemeinkostenarten auf alle Kostenstellen, direkt oder nach Schlüsseln.

②. Schritt:
Ermittlung der vorläufigen Gemeinkostensummen je Kostenstelle.

③. Schritt:
Umlage der Kosten des allgemeinen Bereichs auf alle übrigen Kostenstellen.

④. Schritt:
Bildung der neuen Zwischensummen.

⑤. Schritt:
Umlage der Kosten der Fertigungshilfsstellen auf die Fertigungshauptstellen[1].

⑥. Schritt:
Bildung der Endsummen je Hauptkostenstelle.

⑦. Schritt:
Errechnung der Zuschlagssätze auf der Basis der geeigneten Zuschlagsgrundlagen.

An dem **Musterbeispiel eines mehrstufigen BAB auf der folgenden Seite** können Sie diese Arbeitsschritte nachvollziehen.

Überprüfen Sie besonders die Umlage der Kosten des allgemeinen Bereichs; als Verteilungsschlüssel wurde hier das Verhältnis 2 : 1,5 : 3 : 4 : 0,5 : 1 : 6 gewählt.

Für die Fertigungshilfsstellen gelten die Umlageschlüssel des Monats Januar (siehe oben).

Bei der Berechnung der Zuschlagsgrundlage für die Verwaltungs- und Vertriebsgemeinkosten sind Bestandsmehrungen von 25.000,00 € berücksichtigt worden.

Ermittlung der Herstellkosten des Umsatzes:

Materialeinzelkosten	200.000,00 €	
+ Materialgemeinkosten	19.000,00 €	
Materialkosten		219.000,00 €
FEK I	25.000,00 €	
+ FGK I	24.500,00 €	
FK I		49.500,00 €
FEK II	30.000,00 €	
FGK II	22.500,00 €	
FK II		52.500,00 €
FEK III	40.000,00 €	
FGK III	104.000,00 €	
FK III		144.000,00 €
Herstellkosten der Fertigung (= HK des Abrechnungszeitraums)		465.000,00 €
– Bestandsmehrungen		25.000,00 €
Herstellkosten des Umsatzes		440.000,00 €

[1] Auch für den Materialbereich und Vertriebsbereich kann unter Umständen die Einrichtung besonderer Hilfskostenstellen zweckmäßig sein. – Zunehmende Bedeutung gewinnen Kostenstellen für **Forschung und Entwicklung.** Sie können als Fertigungshilfsstellen behandelt oder zu einem eigenständigen Kostenbereich zusammengefasst werden.

Erweiterter, mehrstufiger BAB der Kunze & Wagner OHG für den Monat Februar 20..

	Kostenarten	Zahlen der Ergebnistabelle (Kontrolle der Verteilung)	Kostenbereiche bzw. Kostenstellen							
					Fertigungshauptstelle			Fertigungshilfsstelle		
	Bereich	€	Allgemeiner Bereich: Sozialeinrichtungen €	Materialbereich €	1 Schmiede €	2 Härterei €	3 mechanische Werkstatt €	1 Werkzeugmacherei €	2 Arbeitsvorbereitung €	Verwaltungs- und Vertriebsbereich €
①	⋮	⋮	⋮	⋮	⋮	⋮	⋮	⋮	⋮	⋮
	Gehälter	37.000,00	2.500,00	2.000,00	0,00	0,00	9.000,00	0,00	4.500,00	19.000,00
	⋮	⋮	⋮	⋮	⋮	⋮	⋮	⋮	⋮	⋮
	kalk. Abschreibung	25.000,00	1.000,00	1.500,00	3.000,00	800,00	15.000,00	1.200,00	500,00	2.000,00
	⋮	⋮	⋮	⋮	⋮	⋮	⋮	⋮	⋮	⋮
②	vorläufige Gemeinkostensummen	214.000,00	7.200,00	18.200,00	22.350,00	18.300,00	93.950,00	3.800,00	8.600,00	41.600,00
③	Umlage allgemeine Kostenstellen	(7.200,00)		800,00	600,00	1.200,00	1.600,00	200,00	400,00	2.400,00
④	Zwischensummen	214.000,00	–	19.000,00	22.950,00	19.500,00	95.550,00	4.000,00	9.000,00	44.000,00
⑤	Umlagen der Fertigungshilfsstellen a)	(4.000,00)	–	–	800,00	0,00	3.200,00			–
	b)	(9.000,00)	–	–	750,00	3.000,00	5.250,00			–
⑥	Endsumme der Hauptkostenstellen	214.000,00	–	**19.000,00** MGK	**24.500,00** FGK I	**22.500,00** FGK II	**104.000,00** FGK III	–	–	**44.000,00** VVGK
	Zuschlagsgrundlagen	–	–	**200.000,00** MEK (FM)	**25.000,00** FL I	**30.000,00** FL II	**40.000,00** FL III	–	–	**440.000,00** Heko d. U.
⑦	Zuschlagssätze	–	–	**9,50 %**	**98,00 %**	**75,00 %**	**260,00 %**	–	–	**10,00 %**

Merke:

1. Um die Genauigkeit der Kostenrechnung bei der Produktion verschiedener Erzeugnisarten zu erhöhen, werden **mehrere Fertigungshauptstellen** gebildet.
2. An der Fertigung nur indirekt beteiligte Kostenstellen werden als **Fertigungshilfsstellen** bezeichnet. Ihre Kosten werden auf die Fertigungshauptstellen umgelegt.
3. **Allgemeine Kostenstellen** erbringen Leistungen für den gesamten Betrieb. Die Kosten des allgemeinen Bereichs werden durch eine Umlage auf alle nachfolgenden Kostenstellen verteilt.
4. **Nur für die Hauptkostenstellen** werden **Zuschlagssätze** gebildet, nicht aber für die Hilfskostenstellen (allgemeine Kostenstellen und z. B. Fertigungshilfsstellen).
5. Die **Arbeitsschritte bei der Erstellung des mehrstufigen BAB** sind:
   - Verteilung der Kostenarten auf die Kostenstellen
   - vorläufige Summenbildung
   - Umlage der Kosten der allgemeinen Kostenstellen
   - Zwischensummenbildung
   - Umlage der Kosten der Fertigungshilfsstellen
   - Endsummenbildung je Hauptkostenstelle
   - Errechnung der Zuschlagssätze

Aufgaben zu 3.3

3-17 Teilaufgaben zum erweiterten BAB

In einem BAB der Textilfabrik Grenzland GmbH für den Monat November 20.. sind die Gemeinkostenarten bis auf die kalkulatorischen Zinsen in Höhe von 10.000,00 € und die freiwilligen Sozialkosten von 4.500,00 € bereits auf die Kostenstellen verteilt worden. Es ergaben sich folgende Zwischensummen: Materialbereich 10.200,00 € / Fertigung I 28.100,00 € / Fertigung II 22.000,00 € / Verwaltung und Vertrieb 41.200,00 €.

Bei der Fertigstellung des BAB sind außerdem folgende Angaben zugrunde zu legen:

Bereich:	Anlagenwert:	Anzahl Mitarbeiter:	Einzelkosten:
Material	150.000,00	5	18.000,00 (MEK)
Fertigung I	400.000,00	15	22.000,00 (FEK I)
Fertigung II	250.000,00	25	10.000,00 (FEK II)
Verwaltung und Vertrieb	200.000,00	30	–

Zuschlagsgrundlage für die Verwaltungs- und Vertriebsgemeinkosten sind die Herstellkosten der Produktion, da im Abrechnungszeitraum keine Bestandsveränderungen eingetreten sind.

Fragen und Aufgaben:

a) Welches könnten Ihrer Meinung nach die Gründe dafür sein, dass im vorliegenden BAB zwei getrennte Fertigungsbereiche ausgewiesen sind?

b) Verteilen Sie die kalkulatorischen Zinsen im Verhältnis der investierten Anlagenwerte sowie die freiwilligen Sozialkosten nach der Anzahl der Beschäftigten und ermitteln Sie die Endsummen der Kostenbereiche!

c) Handelt es sich bei den Kostenarten kalk. Zinsen und freiw. Sozialkosten um Stelleneinzelkosten oder Stellengemeinkosten? (Antwort mit Erläuterung!)

d) Errechnen Sie die Ist-Zuschlagssätze für den Monat November!

e) Nennen Sie mögliche Gründe, warum der FGK-Zuschlagssatz der Fertigung II fast doppelt so hoch ist wie in der Fertigung I!

Verfeinerte Zuschlagskalkulation 3-18

Ermitteln Sie den Angebotspreis (Fabrikabgabepreis ohne USt) für 100 Damenblusen!

Folgende Einzelkosten **je Stück** sind angefallen: Fertigungsmaterial 2,40 € / Fertigungslöhne I 1,50 € / Fertigungslöhne II 3,00 €.

Zu verwendende Zuschlagssätze: 66 ⅔ % (Material), 150,00 % (Fertigung I), 260,00 % (Fertigung II), 45,00 % (Verwaltung und Vertrieb); Gewinn 10,00 %

Aufgaben zum Fertigungsbereich eines erweiterten, mehrstufigen BAB 3-19
(Zahlen zu 3–20 in Klammern)

In der ELAB Elektroanlagenbau GmbH haben sich im Fertigungsbereich folgende Gemeinkostensummen angesammelt: 3-20

	€			€	
Gehäusebau	17.000,00	(18.000,00)	**E**ndmontage	19.000,00	(15.000,00)
Teilfertigung	21.000,00	(34.000,00)	Betriebsbüro	18.000,00	(20.000,00)

Die Leistungen des Betriebsbüros wurden von den Fertigungshauptstellen **G, T** und **E** im Verhältnis 1 : 3 : 2 (2 : 3 : 5) in Anspruch genommen.

Aufgaben:

a) Führen Sie die Umlage der Kosten der Fertigungshilfsstelle durch und ermitteln Sie die Endsummen der Fertigungsgemeinkosten!

b) Ermitteln Sie die FGK-Zuschlagssätze!
Im laufenden Monat sind folgende Fertigungslöhne gezahlt worden:
– im **G**ehäusebau 15.000,00 (20.000,00),
– in der **T**eilefertigung 10.000,00 (20.000,00) und
– in der **E**ndmontage 12.500,00 (20.000,00).

c) Kalkulieren Sie die Fertigungskosten für einen Auftrag auf der Basis der in b) ermittelten Zuschlagssätze!
Laut Lohnzetteln sind in **G** 4.800,00 (3.000,00), in **T** 1.200,00 (2.500,00) und in **E** 1.500,00 (1.800,00) Fertigungslöhne hierfür angefallen.

Umlagen im erweiterten, mehrstufigen BAB (Zahlen zu 3–22 jeweils in Klammern) 3-21

Gegeben sind die folgenden Gemeinkostensummen eines BAB vor Durchführung der Umlagen: 3-22

Allgemeiner Bereich	Kostenstellen-Nr.	€	
– zentrale Stromerzeugung	1	48.000,00	(36.000,00)
– Sozialeinrichtungen	2	27.000,00	(21.600,00)
Materialbereich	3	30.000,00	(25.000,00)
Fertigungsbereich			
– Fertigungshauptstelle 1	4	125.000,00	(130.000,00)
– Fertigungshauptstelle 2	5	100.000,00	(110.000,00)
– Fertigungshilfsstelle 1	6	41.350,00	(29.800,00)
– Fertigungshilfsstelle 2	7	44.995,00	(35.400,00)
Verwaltungs- und Vertriebskosten	8	35.000,00	(36.500,00)
Summe der Gemeinkosten		451.345,00	(424.300,00)

Umlageschlüssel für Kosten der

a) zentralen Stromerzeugung nach Verbrauchsmessung in kWh der Kostenstellen 2–8: 25.000 / 45.000 / 200.000 / 350.000 / 40.000 / 80.000 / 60.000 (15.000 / 35.000 / 150.000 / 300.000 / 20.000 / 25.000 / 55.000)

b) Sozialeinrichtungen nach Köpfen in Kostenstellen 3–8: 15 / 200 / 250 / 25 / 10 / 70 (10 / 150 / 200 / 20 / 10 / 60)

c) F-Hilfsstelle 1 im Verhältnis 4 : 5 (3 : 5) auf die F-Hauptstellen 1 und 2, F-Hilfsstelle 2 im Verhältnis 8 : 7 (9 : 8) auf die F-Hauptstellen 1 und 2.

Führen Sie den mehrstufigen BAB bis zu den endgültigen Gemeinkostensummen der Hauptkostenstellen weiter!

3-23 **Lückentest**

In dem folgenden Text sind wichtige Begriffe ausgelassen. Die Lücken sind gekennzeichnet mit (a) bis (z). Nennen Sie zu den einzelnen Buchstaben die zugehörigen Begriffe!

Nur in wenigen Industriebetrieben reicht es aus, die Gemeinkostenarten auf vier K…(a)… zu verteilen, nämlich den Materialbereich, …(b)…, Verwaltungsbereich und …(c)… In der Regel ist jedoch für eine ausreichende Genauigkeit der Kostenrechnung eine weiter gehende Kostenstellen…(d)… im BAB erforderlich. So wird aus einem »einfachen BAB« ein sogenannter …(e)…, eventuell auch …(f)… BAB.

Ist die Fertigung stark untergliedert, z. B. in …(g)… mit unterschiedlicher …(h)…, so werden im BAB mehrere …(i)… gebildet und entsprechend für die Kalkulation mehrere …(j)… errechnet.

Bestimmte Abteilungen – wie z. B. …(k)… – gehören zwar zum Fertigungsbereich, sind aber nicht direkt an der Herstellung von Erzeugnissen beteiligt. Die Kosten, die sich auf diesen sogenannten …(l)… ansammeln, werden nach …(m)… auf die …(n)… umgelegt.

Die Kosten der Abteilungen, die Leistungen für den gesamten Industriebetrieb erbringen, werden oft zunächst auf so genannten …(o)… Kostenstellen gesammelt und dann in einem …(p)…-Verfahren mithilfe bestimmter …(q)… weiterverteilt. Beispiele für Kostenstellen dieser Art sind …(r)… und …(s)… Alle Kostenstellen, für die keine eigenen Zuschlagssätze errechnet werden, bezeichnet man als …(t)…

Ein mehrstufiger BAB entsteht immer in mehreren Arbeitsschritten:
- Verteilung der …(u)… auf die Gesamtheit der Kostenstellen,
- Umlage der …(v)… auf alle nachfolgenden Kostenstellen und Zwischensummenbildung,
- bereichsweise Umlagen von den …(w)… auf die entsprechenden Hauptkostenstellen,
- Ermittlung der …(x)… je …(y)…,
- Errechnung der …(z)… für die Kalkulation.

3-24 **Der Arbeitsablauf in der Betriebsabrechnungsabteilung** der Weser-Maschinenfabrik GmbH bei der Erstellung eines erweiterten, mehrstufigen BAB ist im Schema auf der folgenden Seite bildlich dargestellt.

Arbeitsaufträge / Fragen:

a) Stellen Sie das »Arbeitsprogramm« der Betriebsabrechner (Schritte ① bis ⑦ im Schema) in kurzen Sätzen mit den allgemeinen Fachbegriffen eindeutig dar!

b) Nennen Sie drei typische Beispiele für Kostenarten, die entsprechend Schritt ① auf die Kostenstellen verteilt werden, sowie die jeweilige Verteilungsgrundlage!

c) Welche Schlüssel würden Sie bei Schritt ② für die Kostenarten »kalkulatorische Zinsen«, »freiwillige Sozialleistungen« und »Stromverbrauch« wählen? (Antworten mit Begründung!)

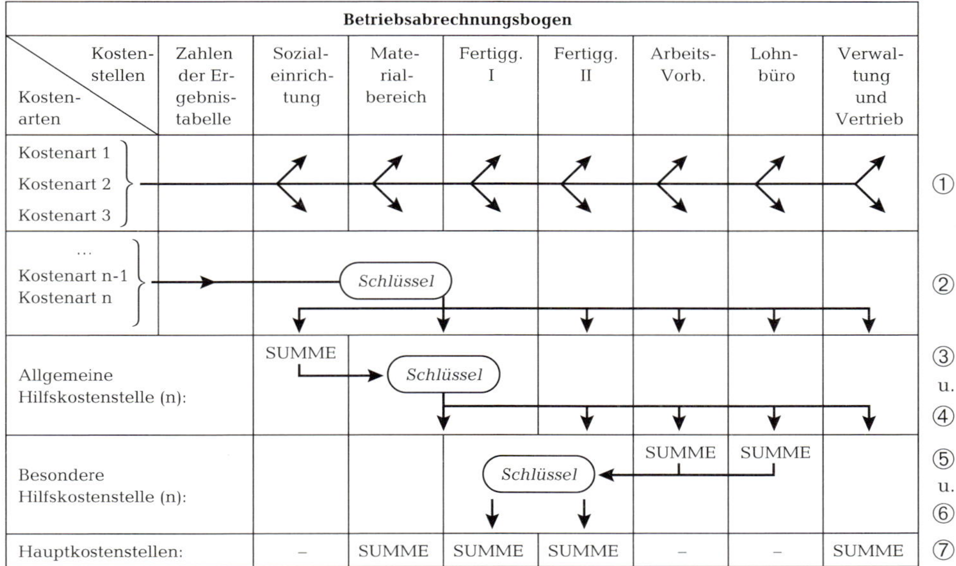

Kostenstellenplan eines Industriebetriebes **3-25**

Im BAB eines Industriebetriebes werden folgende **Kostenbereiche** unterschieden:

1. Materialbereich
2. Fertigung
   a) Fertigungshilfsstellen
   b) Fertigungshauptstellen
3. Entwicklung
4. Verwaltung
5. Vertrieb
6. Allgemeiner Bereich

Die nachfolgenden **Kostenstellen** sind *noch nicht nach Bereichen geordnet:*

Verkaufsvorbereitung / Materialverwaltung / Unternehmensleitung / Energieversorgung / Auftragsabwicklung / Kundendienst / Sozialeinrichtungen / Sonderfertigung / Betriebsbüro / Einkauf / Konstruktion / Betriebsmittelfertigung / Warenannahme und -prüfung / Personalverwaltung / Fertigwarenlager, Verpackung und Versand / Transport / Finanz- und Rechnungswesen / Qualitätssicherung / Materiallagerung und -ausgabe / Zwischenlager / Montage / Werkzeuglager / Vorfertigung / Akquisition und Verkauf / Grundstücke und Gebäude / Fertigungsvorbereitung und -steuerung / Hauptfertigung / Forschung und Entwicklung / Instandhaltung / Spezielle Verwaltungsdienste / Allgemeiner Werksdienst / Allgemeine Verwaltung.

Arbeitsauftrag:

Ordnen Sie die ungeordnet aufgeführten Kostenstellen den Kostenbereichen 1 bis 6 zu!

Mehrstufiger erweiterter BAB mit Kostenüber- und -unterdeckung **3-26**

In einem Betriebsabrechnungsbogen sind bereits die vorläufigen Gemeinkostensummen der Kostenstellen ermittelt worden:

Allgemeine Kostenstelle (Gebäude/Heizanlage)	12.000,00 €	Fertigungshilfsstelle	9.000,00 €
Materialbereich	38.000,00 €	Verwaltung	39.000,00 €
Fertigung I	112.000,00 €	Vertrieb	19.000,00 €
Fertigung II	241.000,00 €	Summe:	470.000,00 €

Weitere Angaben zum BAB:

Fertigungsmaterial 80.000,00 € / Fertigungslöhne I: 100.000,00 € / Fertigungslöhne II: 200.000,00 €

Konto Fertigerzeugnisse: Soll 80.000,00 € / Haben 120.000,00 €.

Konto Unfertige Erzeugnisse: Soll 50.000,00 € / Haben 20.000,00 €.

Normalzuschlagssätze in der Reihenfolge der Hauptkostenstellen:
40,00 % / 60,00 % / 80,00 % / 3,00 % / 2,00 %.

Rauminhalte in m^3 der Kostenstellen Material bis Vertrieb:
4.000 / 8.000 / 6.000 / 2.000 / 2.000 / 2.000.

Arbeitsaufträge:

a) Führen Sie die noch erforderlichen Umlagen durch:
   - die Kosten der allgemeinen Kostenstelle nach Rauminhalt auf die nachfolgenden Kostenstellen,
   - die Kosten der Fertigungshilfsstelle im Verhältnis 4 : 6 auf die entsprechenden Hauptkostenstellen!

b) Ermitteln Sie die neuen Ist-Zuschlagssätze! Basis für die Verwaltungs- und Vertriebsgemeinkosten sind die Herstellkosten des Umsatzes.

c) Berechnen Sie die Kostenüber- und -unterdeckungen! Was sagen sie aus?

3-27 Fragenbeantwortung

a) Was versteht man unter einem »einfachen«, einem »erweiterten« und einem »mehrstufigen« BAB?

b) Erklären Sie Hilfskostenstellen und Hauptkostenstellen (mit Beispielen!)!

c) In welchen Arbeitsschritten entsteht ein vollständiger mehrstufiger BAB?

d) Nennen Sie je zwei Beispiele für allgemeine Kostenstellen und Fertigungshilfsstellen!

e) Nennen Sie geeignete Umlageschlüssel für die Kosten der Heizzentrale und die Kosten der betrieblichen Sozialeinrichtungen!

3.4 Kostenrechnung mit Maschinenstundensätzen

3.4.1 Maschinenabhängige Fertigungsgemeinkosten und Restgemeinkosten

Situation

In der Westdeutschen Kraftfahrzeug-Industrie AG ist ein neues computergesteuertes Fertigungskarussell zur Herstellung von Zylinderblöcken in Betrieb genommen worden. Die dadurch erreichte Automatisierung bewirkt, dass in diesem Betrieb der Motorenfertigung kaum noch Fertigungslöhne anfallen. Dagegen sind durch die hohen Investitionen die Fertigungsgemeinkosten für Abschreibung, Zinsen und Wartung weiter stark gestiegen.

Das alte Verfahren der Zuschlagskalkulation, bei dem *alle* Fertigungsgemeinkosten auf die Zuschlagsbasis Fertigungslöhne bezogen wurden, ist damit fragwürdig geworden.

Problem

Gibt es in Betrieben mit weitgehend automatisierter Fertigung andere Zuschlagsbasen, die der Verursachung von bestimmten Fertigungsgemeinkosten besser gerecht werden als die Fertigungslöhne?

Lösung

In modernen Industriebetrieben ist durch den Einsatz von leistungsfähigen Maschinen der Anteil der Fertigungslöhne an den Fertigungskosten ständig zurückgegangen, sodass FGK-Zuschlagssätze um 500,00 % keine Seltenheit mehr sind. In der automatischen Fertigung, bei der nur noch wenige Mitarbeiter die teuren Anlagen beaufsichtigen und pflegen, *ergäben* sich sogar Zuschlagssätze von mehreren tausend Prozent.

Aus zwei Gründen ist in solchen Fällen die herkömmliche Kalkulation der Fertigungskosten zu ungenau:

- Durch die hohen Zuschlagssätze führen bereits kleine Ungenauigkeiten bei der Erfassung der Einzelkosten zu großen Fehlern in der Kalkulation.
- Da der größte Teil der Fertigungsgemeinkosten durch den Maschineneinsatz verursacht wird, besteht für diese keine direkte Abhängigkeit (= Proportionalität) von den Fertigungslöhnen.

Ein genaueres Verfahren besteht darin, die Fertigungsgemeinkosten in maschinenabhängige und fertigungslohnabhängige Gemeinkosten aufzuspalten; Letztere bezeichnet man als **Restgemeinkosten.** Für diese sind nach wie vor die Fertigungslöhne die geeignete Zuschlagsgrundlage. Die maschinenabhängigen Kosten werden dagegen von der Maschinenlaufzeit bestimmt.

Fertigungsgemeinkosten	
maschinenabhängige Fertigungsgemeinkosten	**fertigungslohnabhängige Restgemeinkosten**
Beispiele: kalk. Abschreibungen, kalk. Zinsen, Reparaturkosten der Maschine	*Beispiele:* gesetzliche und freiwillige Sozialkosten, Hilfslöhne
Berechnungsgrundlage: Maschinenlaufzeit in Stunden	**Zuschlagsgrundlage: Höhe der Fertigungslöhne in €**

3.4.2 Die Errechnung des Maschinenstundensatzes

Situation

Die Wiederbeschaffungskosten des Fertigungskarussells für Zylinderblöcke betragen 1.800.000,00 €. In diesem Betrieb wird mit einer kalkulatorischen Kapitalverzinsung von 10,00 % p. a. gerechnet.

Die Nutzungsdauer der Anlage wird auf 5 Jahre veranschlagt. Dabei wird ausgegangen von einer jährlichen Bruttolaufzeit von 46 Wochen zu je 5 Tagen mit 2 Schichten à 8 Stunden sowie einer Ausfallzeit von insgesamt 80 Stunden im Jahr.

Für Instandhaltungskosten sind erfahrungsgemäß 45.000,00 € pro Jahr und für Betriebsstoffkosten 1.800,00 € pro Jahr anzusetzen. Der Stromverbrauch der Anlage beträgt 40 kWh zu je 0,15 €.

Schließlich ist die Raummiete von 10,00 €/m^2 je Monat für eine Standfläche der Fertigungsanlage von 60 m^2 zu berücksichtigen.

Problem 1

Welche Arten von maschinenabhängigen Gemeinkosten fallen für die Anlage an, und mit wie vielen Maschinenstunden pro Jahr ist zu rechnen?

Lösung

Die maschinenabhängigen Kostenarten für das Fertigungskarussell umfassen

①. die kalkulatorischen Abschreibungen für die Anlage,

②. die kalkulatorischen Zinsen für das investierte Kapital,

③. die Instandhaltungskosten,

④. den Betriebsstoffverbrauch,

⑤. die Energiekosten und

⑥. die anteiligen Raumkosten (Platzkosten).

Die **Zahl der jährlichen Netto-Maschinenlaufstunden** errechnet sich hier folgendermaßen:

46 Arbeitswochen je 5 Tage · 2 Schichten · 8 Stunden

= Brutto-Maschinenlaufzeit pro Jahr	3.680 Stunden
– Ausfallzeit (geschätzt)	80 Stunden
= Netto-Maschinenlaufzeit pro Jahr	3.600 Stunden

Problem 2

Wie viel € maschinenabhängige Kosten fallen je Kostenart im Jahr an, und welcher Maschinenstundensatz lässt sich daraus errechnen?

Lösung

Aus den in der Situation gemachten Angaben errechnet man in der Westdeutschen Kraftfahrzeug-Industrie-AG:

zu Kostenart ① (vgl. oben): **Kalkulatorische Abschreibung:**

$$\text{jährliche Abschreibung} = \frac{\text{Wiederbeschaffungskosten}}{\text{Nutzungsdauer in Jahren}}$$

$$= \frac{1.800.000{,}00\ €}{5} = \underline{\underline{360.000{,}00\ €}}$$

zu Kostenart ②: **Kalkulatorische Zinsen:**

Berechnungsgrundlage für die jährlichen kalkulatorischen Zinsen sind die Wiederbeschaffungskosten, vermindert um die inzwischen vorgenommenen Abschreibungen. Um nicht mit jährlich fallenden kalkulatorischen Zinsen rechnen zu müssen, wird für die gesamte Nutzungsdauer einheitlich von der Hälfte der Wiederbeschaffungskosten ausgegangen:

$$\text{kalkulatorische Zinsen p. a.} = \frac{\text{Wiederbeschaffungskosten} \cdot \text{kalk. Zinsfuß}}{2 \cdot 100}$$

$$= \frac{1.800.000{,}00\ € \cdot 10}{2 \cdot 100} = \underline{\underline{90.000{,}00\ €}}$$

zu Kostenart ③: **Instandhaltungskosten** und ④: **Betriebsstoffverbrauch:**

Diese maschinenabhängigen Gemeinkostenarten liegen bereits als Jahresbeträge (Schätzwerte) vor.

zu Kostenart ⑤: **Energiekosten:**

40 kWh à 0,15 € = 6,00 € je Maschinenstunde

für ein Jahr bei 3.600 Stunden Netto-Maschinenlaufzeit: 21.600,00 €

zu Kostenart ⑥: **anteilige Raumkosten:**

anteilige Raumkosten/Jahr = Standfläche · Monatsmiete · 12 = 60 · 10 · 12 = 7.200,00 €

Als **Summe der jährlichen maschinenabhängigen Fertigungsgemeinkosten** ergibt sich:

1. kalkulatorische Abschreibung	360.000,00 €
2. kalkulatorische Zinsen	90.000,00 €
3. Instandhaltung	45.000,00 €
4. Betriebsstoffverbrauch	1.800,00 €
5. Energiekosten	21.600,00 €
6. Raumkosten	7.200,00 €
	525.600,00 €

Der **Maschinenstundensatz** errechnet sich nun nach der Formel:

$$\text{Maschinenstundensatz} = \frac{\text{maschinenabhängige FGK pro Jahr}}{\text{Netto-Maschinenlaufstunden pro Jahr}}$$

In der W-K-I-Aktiengesellschaft ergibt sich demnach ein Maschinenstundensatz von

$$\frac{525.600{,}00\ €}{3.600\ \text{Stunden}} = 146{,}00\ €\ /\ \text{Stunde}$$

Um die maschinenabhängigen Fertigungskosten für einen Auftrag zu kalkulieren, braucht man nun nur die **Zeit** der Anlageninanspruchnahme mit dem Maschinenstunden**satz** zu multiplizieren (vgl. Abschnitt 3.4.4)[1]. Zunächst muss man allerdings im BAB eine Aufteilung der Kostenarten in maschinenabhängige Gemeinkosten und Restgemeinkosten vornehmen, um eine *vollständige* Kalkulation zu ermöglichen.

3.4.3 Betriebsabrechnungsbogen mit Maschinenstundensätzen

Problem

Wie wirkt sich die Verwendung von Maschinenstundensätzen in der Kostenrechnung auf die Gestaltung des BAB aus?

Lösung

Wir betrachten nur den Teil des BAB, der sich durch die Aufspaltung in maschinenabhängige Fertigungskosten und Restgemeinkosten in seinem Aufbau ändert (im unten stehenden Beispiel die Fertigungshauptstelle »Motorenfertigung«):

---

[1] Da die Maschinen-Inanspruchnahme je geliefertes Stück oft nur sehr kurz ist, wird in der Praxis alternativ auch mit einem **Maschinenminutensatz** gerechnet.

Auszug aus dem BAB mit Maschinenstundensätzen:

der W-K-I-Aktiengesellschaft für den Monat Januar 20..

Kostenstellen / Kostenarten	Fertigungshauptstellen					
		Karosserieherstellung	Motorenfertigung			Teilmontage I
			gesamte Gemeinkosten	Fertigungskarussell	Restgemeinkosten	
Spalte (a)		Spalte (l) €	(m) €	(n) €	(o) €	(p) €
Betriebsstoffe	...	...	375,00	150,00	225,00	...
Energie	...	...	2.700,00	1.800,00	900,00	...
Hilfslöhne	...	...	1.800,00	0,00	1.800,00	...
Gehälter	...	...	12.000,00	0,00	12.000,00	...
gesetzliche Sozialabgaben	...	...	2.100,00	0,00	2.100,00	...
freiwillige Sozialleistungen	...	...	6.175,00	0,00	6.175,00	...
Instandhaltung	...	...	4.775,00	3.750,00	1.025,00	...
kalkulatorische Abschreibungen	...	...	34.600,00	30.000,00	4.600,00	...
kalkulatorische Zinsen	...	...	8.750,00	7.500,00	1.250,00	...
Raumkosten	...	...	1.425,00	600,00	825,00	...
Summe	...	...	74.700,00	**43.800,00** maschinenabhängige FGK	**30.900,00** Restgemeinkosten	...
Zuschlagsgrundlagen				**300** Masch.-laufstd.	**20.600,00** Fertiggslöhne	
Zuschlagssätze / Maschinenstundensätze				**146,00**	**150,00 %**	

Dieser Bereich der Kostenstellenrechnung entsteht in folgenden Teilschritten:

①. *Schritt:*

Wir ermitteln wie gewohnt durch direkte Zurechnung oder Umlage / Schlüsselung für jede Gemeinkostenart die auf die Kostenstelle entfallenden Beträge (vgl. Zahlen in Spalte m).

②. *Schritt:*

Die maschinenabhängigen Jahreskosten werden auf Monatsbeträge umgerechnet. Hierbei werden 3.600 : 12 = 300 Laufstunden je Monat zugrunde gelegt:
z. B. Energiekosten 21.600,00 € : 12 = 1.800,00 €.

③. *Schritt:*

Je Gemeinkostenart werden die **Restgemeinkosten** der Kostenstelle »Motorenfertigung« durch Subtraktion ermittelt:
z. B. Betriebsstoffe 375,00 € – 150,00 € = 225,00 €.

④. *Schritt:*

Die Summe der maschinenabhängigen Fertigungskosten dividiert durch die Maschinenlaufstunden des Monats ergeben wieder den **Maschinenstundensatz:**
43.800,00 € : 300 = 146,00 €

⑤. *Schritt:*

Die Summe der Restgemeinkosten wird auf die Fertigungslöhne der Abteilung bezogen und ergibt den **Restgemeinkosten-Zuschlagssatz:**

$$\frac{30.900,00\text{ €} \cdot 100}{20.600,00\text{ €}} = \underline{\underline{150,00\ \%}}$$

3.4.4 Zuschlagskalkulation unter Verwendung des Maschinenstundensatzes

Situation

Die W-K-I-Aktiengesellschaft hat für einen Zweigbetrieb des Konzerns Motoren vorzufertigen.

Je Motorrohling ist mit folgenden Kalkulationsdaten zu rechnen:
Rohstoffe und Fremdbauteile 240,00 €; Fertigungslöhne 200,00 €; 2 ½ Maschinenstunden im Fertigungskarussell.

Zuschlagssätze: für Materialgemeinkosten 33 ⅓ %, für Rest-Fertigungsgemeinkosten 150,00 %.

Maschinenstundensatz 146,00 €/h.

Problem

Welche Herstellkosten je Stück ergeben sich für den Sonderauftrag aufgrund der obigen Kalkulationsdaten?

Lösung

Durch die Verwendung des Maschinenstundensatzes bei der Fertigung der Zylinderblöcke wird die Kalkulation der Fertigungskosten nun genauer:

statt bisher:

Fertigungslöhne (alleinige Zuschlagsbasis)
+ Fertigungsgemeinkosten (in % davon)

= Fertigungskosten

rechnen wir jetzt:

Maschinenabhängige Fertigungskosten
(Maschinenlaufzeit · Maschinenstundensatz)
+ Fertigungslöhne (Teil-Zuschlagsbasis)
+ Rest-Fertigungsgemeinkosten (in % davon)

= Fertigungskosten

Damit ergibt sich folgende **Kostenträgerstückrechnung** für den Sonderauftrag:

Fertigungsmaterial	240,00 €	
+ MGK 33 ⅓ %	80,00 €	
Materialkosten		320,00 €
maschinenabhängige FGK (2,5 · 146,00 €)	365,00 €	
+ Fertigungslöhne	200,00 €	
+ Rest-GK 150,00 %	300,00 €	
Fertigungskosten		865,00 €
Herstellkosten je Stück		1.185,00 €

Merke:

1. Bei hohem Mechanisierungsgrad und besonders bei automatischer Fertigung ist noch eine **Aufteilung in maschinenabhängige Fertigungsgemeinkosten und fertigungslohnabhängige Restgemeinkosten** erforderlich.
2. Die Summe der maschinenabhängigen Fertigungsgemeinkosten

   Abschreibung + Zinsen + Reparaturen + Betriebsstoffe + Energie + Raumkosten

   ergibt nach Division durch die Netto-Maschinenlaufzeit den **Maschinenstundensatz** (in €).
3. Im **BAB** werden bei Anwendung der Maschinenstundensatzrechnung die maschinenabhängigen Fertigungskosten *in einer besonderen Spalte* ausgewiesen.
4. Nur für die **Restgemeinkosten** wird noch ein FGK-Zuschlagssatz (in %) ermittelt.
5. In der **Zuschlagskalkulation** werden die maschinenabhängigen Fertigungskosten *in einer zusätzlichen Zeile* aufgeführt; sie ergeben sich als Produkt aus **Maschinenlaufzeit je Auftrag · Maschinenstundensatz.**

Aufgaben zu 3.4.1 bis 3.4.4

3–28 Lückentest

In dem folgenden Text sind wichtige Begriffe ausgelassen. Die Lücken sind gekennzeichnet mit (a) bis (z). Nennen Sie in Ihrem Übungsheft zu den einzelnen Buchstaben die zugehörigen Begriffe!

Durch den Einsatz von teuren und teilweise automatisch arbeitenden …(a)… in der modernen industriellen …(b)… ist der Anteil der …(c)… an den Fertigungskosten ständig zurückgegangen und der Anteil der …(d)… entsprechend stark …(e)… Sehr hohe …(f)… für die Fertigungsgemeinkosten führen zu …(g)… in der Kalkulation. Für die durch den Maschineneinsatz bedingten Fertigungsgemeinkosten besteht nämlich keine direkte Abhängigkeit = …(h)… von / zu den Fertigungslöhnen.

Deshalb werden die gesamten Fertigungsgemeinkosten bestimmter Kostenstellen in …(i)… Gemeinkosten und die fertigungslohnabhängigen sogenannten …(j)…gemeinkosten …(k)…

Maschinenabhängige Kostenarten sind z. B. …(l)…, …(m)…, …(n)… und …(o)…

Dividiert man die Summe der maschinenabhängigen Gemeinkosten durch die …(p)…, so erhält man den …(q)…

Im BAB werden die maschinenabhängigen Gemeinkosten einer …(r)… in einer besonderen …(s)… ausgewiesen.

Nur für die Summe der …(t)… wird auf der …(u)… der Fertigungslöhne ein Zuschlagssatz ermittelt.

In der …(v)…kalkulation erweitert sich das Kalkulationsschema für jede Fertigungsstelle mit Maschinenstundensatz um eine weitere …(w)… Hier wird folgendermaßen gerechnet: Man …(x)… den …(y)… mit der / den …(z)… und erhält so die maschinenabhängigen Fertigungskosten für einen Auftrag.

Fragen 3-29

1. Wie wirkt sich die Einführung der Maschinenstundensatzrechnung
   a) auf die Spalteneinteilung des BAB,
   b) auf die Berechnung der Zuschlagssätze aus?
2. a) Aus welchen Einzelpositionen setzen sich die maschinenabhängigen Gemeinkosten zusammen?
   b) Nach welcher Formel wird der Maschinenstundensatz berechnet?
3. Wie schlägt sich die Anwendung der Maschinenstundensatzrechnung im Schema der industriellen Zuschlagskalkulation nieder?
4. Nach welcher Formel werden im Rahmen der Kalkulation eines Auftrages die maschinenabhängigen Fertigungskosten berechnet?

a) Zur **Vorbereitung einer Maschinenstundensatzrechnung** ermittelt ein Industrie- 3-30
betrieb für eine Anlage bei einschichtiger Auslastung folgende Werte (Zahlen für
3–31 in Klammern): 3-31

- Bruttolaufzeit: 52 (52) Kalenderwochen je 5 (5) Arbeitstagen zu je 8 (7,5) Stunden,
- 10 (12) Feiertage,
- 2 (4) Wochen Werksferien,
- Reinigungszeit 2 (3) Stunden wöchentlich,
- Ausfallzeiten wegen Krankheit des Bedieners, Stromausfall, Maschinenschäden usw. veranschlagt mit insgesamt 120 (66) Stunden.

Arbeitsauftrag:

Ermitteln Sie die jährliche Netto-Soll-Maschinenlaufzeit!

b) Die betriebsgewöhnliche Nutzungsdauer der Anlage wird mit 8 (10) Jahren veranschlagt und der Wiederbeschaffungswert mit 680.000,00 € (500.000,00 €); der kalkulatorische Zinssatz beträgt 10,00 % (12,00 %).

Arbeitsaufträge:

Berechnen Sie die kalkulatorischen Zinsen und die kalkulatorischen Abschreibungen jeweils pro Jahr und je Maschinenstunde!

Errechnen Sie den **Maschinenstundensatz** einer Universaldrehbank bei Einschicht- 3-32
betrieb!

Einzelangaben (Zahlen für 3–33 in Klammern): 3-33

– Nettoanschaffungspreis der Maschine	271.500,00 €	(212.100,00 €)
– Nachrüstkosten am Montageort	8.740,00 €	(0,00 €)
– Montagekosten	19.760,00 €	(37.900,00 €)

– Der Wiederbeschaffungswert wird um 10,00 % (20,00 %) höher als der Anschaffungswert (Anschaffungskosten) angesetzt.

– Energie- und Betriebsstoffkosten p. a.	1.500,00 €	(1.800,00 €)
– Instandhaltungskosten p. a.	4.000,00 €	(5.040,00 €)
– Raumbedarf der Maschine	25 m^2	(30 m^2)
– Raumkosten je m^2 / Monat	5,00 €	(6,00 €)
– Gesamtnutzungsdauer	10 Jahre	(10 Jahre)
– Netto-Maschinenlaufstunden p. a.	1.800	(2.550)
– kalkulatorischer Zinssatz	6,00 %	(8,00 %)

3-34 **Kalkulation mit Maschinenstundensatz** (Zahlen für 3–35 in Klammern)

3-35 Ein Werkstück wird an einer computergesteuerten Werkzeugmaschine 24 (15) Minuten bearbeitet. Es wird Fertigungsmaterial im Wert von 40,00 € (60,00 €) verbraucht.

Der anteilige Fertigungslohn für die Automateneinrichtung beträgt 8,00 € (5,00 €), für die Nachbearbeitung des Werkstücks 10,00 € (7,00 €).

Es ist ferner mit Materialgemeinkosten von 12,50 % (16 ⅔ %), Fertigungsgemeinkosten (= Restgemeinkosten, bezogen auf die Fertigungslöhne) von 150,00 % (125,00 %) und einem Maschinenstundensatz von 75,00 € (180,00 €) zu rechnen.

Arbeitsauftrag:

Kalkulieren Sie die Herstellkosten!

3-36 Begründen Sie, warum die Annahme einer Proportionalität zwischen Fertigungslöhnen und Fertigungskosten in Betrieben mit modernen Fertigungsverfahren (kapitalintensive Fertigung!) nicht vertretbar ist! (2 Angaben)

BAB mit Maschinenstundensätzen (Angaben für 3–38 in Klammern)

3-37 In der Kalkulation der FAST Elektromotorenfabrik GmbH wird mit Maschinenstundensätzen und Restgemeinkosten gerechnet, die auch im BAB ausgewiesen werden.

3-38 Für die Fertigungshauptstelle Ständerfertigung (Läuferfertigung) haben sich im Monat März nach der Verteilung der Kostenarten folgende Werte ergeben:

Kostenart	**3–37** Ständerfertigung			**3–38** Läuferfertigung		
	Gesamt €	Automat	Rest-GK	Gesamt €	Automat	Rest-GK
Stoffverbrauch	450,00	2 :	1	800,00	3 :	1
Energiekosten	2.650,00	2.000,00	?	1.750,00	1.500,00	?
Gehälter	6.000,00	0,00	?	5.000,00	0,00	?
Sozialabgaben	4.350,00	0,00	?	3.250,00	0,00	?
Reparaturen	2.380,00	1.500,00	?	5.260,00	4.500,00	?
kalk. Abschreibung	60.000,00	5 :	1	45.000,00	8 :	1
kalk. Zinsen	5.000,00	3 :	2	8.000,00	11 :	5
Mieten	1.570,00	800,00	?	3.240,00	1.500,00	?
Summen	?	?	?	?	?	?

Zusatzangaben:

- Netto-Maschinenlaufstunden März: 400 (250)
- Fertigungslöhne: Ständerfertigung 12.400,00 € (Läuferfertigung: 10.000,00 €)

Arbeitsaufträge:

a) Vervollständigen Sie den BAB für die Ständerfertigung (Läuferfertigung)!

b) Errechnen Sie den Maschinenstundensatz und den Restgemeinkosten-Zuschlagsprozentsatz für die entsprechende Fertigungshauptstelle!

Erweiterte Zuschlagskalkulation 3-39

Die Firma Graweco GmbH ermittelt die Herstellkosten einiger Produkte nach dem Schema der erweiterten Zuschlagskalkulation (mit 2 Fertigungsstellen und Verwendung eines Maschinenstundensatzes). Für die Materialeinzelkosten (Fremdbauteile und Fertigungsmaterial) sind drei Teilpositionen zu verrechnen.

Kalkulationsgrunddaten:

MEK in €	280,00	185,65	34,35
FEK1 in € (Vorfertigung)			100,00
FEK2 in € (Montage)			200,00
MGK in %			30,00
FGK1 in % (Restgemeinkosten)			25,00
FGK2 in %			180,00
Maschinenstundensatz in € / Std.			240,00
Bearbeitungszeit in Min.			12
Sondereinzelkosten der Fertigung in €			112,00

Arbeitsauftrag:

Erstellen Sie das vollständige Kalkulationsschema.

3.4.5 Maschinenstundensatzrechnung unter Einbeziehung von Beschäftigungsänderungen

Wenn wir die maschinenabhängigen Fertigungsgemeinkosten im Betriebsabrechnungsbogen näher betrachten (vgl. den BAB-Auszug oben), so können wir feststellen, dass einige Kostenarten unabhängig von der Auslastung der Maschinen stets in gleicher Höhe anfallen, z. B. kalkulatorische Zinsen und Raumkosten. Diese sind also **feste, beschäftigungsunabhängige Fertigungsgemeinkosten** *(Fixkosten[1])*.

Andererseits sind verschiedene maschinenabhängige Gemeinkostenarten, wie z. B. der Energieverbrauch, von der Laufzeit der Maschine abhängig. Man bezeichnet sie als **veränderliche, beschäftigungsabhängige Fertigungsgemeinkosten** *(variable Kosten[1])*.

Einige Kostenarten schließlich sind weder eindeutig beschäftigungsabhängig noch eindeutig beschäftigungsunabhängig; sie sind **nur zum Teil von der Laufzeit der Maschine abhängig** und werden als *Mischkosten*[1] bezeichnet. Zu ihnen gehören i. d. R. die Instandhaltungskosten (teilweise sind Reparaturen verschleißbedingt und werden nach Bedarf veranlasst; teilweise werden sie als vorbeugende Wartung regelmäßig durchgeführt) und die kalkulatorischen Abschreibungen (ihre Höhe ist sowohl von der Laufzeit / Abnutzung als auch vom Alter / technischen Fortschritt abhängig).

[1] Diese Erörterung der Auswirkungen der Beschäftigungsschwankungen auf den Maschinenstundensatz erfolgt im Vorgriff auf kostentheoretische Überlegungen. Nähere Ausführungen siehe Kapitel 6.

Wenn man in der Maschinenstundensatzrechnung die Auswirkungen der Beschäftigungsschwankungen berücksichtigen will, so muss man auch **im BAB die Spalte der maschinenabhängigen Fertigungsgemeinkosten aufteilen in**

- **beschäftigungsunabhängige** (fixe) Maschinengemeinkosten und
- **beschäftigungsabhängige** (variable) Maschinengemeinkosten.

Beispiel:

Auszug aus einem BAB mit geteilten Maschinenstundensätzen der W-K-I-Aktiengesellschaft für den Monat Januar 20..

Kostenstellen		Fertigungshauptstellen					
			Motorenfertigung				
		Karosserie-herstellung	gesamte Gemein-kosten	Fertigungskarussell		Rest-gemein-kosten	Teil-montage I
Kostenarten			€	fix €	variabel €	€	€
Stoffverbrauch	...	...	375,00	0,00	150,00	225,00	...
Energie	...	...	2.700,00	0,00	1.800,00	900,00	...
Hilfslöhne	...	...	1.800,00	0,00	0,00	1.800,00	...
Gehälter	...	...	12.000,00	0,00	0,00	12.000,00	...
gesetzliche Sozialabgaben	...	...	2.100,00	0,00	0,00	2.100,00	...
freiwillige Sozialleistungen	...	...	6.175,00	0,00	0,00	6.175,00	...
Instandhaltung	...	...	4.775,00	1.300,00	2.450,00	1.025,00	...
kalkulatorische Abschreibung	...	...	34.600,00	20.000,00	10.000,00	4.600,00	...
kalkulatorische Zinsen	...	...	8.750,00	7.500,00	0,00	1.250,00	...
Raumkosten	...	...	1.425,00	600,00	0,00	825,00	...
Summe	...	...	**74.700,00**	**29.400,00**	**14.400,00**	**30.900,00** Restgemein-kosten	...
				maschinenabhängige Fertigungsgemeinkosten			
Zuschlagsgrundlage				**300** Maschinenlaufstunden			
Maschinenstundensatz – Anteile				**98,00** (fest)	**48,00** (variabel)		
– Gesamt				146,00			

Maschinenstundensatz bei Normalbeschäftigung

Wird bei Normalbeschäftigung eine Aufteilung in fixe und variable Maschinengemeinkosten vorgenommen, so ergibt sich, wie das obige Beispiel zeigt, aus den beiden Teilbeträgen

29.400,00 : 300 = 98,00 € und 14.000,00 : 300 = 48,00 €

wiederum ein Maschinenstundensatz von **146,00 €.**

Die Aufteilung ermöglicht es dem Unternehmen jedoch, bei abweichenden Beschäftigungsgraden den Maschinenstundensatz anzupassen und damit genauer zu kalkulieren.

Maschinenstundensatz bei Unterbeschäftigung und Überbeschäftigung

Aus verschiedenen Gründen werden die tatsächlichen Maschinenlaufstunden von den geplanten Laufstunden abweichen:

Die *Normalbeschäftigung* kann

- *unterschritten* werden durch
  - erhöhte Ausfallzeiten (z. B. häufigeres Umrüsten der Maschine zwischen den Aufträgen, Krankheit von Bedienungspersonal),
  - Nachfragerückgang und damit verbundene Kurzarbeit;
- *überschritten* werden durch
  - verringerte Ausfallzeiten (z. B. weniger Reparaturen als erwartet),
  - erhöhte Nachfrage und damit Überstunden oder Einrichtung einer zusätzlichen Schicht.

In beiden Fällen wird sich, wie die folgenden Beispiele zeigen, der Maschinenstundensatz gegenüber der Normalbeschäftigung ändern:

Die Summe der beschäftigungsabhängigen Gemeinkosten wird durch die Laufzeit bestimmt. Bei einer hohen Auslastung der Maschine fallen entsprechend höhere, bei einer geringeren Auslastung entsprechend niedrigere beschäftigungsabhängige Maschinengemeinkosten an. Der Satz pro Maschinenlaufstunde bleibt konstant.

Die Summe der beschäftigungsunabhängigen Maschinengemeinkosten verändert sich im Gegensatz dazu nicht mit der Laufzeit.

- Beträgt die tatsächliche Laufzeit der Maschine nur *240 Stunden* statt 300 Stunden im Monat, so erhöht sich der anteilige Betrag für die beschäftigungsunabhängigen Maschinengemeinkosten auf 122,50 € (29.400,00 : 240). In diesem Fall müsste demnach ein Maschinenstundensatz von **170,50 €** (122,50 € + 48,00 €) verrechnet werden.
- Erhöht sich die Laufzeit auf z. B. *350 Stunden*, so ergeben sich anteilige fixe Maschinenkosten von nur 84,00 € je Stunde (29.400,00 : 350), sodass in diesem Fall mit einem Maschinenstundensatz von **132,00 €** (84,00 € + 48,00 €) kalkuliert werden könnte.

Merke:

1. Die maschinenabhängigen Fertigungsgemeinkosten sind zum Teil **beschäftigungsunabhängig** (fix), zum Teil **beschäftigungsabhängig** (variabel).
2. Der **Maschinenstundensatz** ist deshalb ebenfalls **abhängig von der tatsächlichen Maschinenlaufzeit.**
3. Liegt die tatsächliche Maschinenlaufzeit *unter* der Normalbeschäftigung, so *erhöht* sich der Maschinenstundensatz.
4. Liegt die tatsächliche Maschinenlaufzeit *über* der Normalbeschäftigung, so *verringert* sich der Maschinenstundensatz.

Aufgaben zu 3.4.5

3-40 In der Hauptkostenstelle »Dreherei« wurden für eine Revolverdrehbank die maschinenabhängigen Fertigungsgemeinkosten bereits wie folgt ermittelt. Sie betrugen bei einer Normalbeschäftigung von 150 Stunden im Monat (Einschichtbetrieb) für

1. Energiekosten 975,00 € (9 000 kWh à 0,10 €, Rest Zählergrundgebühr),
2. Betriebsstoffverbrauch 75,00 €,
3. Instandhaltungskosten 1.800,00 € (davon 625,00 € für Regelwartungsdienst, Rest für Verschleißreparaturen),
4. kalkulatorische Abschreibung 15.000,00 € (davon ⅔ laufzeitabhängig),
5. kalkulatorische Zinsen 3.750,00 €,
6. anteilige Raumkosten für die Revolverdrehbank 300,00 €.

Arbeitsaufträge:

a) Nehmen Sie die Aufteilung in beschäftigungsabhängige und beschäftigungsunabhängige Maschinengemeinkosten vor und ermitteln Sie jeweils die Summen!

b) Wie hoch ist der Maschinenstundensatz bei Normalbeschäftigung
- anteilig für die fixen und variablen Maschinenkosten,
- insgesamt?

c) Welcher Maschinenstundensatz wäre zu verrechnen bei
- einer tatsächlichen Maschinenlaufzeit von 162,5 Stunden?
- einer Auslastung von nur 80,00 %?
- Zweischichtbetrieb?

3-41 In der Kostenstellenrechnung eines Metall verarbeitenden Betriebes wurden für die Stanzerei = Fertigungshauptstelle 3 folgende Werte ermittelt:

- beschäftigungsabhängige Maschinengemeinkosten laut BAB bei 200 Stunden (Normalbeschäftigung) insgesamt 6.150,00 €,
- beschäftigungsunabhängige Maschinengemeinkosten 12.400,00 €,
- Restgemeinkosten Stanzerei 5.250,00 €,
- Fertigungslöhne Stanzerei 4.200,00 €.

Arbeitsaufträge:

a) Ermitteln Sie den Maschinenstundensatz bei Normalbeschäftigung und den Zuschlagssatz für die Restgemeinkosten!

b) Berechnen Sie als Vorkalkulation unter Annahme der Normalbeschäftigung die Fertigungskosten 3 (Stanzerei) für einen Auftrag über 1.500 Führungsbleche, die in insgesamt 6 Stunden an der Stanze gefertigt und anschließend 12 Stunden zu einem Fertigungslohn von 12,00 € / Stunde manuell nachgearbeitet wurden!

c) Wie sieht die entsprechende Nachkalkulation aus, wenn – bei gleicher Vor- und Nachbearbeitungszeit für den Auftrag – die tatsächliche monatliche Auslastung der Stanze um 25,00 % höher lag, der Fertigungslohn wegen Tariferhöhung auf 13,20 € gestiegen ist und ein Restgemeinkostenzuschlagssatz von 115,00 % ermittelt worden ist?

3.5 Die Verkaufskalkulation

3.5.1 Vorwärtskalkulation

Situation

Die Möbelfabrik Krämer GmbH hat durch ihren Vertreter die Geschäftsbeziehungen zu einem großen westdeutschen Möbelhaus angeknüpft, das mehrere Filialen in verschiedenen Städten besitzt. Um sich Aufträge dieses neuen Kunden zu sichern, sollen 3,00 % Kundenskonto und 5,00 % Mengenrabatt bei Abnahme von mehr als 100 Truhen gewährt werden. Außerdem ist die Vertreterprovision in Höhe von 7,00 % in die Berechnung des Verkaufspreises einzubeziehen. Herr Krämer, der nur noch Stilmöbel der Luxusklasse herstellt, hat die Selbstkosten für eine Truhe ermittelt: 500,00 €. Der Geschäftsinhaber möchte einen Gewinn von 12,50 % der Selbstkosten als Verzinsung des Eigenkapitals, als Entgelt für seine Unternehmertätigkeit und als Risikoprämie ansetzen.

Problem

Wie sind Gewinn, Kundenskonto, Vertreterprovision und ein dem Kunden gewährter Rabatt in der Kalkulation des Verkaufspreises zu berücksichtigen?

Lösung

Das bis zu den Selbstkosten bekannte Kalkulationsschema muss jetzt für die kostenorientierte Verkaufskalkulation der eigenen Erzeugnisse wie folgt erweitert werden[1]:

Kalkulationsschema	Rechenweg	Kalkulation in der Krämer GmbH	
Selbstkosten	vom		500,00 €
+ Gewinn in % der Selbstkosten	100	+ 12,50 %	62,50 €
Barverkaufspreis	%-Sätze		562,50 €
+ Kundenskonto i. % v. Zielverkaufspreis	im	3,00 %	18,75 €
+ Vertreterprovision i. % v. Zielverkaufspreis	100	+ 7,00 %	43,75 €
Zielverkaufspreis	im		625,00 €
+ Kundenrabatt i. % v. Listenverkaufspreis	100	+ 5,00 %	32,89 €
Netto-Listenverkaufspreis (Angebotspreis)			657,89 €

Erläuterungen zum Rechenweg:

1. Schritt: Das **Kalkulationsschema** wird unter Verwendung aller Angaben der Aufgabe aufgestellt.

2. Schritt: **Der Gewinn** wird **in Prozent von den Selbstkosten** berechnet und addiert. Es ergibt sich der Barverkaufspreis.

3. Schritt: Da Kundenskonto und Vertreterprovision vom Zielverkaufspreis gewährt werden, dieser aber im augenblicklichen Stadium der Kalkulation noch unbekannt ist, müssen **Kundenskonto** und **Provision vom Barverkaufspreis als vermindertem Grundwert** berechnet werden *(im Hundert)*.

4. Schritt: Der Kundenrabatt wird vom Listenverkaufspreis[2] = 100,00 % gewährt; auch der **Rabatt** muss also *im* **Hundert vom Zielverkaufspreis** ermittelt werden.

---

[1] Nimmt der Industriebetrieb **Handelswaren** zur Ergänzung in sein Sortiment auf, so findet die Handelskalkulation Anwendung; siehe Kapitel 8.2.

[2] Als **Listen**preis bezeichnet man einen Preis, der in der gedruckten Preis**liste** eines Anbieters enthalten ist.

Formeln und Nebenrechnungen zum 3. Schritt:

$$\text{Skonto} = \frac{\text{Barverkaufspreis in €} \cdot \text{Skonto in \%}}{\text{Barverkaufspreis in \%}}$$

$$\text{Vertreterprovision} = \frac{\text{Barverkaufspreis in €} \cdot \text{Provision in \%}}{\text{Barverkaufspreis in \%}}$$

Im Beispiel:

	90,00 %	Barverkaufspreis
+	3,00 %	Skonto
+	7,00 %	Provision
=	100,00 %	Zielverkaufspreis

$$\frac{562{,}50 \cdot 3}{90} = 18{,}75\ €$$

$$\frac{562{,}50 \cdot 7}{90} = 43{,}75\ €$$

Addiert man Skonto und Provision zum Barverkaufspreis, erhält man den Zielverkaufspreis:

	562,50 €	BVP
+	18,75 €	Skonto
+	43,75 €	Provision
	625,00 €	Zielverkaufspreis

Formel und Nebenrechnung zum 4. Schritt:

$$\text{Kundenrabatt} = \frac{\text{Zielverkaufspreis in €} \cdot \text{Rabatt in \%}}{\text{Zielverkaufspreis in \%}}$$

Im Beispiel:

Zielverkaufspreis = 95,00 % (100,00 % – 5,00 %)

$$\frac{625{,}00 \cdot 5}{95} = 32{,}89\ €$$

Durch Addition des Rabatts zum Zielverkaufspreis ergibt sich der Listenverkaufspreis oder Angebotspreis.

Da die **Umsatzsteuer** kostenneutral ist, wird sie in der Kalkulation nicht berücksichtigt. Beim Verkauf an Wiederverkäufer wird die Umsatzsteuer in der Rechnung gesondert ausgewiesen:

Nettolistenpreis
\+ Umsatzsteuer
Bruttolistenpreis

Merke:

1. Zur Fortführung der Kalkulation von den Selbstkosten bis zum Angebotspreis muss man Gewinn, Kundenskonto und -rabatt und eine eventuell anfallende Vertreterprovision einbeziehen. Diese kostenorientierte Preisfestsetzung ist jedoch nur selten möglich, da Preise durch den Markt bestimmt werden.
2. Der **Gewinn** wird *vom Hundert*, bezogen auf die Selbstkosten, berechnet.
3. **Kundenskonto** und **Verkaufsprovision** werden *im Hundert*, bezogen auf den Zielverkaufspreis, berechnet.
4. **Rabatt** wird *im Hundert*, bezogen auf den Listenverkaufspreis, ermittelt.

Aufgaben zu 3.5.1

3-42
3-43

Der Angebotspreis für ein Fahrrad soll in einem Industrieunternehmen kalkuliert werden:

	3–42	**3–43**
Selbstkosten	120,00 €	130,00 €
Gewinn	10,00 %	15,00 %
Kundenskonto	2,00 %	3,00 %
Kundenrabatt	5,00 %	7,50 %

Es ist auf glatte Cent-Beträge nach der bekannten Regel zu runden.

3-44
3-45

Der Listenverkaufspreis für eine Haushaltskaffeemaschine ist zu ermitteln, wobei beim Hersteller folgende Angaben vorliegen:

	3–44	**3–45**
Selbstkosten	18,00 €	20,00 €
Gewinn	10,00 %	10,00 %
Kundenskonto	3,00 %	2,00 %
Vertreterprovision	6,00 %	5,00 %
Kundenrabatt	5,00 %	10,00 %

3.5.2 Rückwärtskalkulation

Situation

Der Absatz der Möbelwerke Krämer GmbH hat sich gut entwickelt. Die Unternehmung möchte sogar einen zweiten Truhentyp in ihr Produktionsprogramm aufnehmen, weil viele ihrer Kunden nach einer größeren Truhe mit handgefertigten Messingbeschlägen fragen. Der Zielverkaufspreis hierfür dürfte aber nicht mehr als 800,00 € betragen.

Folgende Prozentsätze wurden bei der Kalkulation zuletzt angewendet:

Fertigungsgemeinkosten	55,00 %
Materialgemeinkosten	12,50 %
Verwaltungs- und Vertriebsgemeinkosten	20,00 %
Gewinn	33 ⅓ %
Skonto	3,00 %

Das Verhältnis von Materialkosten zu Fertigungskosten betrug durchschnittlich 2 : 3.

Problem

Der Zielverkaufspreis steht fest. Die Prozentsätze für Skonto, Gewinn und Gemeinkosten sollen unverändert bleiben. Wie hoch dürfen dann die Einzelkosten für Material und Löhne maximal sein?

Lösung

Industrie- und Handelsunternehmen sind oft durch harte Konkurrenz gezwungen, ihre eigenen Verkaufspreise an den Preisen der Mitanbieter auszurichten, um die Kunden nicht zu verlieren.

Da der Zielverkaufspreis gegeben ist, muss nun eine vollständige Rückwärtskalkulation vorgenommen werden.

Schema

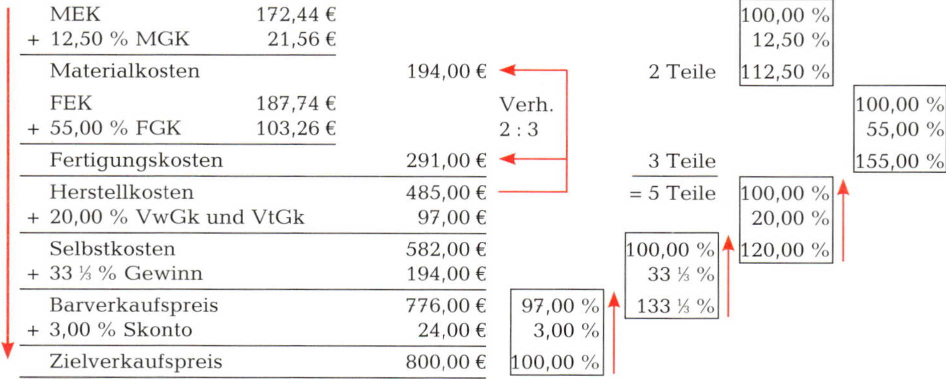

MEK	172,44 €					100,00 %	
+ 12,50 % MGK	21,56 €					12,50 %	
Materialkosten		194,00 €			2 Teile	112,50 %	
FEK	187,74 €		Verh.				100,00 %
+ 55,00 % FGK	103,26 €		2 : 3				55,00 %
Fertigungskosten		291,00 €			3 Teile		155,00 %
Herstellkosten		485,00 €			= 5 Teile	100,00 %	
+ 20,00 % VwGk und VtGk		97,00 €				20,00 %	
Selbstkosten		582,00 €		100,00 %		120,00 %	
+ 33 ⅓ % Gewinn		194,00 €		33 ⅓ %			
Barverkaufspreis		776,00 €	97,00 %	133 ⅓ %			
+ 3,00 % Skonto		24,00 €	3,00 %				
Zielverkaufspreis		800,00 €	100,00 %				

Fa. Krämer muss nun prüfen, ob sie die Materialeinzelkosten auf 172,44 € und die Fertigungseinzelkosten auf 187,74 € begrenzen kann.

Erläuterungen zum Rechenweg

1. Schritt: Aufstellen des Kalkulationsschemas von oben nach unten.

2. Schritt: Skonto wird zum Zielverkaufspreis berechnet und abgezogen (Vom-Hundert-Rechnung).

3. Schritt: Die Selbstkosten stellen die Zuschlagsbasis für den Gewinn dar; sie sind im augenblicklichen Stadium der Rechnung noch unbekannt. Daher wird vom Barverkaufspreis als dem vermehrten Grundwert ausgegangen (Auf-Hundert-Rechnung).

4. Schritt: Die Herstellkosten stellen die Zuschlagsbasis für die Verwaltungs- und Vertriebsgemeinkosten dar. Wir gehen von den Selbstkosten als vermehrtem Grundwert aus (Auf-Hundert-Rechnung).

5. Schritt: Die Herstellkosten werden in Materialkosten und Fertigungskosten nach deren Verhältnis aufgeteilt.

6. Schritt: Sowohl Materialeinzelkosten als auch Fertigungseinzelkosten werden wieder mit Hilfe der Auf-Hundert-Rechnung ermittelt, da Materialkosten und Fertigungskosten jeweils einen vermehrten Grundwert darstellen.

Merke:

1. Um bei gegebenem Verkaufspreis die maximalen Einzelkosten zu ermitteln, muss eine **Rückwärtskalkulation** vorgenommen werden.
2. **Kundenrabatt** und **Kundenskonto** werden dabei *vom Hundert* berechnet.
3. Der **Gewinn** und alle **Gemeinkosten** werden in *Auf-Hundert*-Rechnungen ermittelt.
4. Die **Herstellkosten** werden im Verhältnis der Materialkosten zu den Fertigungskosten *aufgeteilt*.

Aufgaben zu 3.5.2

Ein Produkt soll aus Konkurrenzgründen nicht mehr als 580,00 € ab Werk kosten. Das Unternehmen kalkuliert mit folgenden Sätzen **3-46**

MGK	9,00 %	VtGK	8,00 %
FGK	28,00 %	Gewinn	25,00 %
VwGK	20,00 %	Skonto	3,00 %

Die Materialkosten stehen zu den Fertigungskosten durchschnittlich im Verhältnis 5 : 3. Berechnen Sie, wie hoch die MEK und FEK höchstens sein dürfen!

Rechnen Sie mit 3 Stellen nach dem Komma und runden Sie erst das Endergebnis!

Der Zielverkaufspreis für ein Erzeugnis soll nicht mehr als 600,00 € betragen. Es sind die Material- und Fertigungseinzelkosten zu ermitteln. Dabei ist mit folgenden Sätzen zu kalkulieren: **3-47** **3-48**

	3–47	**3–48**
MGK	25,00 %	22,00 %
FGK	80,00 %	75,00 %
VwGK + VtGK	30,00 %	30,00 %
Gewinn	20,00 %	25,00 %
Skonto	3,00 %	2,00 %

Das Verhältnis von Materialkosten zu Fertigungskosten beträgt 4 : 2.

3.5.3 Vorkalkulation und Nachkalkulation

Nachkalkulation bei festem Angebotspreis (Differenzkalkulation)

Situation

Die Möbelwerke Krämer GmbH haben aufgrund von Normalzuschlagssätzen den Zielverkaufspreis für Eckschränke im Bauernstil kalkuliert.

Vorkalkulation mit Normalkosten

Materialeinzelkosten	400,00 €	
+ 15,00 % Materialgemeinkosten	60,00 €	
Materialkosten		460,00 €
Fertigungseinzelkosten	200,00 €	
+ 60,00 % Fertigungsgemeinkosten	120,00 €	
Fertigungskosten		320,00 €
Herstellkosten		780,00 €
+ 10,00 % Verwaltungsgemeinkosten		78,00 €
+ 7,50 % Vertriebsgemeinkosten		58,50 €
Selbstkosten		916,50 €
+ 33 ⅓ % Gewinn		305,50 €
Barverkaufspreis		1.222,00 €
+ 3,00 % Skonto		37,80 €
Zielverkaufspreis für einen Eckschrank		1.259,80 €

Zu diesem Preis ist ein Auftrag ausgeführt worden; er verursachte tatsächlich folgende Kosten:

Materialeinzelkosten 420,00 € Fertigungseinzelkosten 220,00 €

Im letzten BAB wurde für die Verwaltungsgemeinkosten ein Ist-Zuschlagssatz von 12,50 % ermittelt. Alle übrigen Ist-Zuschläge stimmen in diesem Fall mit den verwendeten Normal-Zuschlagssätzen überein.

Problem

Wie wirken sich die gegenüber der Vorkalkulation veränderten Werte und Zuschlagssätze auf den Gewinn aus?

Lösung

Aufgrund der veränderten Daten muss eine neue Kalkulation durchgeführt werden. Sie wird als **Nachkalkulation** bezeichnet.

Man muss zunächst mit den Ist-Werten eine Vorwärtskalkulation bis zu den Selbstkosten aufstellen. Da der Skonto-Prozentsatz sich nicht verändert hat, bleibt der *Barverkaufspreis* gleich. Er wird den Ist-*Selbstkosten gegenübergestellt.* Die **Differenz** ist der tatsächliche **Gewinn.** Eine Nachkalkulation bei gegebenem Angebotspreis wird daher auch als **Differenzkalkulation** bezeichnet.

Schema **Nachkalkulation mit Ist-Kosten** **Rechenweg**

	Materialeinzelkosten	420,00 €	
+	15,00 % Materialgemeinkosten	63,00 €	
	Materialkosten		483,00 €
	Fertigungseinzelkosten	220,00 €	
+	60,00 % Fertigungsgemeinkosten	132,00 €	
	Fertigungskosten		352,00 €
	Herstellkosten		835,00 €
+	12,50 % Verwaltungsgemeinkosten		104,38 €
+	7,50 % Vertriebsgemeinkosten		62,63 €
	Selbstkosten		1.002,01 €
+	Gewinn		219,99 €
	Barverkaufspreis		1.222,00 €
+	3,00 % Skonto		37,80 €
	Zielverkaufspreis		1.259,80 €

?

In der Vorkalkulation war mit 33 ⅓ % Gewinn kalkuliert worden (33 ⅓ % von 916,50 € Selbstkosten ergeben 305,50 € Gewinn).

Durch die gegenüber der Vorkalkulation gestiegenen Ist-Kosten muss sich der Hersteller mit einem geringeren Gewinn zufrieden geben:
219,99 € Gewinn bezogen auf 1.002,01 € Selbstkosten entspricht einem Prozentsatz von nur noch 21,95 % ~ 22,00 %.

Nachkalkulation bei freibleibendem Angebotspreis

Wenn der Anbieter aufgrund einer Preisgleitklausel gestiegene Kosten auf den Abnehmer abwälzen kann, wird die Nachkalkulation als **vollständige Vorwärtsrechnung** mit den geänderten Werten und Sätzen neu durchgeführt. Daraus ergibt sich der endgültige Rechnungspreis.

Merke:

1. Bei der **Vorkalkulation** werden in der Regel Normal-Zuschlagssätze verwendet; die **Nachkalkulation** basiert auf Ist-Kosten.
2. **Bei festem Angebotspreis** wird die Nachkalkulation als **Differenzkalkulation** durchgeführt.
3. **Bei freibleibendem Angebotspreis** ist die Nachkalkulation eine **erneute Vorwärtskalkulation** mit veränderten Werten.

Aufgaben zu 3.5.3

Ein Industriebetrieb hatte für ein Erzeugnis bei 480,00 € Materialeinzelkosten und 220,00 € Fertigungseinzelkosten in der Vorkalkulation einen Barverkaufspreis von 1.579,50 € ermittelt, wobei mit folgenden Sätzen kalkuliert wurde: **3-49** **3-50**

MGK 20,00 %, FGK 80,00 %, Vw + VtGK 30,00 %, Gewinn 25,00 %

		3–49	**3–50**
Die tatsächlichen Einzelkosten betrugen:	für Material	500,00 €	520,00 €
	für Löhne	250,00 €	240,00 €

Wie hoch ist nunmehr der Gewinn in € und Prozent bei demselben Barverkaufspreis?

Vollständige Vor- und Nachkalkulation **3-51**

Die GARTENMAX GmbH in Neckarsulm möchte die Vor- und Nachkalkulation für ihre Motorgartengeräte automatisch durchführen. Für das Produkt »Turbo 16« liegen folgende Kalkulationsdaten vor:

Vor- und Nachkalkulation: Produkt: **Aufsitzrasenmäher Turbo 16**

Kalkulationsgrunddaten:	Vorkalkulation:			Nachkalkulation: (nur eintragen, soweit verändert!)		
MEK in €	1.000,00	475,00	225,00	1.100,00	450,00	200,00
FEK1 in € (Vorfertigung)			100,00			105,00
FEK2 in € (Montage)			396,00			415,8
MGK in %			25,00			
FGK1 in % (Rest-GK)			75,00			
FGK2 in %			120,00			
Maschinenstundensatz in € je Std.			180,00			200,00
Bearbeitungszeit in Min.			45			
SEK der Fertigung			193,80			
SEK des Vertriebs			120,00			
VwGK in %			20,00			
VtGK in %			8,00			10,00
Kundenskonto in %			3,00			
Kundenrabatt in %			20,00			25,00
Gewinn in % der SK			12,50			**?**

Arbeitsaufträge:

Erstellen Sie unter Verwendung der Lösung zu Aufgabe 3–39 mit Hilfe einer Ihnen zur Verfügung stehenden Tabellenkalkulation ein erweitertes Kalkulationsschema in folgenden Teilschritten:

a) Auf der ersten Bildschirmseite sind die Kalkulationsgrunddaten in der oben in der Aufgabe gezeigten Form zu erfassen,

b) die zweite Bildschirmseite soll darunter das vollständige Kalkulationsschema in den Spaltengruppen für die Vor- und Nachkalkulation mit den notwendigen Rechenformeln aufnehmen.

c) Fragen aufgrund Ihrer vollständigen Kalkulationsergebnisse:
Bestätigt die automatische Rechnung den manuell vorkalkulierten Listenpreis von 6.668,81 €? – Welcher Gewinn (in € und %) ergibt sich im Nachhinein durch die teilweise geänderten Kostenansätze?

3–52 **Vollständige Vor- und Nachkalkulation**

Mit dem für die GARTENMAX GmbH in Neckarsulm entwickelten Kalkulationsschema (Lösung der Aufgabe 3–51) soll auch die Vor- und Nachkalkulation für das motorbetriebene Universal-Gartengerät »KoboldX« (Gartenfräse, Kehr- und Räumgerät) durchgeführt werden. Die Kalkulationsdaten hierfür sind:

Vor- und Nachkalkulation: Produkt: **Universal-Gartengerät KoboldX**

Kalkulationsgrunddaten:	Vorkalkulation:			Nachkalkulation: (nur eintragen, soweit verändert!)		
MEK in €	300,00	150,00	375,25	400,00		290,00
FEK1 in € (Vorfertigung)			160,00			
FEK2 in € (Montage)			245,00			225,00
MGK in %			20,00			18,00
FGK1 in % (Rest-GK)			80,00			75
FGK2 in %			180,00			166,67
Maschinenstundensatz in € je Std.			198,00			180,00
Bearbeitungszeit in Min.			54			
SEK der Fertigung			111,11			
SEK des Vertriebs			200,00			150,00
VwGK in %			15,00			
VtGK in %			12,50			15,00
Kundenskonto in %			2,00			
Kundenrabatt in %			10,00			12,50
Gewinn in % der SeKo			10,00			?

3–53 Für ein neues Erzeugnis soll der Gewinn ermittelt werden. Kosten für 100 kg Fertigprodukt: 648,00 € Materialkosten, 217,60 € Fertigungskosten; Verwaltungskosten 10,00 % und Vertriebskosten 16 ⅔ % der Herstellkosten; Kundenskonto 3,00 %.

a) Wie hoch sind die Selbstkosten insgesamt und je ¼-kg-Packung?

b) Wie hoch ist der Gewinn in € und % bei einem Zielverkaufspreis von 4,20 € je Packung?

3-54

In einem noch unfertigen BAB ergeben sich folgende Zwischensummen bei den Gemeinkosten:

Materialbereich	22.600,00 €	Fertigungsbereich	48.400,00 €
Verwaltungsbereich	33.195,00 €	Vertriebsbereich	6.770,00 €

Arbeitsaufträge:

a) Verteilen Sie die kalkulatorischen Zinsen in Höhe von 16.000,00 € im Verhältnis der installierten Anlagewerte (i. Tsd. €: Material: 120, Fertigung: 480, Verwaltung: 50 und Vertrieb: 150)! Ermitteln Sie die Gesamtsummen je Bereich!

b) Berechnen Sie die Zuschlagssätze; die MEK betragen 125.000,00 €, die FEK 36.250,00 €!

c) Mit den ermittelten Zuschlagssätzen ist im folgenden Rechnungsabschnitt ein Auftrag bis zum Nettobarverkaufspreis zu kalkulieren, für den Gewinn in Höhe von 12,50 % anzusetzen und mit Einzelkosten von 400,00 € für Material und 500,00 € für Fertigungslöhne zu rechnen ist!

3-55

Die Vorkalkulation für ein Produkt ist mit folgenden Zahlen durchgeführt worden:

MEK: 1.700,00 €, FEK: 12 Stunden zu 33,00 €.

Zuschlagssätze: Materialgemeinkosten 25,00 %, Fertigungsgemeinkosten 150,00 %, Verwaltungsgemeinkosten 20,00 %, Vertriebsgemeinkosten 8,00 %, Gewinn 12,50 %.

In der Nachkalkulation wird mit MEK in Höhe von 1.850,00 € und einem Stundenlohn von 34,40 € gerechnet; die Zuschlagssätze bleiben unverändert. Wie hoch ist der Gewinn in € und Prozent, wenn das Produkt zum vorkalkulierten Verkaufspreis abgesetzt wird?

3-56

Wie viel € stehen maximal für das Fertigungsmaterial zur Verfügung, wenn die Herstellkosten nicht höher als 1.255,00 € liegen dürfen, für Fertigungslöhne wie in der Vorkalkulation 210,00 € angefallen sind und die Zuschlagssätze für MGK 33 ⅓ % und FGK 250,00 % betragen?

3-57

In einem Industriebetrieb enthielt der BAB des letzten Monats folgende Ist-Gemeinkostensummen:

Material	Fertigung	Verwaltung	Vertrieb
529.750,00 €	1.053.000,00 €	476.662,50 €	158.887,50 €

Die Materialeinzelkosten betrugen 815.000,00 €, die Fertigungseinzelkosten 780.000,00 €.

Arbeitsaufträge:

a) Ermitteln Sie die Ist-Zuschlagssätze!

b) In den davor liegenden zwei Monaten waren die Ist-Zuschlagssätze wie folgt berechnet worden:

	Material	Fertigung	Verwaltung	Vertrieb
1. Vormonat	62,50 %	138,00 %	14,70 %	6,80 %
2. Vormonat	64,50 %	133,50 %	15,30 %	6,20 %

Bilden Sie Normal-Zuschlagssätze als Durchschnitt der Ist-Zuschlagssätze der drei Monate!

(Arbeitsaufträge c) bis f): siehe nächste Seite!)

c) Kalkulieren Sie mit den unter b) ermittelten Normal-Zuschlagssätzen einen Auftrag bis zu den Selbstkosten, für den lt. Berechnungen der Arbeitsvorbereitung 42.000,00 € MEK und 38.000,00 € FEK anfallen werden.

d) Um die eigene Konkurrenzfähigkeit besser einschätzen zu können, ist die Kalkulation bis zum Netto-Zielverkaufspreis weiterzuführen (Gewinn 12,50 %; Skonto 3,00 %)!

e) Durch harte Verhandlungen drückt der Kunde den Zielverkaufspreis auf 217.300,00 €. Auf wie viel Prozent schrumpft der kalkulierte Gewinn in diesem Fall zusammen?

f) Was könnte dafür sprechen, den Auftrag auch anzunehmen, wenn ein Verlust von ca. 1.000,00 € entstünde?

3.5.4 Target Costing[1)]

Situation

Der Automobilhersteller XCar AG plant, in zwei Jahren erstmals einen kompakten Kleinwagen anzubieten. Das entsprechende Marktsegment ist bereits von mehreren Konkurrenten besetzt, sodass auf diesem Käufermarkt nur Absatzchancen bestehen, wenn man die Nachfrage sehr genau abschätzt.

Die Marktforschungs-Abteilung hat ermittelt, dass die potenziellen Kunden bereit sind, maximal 10.000 € als (Zielverkaufs-)Preis zu akzeptieren; zudem sind 3 % Skonto branchenüblich. Für diesen Preis erwarten sie eine bestimmte Qualität und Ausstattung des Fahrzeugs, insbesondere vier Türen, 50 PS, Fahrer- und Beifahrerairbag, einen variablen Stauraum sowie ABS.

Die Aktionäre der XCar AG fordern eine angemessene Verzinsung ihres Kapitaleinsatzes. Weiterhin ist noch eine Verkaufsprovision der Vertragshändler zu berücksichtigen. Beide Positionen zusammen können mit etwa 15 % des geplanten Umsatzes angesetzt werden.

In einer ersten, vorläufigen Berechnung wurden – unter Berücksichtigung der gewünschten Produktmerkmale – folgende Standard-Kosten und -Zuschlagssätze ermittelt:

Materialeinzelkosten	2.600 €
Fertigungseinzelkosten	1.300 €
Materialgemeinkosten-Zuschlagssatz	20 %
Fertigungsgemeinkosten-Zuschlagssatz	200 %
Verwaltungs- u. Vertriebsgemeinkosten-Zuschlagssatz	25 %

Problem

Aufgrund der Nachfragesituation (Käufermarkt) liegen der Verkaufspreis und die wesentlichen Merkmale (Komponenten und Funktionen) des Produktes fest. Welche Selbstkosten darf das neue Fahrzeug maximal verursachen? Wie kann die XCar AG dafür sorgen, dass die vorgegebenen Kosten keinesfalls überschritten werden?

Lösung

Das Unternehmen muss zunächst seine maximal erlaubten Kosten **(Ziel-Selbstkosten bzw. Allowable Costs)** zur Erreichung des **Ziel-Gewinns** berechnen:

[1)] In direkter Übersetzung: *Zielkostenrechnung*. Da jedoch im bwl. Zielsystem die Gewinnhöhe anerkanntes Ziel ist, wird Target Costing häufig als (strategisches) *Zielkostenmanagement* bezeichnet.

Schema

Zielverkaufspreis[1]	10.000 €
– 3 % Skonto	300 €
Barverkaufspreis	9.700 €
– 15 % Ziel-Gewinn/-Provision	1.455 €
Ziel-Selbstkosten	**8.245 €**

Erläuterungen

- Zunächst wird Skonto vom Zielverkaufspreis berechnet und abgezogen.
- Dann wird der angestrebte Gewinn (einschl. Händlerprovision) vom Umsatz (hier: Barverkaufspreis) berechnet und abgezogen.

Grundsätzlich müssen nun alle Unternehmensbereiche der XCar AG dafür sorgen, dass die wie eine Kostenobergrenze wirkenden Ziel-Selbstkosten von 8.245 € nicht überschritten werden. In der Praxis werden jedoch vorwiegend die produktionsnahen Bereiche (Produktentwicklung und Produktion) in den nachfolgenden Abgleich von vorläufig geplanten und maximal erlaubten Kosten einbezogen. Hierzu werden nach dem bekannten Schema die Standard-Selbstkosten des Fahrzeugs ermittelt:

Rechenschema

	MEK	2.600 €	
+	20 % MGK	520 €	
	Materialkosten		3.120 €
	FEK	1.300 €	
+	200 % FGK	2.600 €	
	Fertigungskosten		3.900 €
	Herstellkosten		7.020 €
+	25 % VwGK und VtGK		1.755 €
	Standard-Selbstkosten		**8.775 €**

Die *Differenz zwischen den Standard-Selbstkosten und den Ziel-Selbstkosten* (die sogenannte **Zielkostenlücke**) beträgt hier 530 €. Dieser Betrag muss nun im laufenden Produktentwicklungs- und -entstehungsprozess eingespart werden. Hierzu werden die einzelnen Komponenten der Standard-Selbstkosten (MEK, MGK, …) noch weiter aufgespalten, und es wird überlegt, durch welche Maßnahmen (z. B. Einkauf preiswerterer Materialien, Verzicht auf ein Produktdetail) Kosten gespart werden könnten. Dabei sind stets die Ergebnisse der Marktforschung zu beachten, sodass keinesfalls vom Kunden als besonders wichtig erachtete Merkmale/Funktionen des Produktes wegfallen dürfen.

Anmerkung: Von der Vorgehensweise her entspricht das Target Costing weitgehend einer Rückwärtskalkulation.

Merke:

1. Wenn auf einem Käufermarkt der Verkaufspreis und die vom Kunden gewünschte Ausstattung eines geplanten Produktes festliegen, ist bereits während der Produktentwicklung ein **Target Costing** durchzuführen.
2. Vom (vorgegebenen) Zielverkaufspreis gelangt man durch Subtraktion von Skonto und Ziel-Gewinn zu den maximal erlaubten **Ziel-Selbstkosten**.

[1] Hier bezieht sich »Ziel« auf das Zahlungsziel und nicht auf das Anstreben des Preises.

3. Die ermittelten Ziel-Selbstkosten werden den nach dem üblichen Verfahren der Zuschlagskalkulation berechneten **Standard-Selbstkosten** gegenüber gestellt.
4. Die Differenz von (niedrigeren) Ziel-Selbstkosten und (höheren) Standard-Selbstkosten ergibt das **Kostensenkungsvolumen**, das vom Unternehmen zu erreichen ist.

Aufgaben zu 3.5.4

3-58 Beantworten Sie bitte folgende Fragen:

a) Warum ist die Anwendung des Target-Costing-Verfahrens von besonderer praktischer Relevanz?

b) Vor welchem Konflikt stehen die Unternehmen im Rahmen des Produktentwicklungs- und -entstehungsprozesses, und wie wird dieser gelöst?

c) Wie unterscheidet sich das Target-Costing von
- der Vorwärtskalkulation,
- der Rückwärtskalkulation und
- der Differenzkalkulation?

3-59 Für ein weiteres Fahrzeug der XCar AG soll per Target Costing der Kostensenkungsbedarf ermittelt werden. Führen Sie hierzu alle relevanten Rechnungen durch. Folgende Daten liegen vor:

MEK	3.800 €
FEK	1.900 €
MGKZS	20 %
FGKZS	200 %
VVGKZS	25 %
Ziel-Gewinn und -Provision	15 % vom BVP
Skonto	3 %
Zielverkaufspreis	15.000 €

3.6 Prozesskostenrechnung

Situation

Die Elektrogerätebau GmbH hat sich auf die Produktion von Küchengeräten, wie Kühlschränken, Mikrowellen und Kaffeemaschinen spezialisiert.

Das jeweilige Design der Produkte ist zugeschnitten auf eine moderne, junge und gut situierte Käuferschicht; die Elektrogeräte sind relativ teuer und von entsprechend hoher Qualität. Das Unternehmen befindet sich als mittelgroßer Hersteller in einer starken Konkurrenzsituation. Der eingetretene Wandel vom Verkäufer- zum Käufermarkt hat dafür gesorgt, dass man sich hinsichtlich Varianten und Sonderausstattungen sehr an den Wünschen der Kunden zu orientieren hat. So werden Kundenwünsche hinsichtlich Form, Lackierung, besonderer Eigenschaften und Serviceleistungen erfüllt. Die Produktartenvielfalt sowie die Produktdifferenzierung haben ihren Preis, da viele Mitarbeiter in fertigungsbegleitenden Abteilungen wie Forschung und Entwicklung, Arbeitsvorbereitung, Qualitätssicherung, Service usw. benötigt werden.

Zuletzt hat sich im Vergleich mit den unmittelbaren Mitbewerbern gezeigt, dass diese bei einigen Elektrogeräten spürbar höhere Preise verlangen, bei anderen dagegen deutlich niedrigere. Um den (möglichen) Ursachen auf den Grund zu gehen, hat die Elektrogerätebau GmbH die wesentlichen Veränderungen der Kostenstruktur in den vergangenen Jahren zusammen gestellt:

- Durch Rationalisierungsmaßnahmen (insbesondere Automation) haben die Fertigungseinzelkosten abgenommen, die Fertigungsgemeinkosten dagegen zugenommen.
- Die flexible Anpassung an Kundenwünsche hat dazu geführt, dass Umfang und Relevanz der **Gemeinkosten in den indirekten Bereichen** gestiegen sind; hiermit sind die der Fertigung vor- und nachgelagerten Bereiche gemeint, z. B. Forschung und Entwicklung, Logistik, Versand und Auftragsabwicklung.

Problem

Die bisher angewendeten Verfahren der Zuschlagskalkulation führen bei der Elektrogerätebau GmbH zu einer sehr groben, pauschalen Verteilung der anteilsmäßig gestiegenen Gemeinkosten. Die zur Verrechnung verwendeten Bezugsgrößen (insbesondere Fertigungslöhne und Herstellkosten) erscheinen kaum noch geeignet. Als Folge daraus sind die Kalkulationsergebnisse offenbar zunehmend ungenau und führen ggf. zu falschen Produktionsprogramm- und Preisentscheidungen.

Wie kann die Elektrogerätebau GmbH dafür sorgen, dass die Kalkulation verursachungsgerechter und somit genauer wird?

Lösung

Das Unternehmen sollte zukünftig die einzelnen in den indirekten Bereichen ablaufenden **Prozesse** identifizieren, deren **Kosten** ermitteln und die zugehörigen Kostenverursacher bzw. **Kostentreiber** (engl. Cost Driver) als Bezugsgrößen verwenden. Dieses Vorgehen entspricht dem Grundgedanken einer **Prozesskostenrechnung**.

In den nachfolgend aufgeführten Schritten könnte die Elektrogerätebau GmbH am Beispiel des Hauptprozesses »operative Abwicklung eines Kundenauftrages« ihre prozessorientierten Kosten ermitteln:

1. Schritt: Je Kostenstelle sind die **Teilprozesse** zu ermitteln, die dort ablaufen. In der Kostenstelle Verkauf sind dies z. B. Erfassung eines Kundenauftrags, Prüfung der Bonität des Kunden usw.

2. Schritt: Jedem Teilprozess werden nun die durch ihn verursachten **Kosten** zugewiesen; dies erfolgt mitunter durch Schlüsselungen nach Art der Verteilung von Gemeinkosten auf Kostenstellen.

3. Schritt: Nun ist zu jedem Teilprozess der maßgebliche **Kostentreiber** als Maßstab der Kostenverursachung zu identifizieren. Hierzu einige Beispiele aus dem operativen Prozess der Abwicklung eines Kundenauftrags:

Teilprozess (vielfach abteilungsübergreifend)	**Kosten** (in €)	**zugehöriger Kostentreiber** (Mengen bzw. Zeiten)
Erfassung des Auftrags	...	Anzahl der Aufträge
Prüfungen (z. B. Bonität und Verfügbarkeit)	...	Bearbeitungszeit je Prüfung
Annahme des Auftrags/Auftragsbestätigung an den Kunden	...	Anzahl der Auftragsbestätigungen
interne Weiterbearbeitung der Auftragsdaten (z. B. Lohnscheine, Akkordzettel und MES)	...	Bearbeitungszeit je Auftrag
Terminverfolgung/-überwachung	...	Bearbeitungszeit je Auftrag
Auslieferung veranlassen	...	Anzahl der Auslieferungen
Rechnung erstellen und versenden	...	Anzahl der Rechnungen
Verkauf buchen	...	Anzahl der Buchungen
Zahlungseingang kontrollieren	...	Bearbeitungszeit je Vorgang
Zahlung buchen	...	Anzahl der Buchungen

4. Schritt: Für diese **Prozesse** werden nunmehr die **Prozesskostensätze** ermittelt. Hierfür benötigt man die **Mengen bzw. Zeiten je Teilprozess:**

$$\text{Prozesskostensatz} = \frac{\text{gesamte Kosten des Teilprozesses}}{\text{Menge bzw. Zeit des Teilprozesses}}$$

Hinweis: Für dispositive Tätigkeiten lassen sich kaum geeignete Kostentreiber finden; sie werden separat nach den bisherigen Verfahren verrechnet.

5. Schritt: Anschließend stellt man die **Kosten der Teilprozesse** verschiedener Kostenstellen für den Hauptprozess fest. Ggf. nimmt man eine Zusammenfassung zu einem Prozesskostensatz des Hauptprozesses vor.

6. Schritt: Schließlich werden die Kosten je Prozess den einzelnen Kostenträgern (hier: Produkte der Elektrogerätebau GmbH) im Rahmen der **Stückkostenkalkulation** zugerechnet.

Beispielrechnungen:

Das Wesen der Prozesskostenrechnung (Schritte 1 bis 4) soll zunächst am Beispiel der **Teilprozesse der Kostenstelle Personalwesen** verdeutlicht werden:

1. und 2. Schritt: Ermittlung der **Prozesse** und Zuordnung der **Kosten**		*3. Schritt:* Ermittlung der zugehörigen **Kostentreiber**	
Teilprozesse	Kosten	Kostentreiber	Menge in Stück
Personalakten verwalten	8.075,00 €	Mitarbeiterzahl	125
Lohnscheine bearbeiten	48.450,00 €	Lohnscheine	6.460
Akkordzettel bearbeiten	6.175,00 €	Akkordzettel	650
Bewerbungen bearbeiten	4.750,00 €	Bewerbungen	100
Abteilung leiten	8.550,00 €	lmn	---
Summe	76.000,00 €		

4. Schritt: Ermittlung der **Prozesskostensätze**	
Teilprozesse	(Teil-)Prozesskostensätze
Personalakten verwalten	8.075/125 = 64,60 €
Lohnscheine bearbeiten	48.450/6.460 = 7,50 €
Akkordzettel bearbeiten	6.175/650 = 9,50 €
Bewerbungen bearbeiten	4.750/100 = 47,50 €

Die *Schritte 5 und 6* sollen nachfolgend verdeutlicht werden: Das Basismodell eines Kühlschrankes erfährt mehrere Änderungen: Tür-Details, Metallic-Lackierung und Größe des Gefrierfachs. Neben den hierfür zu kalkulierenden Sondereinzelkosten der Fertigung sind hier die Prozesskosten der Variation zu ermitteln.

Die Abwicklung eines solchen Fertigungsauftrages (Hauptprozess) löst Teilprozesse in verschiedenen Kostenstellen aus. So werden ausgehend von der Verkaufsabteilung, die den Auftrag annimmt, Tätigkeiten in der Arbeitsvorbereitung (Erstellung von Zeichnungen, Stücklisten, Arbeitsanweisungen, Hinweise für die Werkzeugmacherei u.a.), im Einkauf (siehe bereits genannte Teilprozesse), in der Fertigung (Rüsten, Fertigen, Montieren u.a.), im Vertrieb und in der Verwaltung (Rechnungswesen, Personalabteilung, u.a.) ausgelöst.

Die Prozesskostensätze der Teilprozesse gilt es für den Hauptprozess zu bündeln. Beispielhaft soll jeweils nur ein Teilprozess pro Kostenstelle die Vorgehensweise andeuten.

5. Schritt: Ermittlung der **Prozesskostensätze der Teilprozesse** für den Hauptprozess		
Kostenstelle	Teilprozess	Prozesskostensatz
Verkaufsabteilung	Auftragsannahme	6,50 €
Arbeitsvorbereitung	Arbeitsanweisungen erstellen	78,90 €
Einkauf	Zusatzmaterialien bestellen	12,40 €
Fertigung	Rüsten	134,00 €
Vertrieb	Versandpapiere erstellen	23,10 €
Verwaltung	Einkaufsbuchungen tätigen	9,50 €

6. Schritt: **Produktkalkulation:**

a) Ermittlung der Prozesskosten der Variation

1 Auftragsannahme	6,50 €
2 Arbeitsanweisungen erstellen à 78,90 €	+ 157,80 €
4 Bestellvorgänge à 12,40 €	+ 49,60 €
1 Rüstvorgang	+ 134,00 €
1 Versandauftrag	+ 23,10 €
3 Buchungsvorgänge à 9,50 €	+ 28,50 €
Prozesskosten der Variation	= 399,50 €

b) Kalkulation des Basismodells

Materialeinzelkosten	240,00 €	
Materialgemeinkosten 25 %	60,00 €	
Materialkosten		+ 300,00 €
Fertigungseinzelkosten	180,00 €	
Fertigungsgemeinkosten 80 %	144,00 €	
Fertigungskosten		+ 324,00 €
Herstellkosten Basismodell		= 624,00 €

c) Kalkulation des Produktes mit Variation:

Herstellkosten Basismodell (vgl. b)	+ 624,00 €
Sondereinzelkosten der Fertigung f. Variation	+ 101,50 €
Prozesskosten der Variation (vgl. a)	+ 399,50 €
Herstellkosten des Produktes mit Variation	= 1.125,00 €

Merke:

1. Wenn der Anteil der **Gemeinkosten in indirekten, produktionsferneren Bereichen** zunimmt, sollte die **Prozesskostenrechnung** Verwendung finden. Sie verteilt diese Gemeinkosten verursachungsgerechter auf die Produkte als die herkömmlichen Verfahren.
2. **Prozesse** werden identifiziert, **Kosten** zugeordnet, **Kostentreiber** ermittelt und die **Prozesskostensätze** berechnet.

3. Diese Prozesskosten werden den Kostenträgern nach Beanspruchung zugerechnet und erweitern damit die standardmäßige **Kalkulation**.
4. Somit handelt es sich bei der Prozesskostenrechnung um kein neues Verfahren der Kostenrechnung, sondern um eine Differenzierung bzw. Erweiterung der Bezugsgrößen.

Aufgaben zu 3.6

In der Kostenstelle »Fertigungsplanung« konnten die (Teil-)Prozesse »Arbeitspläne ändern«, »Fertigung organisatorisch begleiten« und »Abteilung leiten« identifiziert werden. Für den erstgenannten Prozess wurde im letzten Produktionszeitraum die Maßgröße »Produktänderungen« und für den zweitgenannten Prozess die Maßgröße »Varianten« ermittelt. Als Prozessmengen wurden für den ersten Prozess 60 und für den zweiten Prozess 40 festgestellt. Der erste Prozess benötigt einen Personaleinsatz von 6 Mannmonaten, der zweite einen Personaleinsatz von 10 Mannmonaten und der dritte einen Personaleinsatz von 2 Mannmonaten. **3-60**

Arbeitsaufträge:

a) Verteilen Sie die Gesamtkosten der Kostenstelle in Höhe von 90.000,00 € gemäß dem Personaleinsatz auf die Teilprozesse.

b) Ermitteln Sie die Prozesskostensätze für die zwei Prozesse!

Zum Hauptprozess »Fertigungsaufträge bearbeiten« gehören Teilprozesse in vier verschiedenen Kostenstellen. **3-61**

a) Für die Kostenstelle Personalabteilung, sind die Teilprozesse noch zu kalkulieren:

Teilprozesse	Kostentreiber	Menge in Stück	Stunden	gesamte Kosten in €	Prozess-kostensatz in €
Lohnscheine bearbeiten	Lohnscheine	8.000	1.100		
Personalakten verwalten	Mitarbeiterzahl	300	100		
Bewerbungen bearbeiten	Bewerbungen	100	120		
Reisekosten abrechnen	Belege	300	80		
Statistiken erstellen	Statistiken	20	40		
Abteilung leiten	leistungsmengen-neutral	–	160		
			1.600	184.000 €[1]	

[1] Die Gesamtkosten von 184.000 € beinhalten Personal- und Sachkosten, kalkulatorische Kosten u.a.

Arbeitsauftrag:

Ermitteln Sie die anteiligen Kosten der Teilprozesse aufgrund der Arbeitsstunden sowie die Prozesskostensätze.

b) Für die anderen Kostenstellen liegen die Daten für die Teilprozesse bereits vor:

Kosten-stelle	Teilprozess	Std.	Kosten-treiber	Menge in Stück	Kosten in €	Prozess-kostensatz in €
Controlling	Vor- und Nachkalk.	220	Fertigungs-auftrag	4.000	18.000	4,50
Buch-haltung	Debitoren bearbeiten	180	Ausgangs-rechnungen	4.000	12.400	3,10
Fuhrpark	Transport-fahrten	1.600	Fahr-aufträge	750	86.302,50	115,07
Personal-abteilung	Lohnscheine bearbeiten		Lohnscheine			
	Haupt-prozess					

Arbeitsauftrag:

Ergänzen Sie die vorstehende Aufstellung, und ermitteln Sie den Prozesskostensatz für die Bearbeitung eines Fertigungsauftrages. Insgesamt sind in der Periode 4.000 Fertigungsaufträge zu bearbeiten!

c) *Zusatzaufgaben:*

Der Prozesskostensatz betrage 60,80 €

ca) Wie verhalten sich die Kosten, wenn die Prozessmenge von 4.000 auf 3.800 sinkt?

cb) Beurteilen Sie die Verrechnung der Gemeinkosten auf der Basis von Mitarbeiterstunden!

cc) Wenn die Fahraufträge von 750 auf 500 reduziert werden, können die Kosten proportional gesenkt werden. Welchen Einfluss hat die Senkung dann auf den Prozesskostensatz des Teil- und des Hauptprozesses?

4 Die Kostenträgerrechnung als Divisionskalkulation

4.1 Die einstufige Divisionskalkulation

Situation

Die Gebrüder Dahmen GmbH stellt Ziegelsteine und Dachziegel her. An Ziegelsteinen wurden im abgelaufenen Geschäftsjahr insgesamt 3.935.000 Stück produziert und auch verkauft, sodass am 31.12. keine Lagerbestände an fertigen oder unfertigen Erzeugnissen vorhanden waren. Die Ergebnistabelle enthielt in der Spalte Kosten- und Leistungsrechnung Gesamtkosten in Höhe von 2.401.000,00 € (vgl. Kap. 2.1.2).

Problem

Wie berechnet man bei einfacher Massenproduktion die Kosten je Stück?

Lösung

Da nur eine Produktart hergestellt wird, ist das Kalkulationsverfahren recht einfach:

Man erhält die Kosten je Stück, indem man die Gesamtkosten durch die Produktionsmenge (Ausbringung) teilt. Dieses Kalkulationsverfahren wird als **Divisionskalkulation** bezeichnet.

$$\text{Stückkosten (k)} = \frac{\text{Gesamtkosten (K)}}{\text{Ausbringungsmenge (x)}}$$

kurz: $k = \frac{K}{x}$

Bei Mauerziegeln handelt es sich um relativ geringwertige Produkte. Daher ist es üblich, alle Kosten und Erlöse je tausend Stück zu rechnen.

$$\text{Stückkosten} = \frac{2.401.000{,}00\ €}{3.935.000\ \text{Stück}} = 610{,}17\ €\ \text{je tausend Stück}$$

Situation 2

In der Ziegelei Gebrüder Dahmen GmbH werden die Ziegelsteine überwiegend mit eigenen Lastkraftwagen zu den Abnehmern befördert. Die Fahrzeuge waren zu diesem Zweck im vergangenen Jahr vollständig ausgelastet und haben insgesamt 9 Millionen Ziegelsteine zu den Kunden gebracht. Die Kosten dafür betrugen 108.000,00 €.

Ein Fuhrunternehmer bietet dem Unternehmen an, diese Transporte für 10,00 € je tausend Stück Mauerziegel durchzuführen. Außerdem ist er bereit, die Fahrzeuge der Gebrüder Dahmen GmbH zu einem annehmbaren Preis zu kaufen.

Problem

Wie lässt sich das Divisionsverfahren auf die Kalkulation von Nebenleistungen anwenden?

Lösung

Um das Angebot des Fuhrunternehmers beurteilen zu können, muss die Gebrüder Dahmen GmbH die Kosten ihres Fuhrparks auf die beförderten Mengen umrechnen. Dabei wendet sie die Divisionskalkulation an:

$$\frac{108.000{,}00\text{ €}}{9\,000\text{ Stück}} = 12{,}00\text{ € je tausend Stück}$$

Das Angebot des Fuhrunternehmers erscheint sinnvoll. Zu prüfen wäre allerdings, ob nicht eine zu große Abhängigkeit entsteht und ob die preisgünstigen Transporte auch längerfristig gesichert sind.

Die einstufige Divisionskalkulation ist anwendbar, wenn nur **eine Erzeugnisart** hergestellt wird und die Produktionsmenge der abgesetzten Menge entspricht. Dies trifft z. B. für Kraftwerke zu, die Strom erzeugen, ist aber in der industriellen Fertigung sonst sehr selten.

Für die Berechnung von Nebenleistungen (z. B. Transportkosten je Erzeugnis oder je km) oder von innerbetrieblichen Leistungen (z. B. Kosten der eigenen Reparaturwerkstatt je Arbeitsstunde) ist die einstufige Divisionskalkulation jedoch sehr häufig anwendbar.

Aufgaben zu 4.1

4-1 Das Elektrizitätswerk Aigner GmbH in Mühldorf am Regen erzeugte im Monat September 20.. 192.000 kWh Strom, die ins öffentliche Netz abgegeben wurden.

Folgende Kosten entstanden:	€
Gebühr für Wassernutzung	6.000,00
Personalkosten	5.750,00
Abschreibungen und Zinsen auf Anlagen	7.000,00
Schmierstoffe	850,00
Reparaturen und Instandhaltung	1.900,00
sonstige Kosten	1.540,00
	23.040,00

a) Wie hoch waren die Kosten je kWh?

b) Wie hoch war der Gesamtgewinn, wenn für die abgegebene Leistung je kWh 0,15 € erzielt wurden?

4-2 In der Kostenstelle Hochofen 5 der Herner Eisenhüttenwerke AG fielen im Monat August 20.. folgende Kosten an:

	€
Eisenerz	172.500,00
Koks, Manganerz	482.000,00
Personalkosten	86.100,00
Abschreibungen und Zinsen auf Anlagen	25.400,00
Reparaturen und Instandhaltungen	17.500,00
sonstige Kosten	45.500,00
	829.000,00

Erzeugt wurden 15.400 t Roheisen. Für die bei der Verhüttung anfallenden Schlacken wurden 24.350,00 € erlöst.

a) Wie hoch sind die Kosten je t Roheisen?

b) Wie hoch war der Gesamtgewinn des Hochofens 5, wenn je t Roheisen 55,00 € erlöst wurden?

4-3

a) Ein Sägewerk stellt ungehobelte Schalbretter her. Es bezog unbearbeitete Baumstämme zum Rechnungspreis ab Holzeinschlagsplatz in Höhe von 50.000,00 € netto; Skontoabzug bei Zahlung innerhalb 14 Tagen 2,00 %. Die Fracht bis zum Sägewerk betrug 1,75 € per 100 kg; diese Lieferung hatte ein Gewicht von 530 t.
Wie hoch ist der Bezugspreis für die eingekaufte Menge?

b) Aus dem Rohholz wurden 12.500 m^3 Schalbretter gefertigt. Dafür fielen Fertigungs-, Verwaltungs- und Vertriebskosten in Höhe von 160.125,00 € an. Für den Abfall an Sägespänen und Sägemehl wurden 1.550,00 € erlöst.
Wie hoch sind die gesamten Kosten je m^3 Schalbretter?

c) Ein Kunde erteilt einen Auftrag über 500 Kubikmeter Schalbretter. Der Gewinn soll 1,00 € je m^3 betragen.
In welcher Höhe ist der Angebotspreis anzusetzen?

d) Tatsächlich wurde ein Preis von 9.000,00 € ausgehandelt.
In welchem Maße verändert sich der Erfolg durch diesen Auftrag?

4-4

a) Ein Blechwalzwerk bezieht 60 t Stahl zu 36.000,00 € Gesamtbetrag gemäß Listenpreis; Rabatt 10,00 %, Skonto 3,00 %, Fracht 2,94 € per 100 kg.
Wie hoch ist der Bezugspreis für die eingekaufte Menge?

b) Die Fertigungs-, Verwaltungs- und Vertriebskosten betrugen im vergangenen Jahr 2,5 Millionen €, die Produktion 2,0 Millionen m^2 (nur eine Blechsorte).
Wie hoch sind die gesamten Kosten je m^2 Blech?
(Für die Fertigung von 1 m^2 Blech werden 1,2 kg Stahl benötigt.)

c) Ein Kunde bestellt 1.000 m^2 Blech. Der Gewinn dieses Auftrags soll 0,35 €/m^2 betragen.
In welcher Höhe ist der Angebotspreis anzusetzen?

d) Tatsächlich wird ein Preis von 2.150,00 € vereinbart. Welcher Gewinn je m^2 verbleibt dem Blechwalzwerk bei diesem Auftrag?

4.2 Die mehrstufige Divisionskalkulation

Situation

Durch die Inbetriebnahme neuer Tunnelöfen und Trocknungsanlagen konnte die Gebrüder Dahmen GmbH die Produktion auf 4,75 Millionen Ziegelsteine ausdehnen. Die Kosten für Rohstoffgewinnung, Formgebung, Trocknen und Brennen betrugen für 4,75 Millionen Stück 2.257.500,00 €, die Kosten für Verwaltung und Vertrieb 576.000,00 €. Von den 4,75 Millionen produzierten Ziegeln konnten nur 4,5 Millionen abgesetzt werden, sodass am 31.12. noch 250.000 Stück auf Lager waren.

Problem

Wie muss der Unterschied zwischen Produktionsmengen und Verkaufsmengen in der Divisionskalkulation berücksichtigt werden?

Lösung

Es wäre falsch, die Gesamtkosten in Höhe von 2.257.500,00 € + 576.000,00 € = 2.833.500,00 € auf die *verkaufte Menge* von 4,5 Millionen Stück zu verteilen. Dann bliebe die Lagererhöhung um 0,25 Millionen fertige Erzeugnisse unberücksichtigt. Ebenso falsch wäre es, die Gesamtkosten auf die *produzierte Menge* zu verteilen. Die 576.000,00 € Verwaltungs- und Vertriebskosten sind nämlich bei einer Absatzmenge von nur 4,5 Millionen Stück entstanden. Ein höherer Absatz hätte gewiss höhere Vertriebskosten und wahrscheinlich auch höhere Verwaltungskosten verursacht. Man kann annehmen, dass der überwiegende Teil der Verwaltungs- und Vertriebskosten von der Absatzmenge abhängig ist.

Demnach müssen die Gesamtkosten in produktionsbedingte **Herstellkosten** und absatzbedingte **Verwaltungs- und Vertriebskosten** gegliedert werden. Die Herstellkosten sind auf die produzierte Menge und die Verwaltungs- und Vertriebskosten auf die abgesetzte Menge zu verteilen.

$$\text{Stückkosten (k)} = \frac{\text{Herstellkosten (HK)}}{\text{Produktionsmenge } (x_P)} + \frac{\text{Verwaltungs- u. Vertriebskosten (VVK)}}{\text{Absatzmenge } (x_A)}$$

kurz:

$$k = \frac{HK}{x_P} + \frac{VVK}{x_A}$$

Im vorliegenden Beispiel:

$$k = \frac{2.257.500,00}{4.750} + \frac{576.000,00}{4.500} = 475,26 + 128,00 = \underline{\underline{603,26\ €}} \text{ je tausend Stück}$$

Die Summe aus Herstellkosten sowie Verwaltungs- und Vertriebskosten je Einheit ergibt die **Selbstkosten** je Einheit.

Zusatz

Gibt es bei Betrieben mit einheitlicher Leistung Erhöhungen oder Verringerungen der Bestände an fertigen Erzeugnissen, sind also Produktion und Absatz ungleich, dann muss eine zweistufige Divisionskalkulation durchgeführt werden.

Entstehen auch innerhalb der Produktion Lagerbewegungen bei den unfertigen Erzeugnissen oder werden unfertige Erzeugnisse verkauft, dann ist auch die Ausbringungsmenge der einzelnen Produktionsstufen unterschiedlich. In diesem Fall werden die Herstellkosten nach den Produktionsstufen gegliedert und die Kosten jeder Stufe durch die zugehörige Ausbringungsmenge geteilt. Man erhält dann eine mehrstufige Divisionskalkulation.

Bezeichnet man die Herstellkosten der einzelnen Stufen mit HK1, HK2 usw., die Ausbringung mit M_{P1}, M_{P2} usw., dann erhält man folgende **Formel für die mehrstufige Divisionskalkulation:**

$$k = \frac{HK1}{x_{P1}} + \frac{HK2}{x_{P2}} + \ldots + \frac{VVK}{x_A}$$

Merke:

1. Bei einheitlichen Leistungen ist die **Divisionskalkulation** anwendbar. Die Stückkosten ergeben sich aus der *Division der Gesamtkosten durch die Ausbringungsmenge.*
2. Weicht die verkaufte Leistung von der produzierten Leistung ab, so ist eine **Stufenkalkulation** erforderlich. *Die Herstellkosten sind durch die Produktionsmenge, die Verwaltungs- und Vertriebskosten durch die Absatzmenge zu teilen.*
3. Weicht die Ausbringung in den einzelnen Produktionsstufen voneinander ab, muss ebenfalls stufenweise kalkuliert werden.

Aufgaben zu 4.1 und 4.2

4-5

Die Süßmosterei Kortland GmbH stellt Fruchtsaft her.

Im Monat Januar 20.. wurden 4.840 hl erzeugt und 3.860 hl verkauft (1 hl = 100 l).

Folgende Kosten fielen an:	€		€
Früchte	93.100,00	sonstige Fertigungskosten	8.800,00
Zusatzstoffe	25.800,00	Verwaltungskosten	15.400,00
Personalkosten (Fertigung)	72.600,00	Vertriebskosten	21.270,00
Abschreibungen	17.500,00		

a) Wie hoch sind die Herstellkosten und die Selbstkosten insgesamt?

b) Wie hoch ist der prozentuale Anteil der Verwaltungs- und Vertriebskosten an den Selbstkosten?

c) Wie hoch sind die Selbstkosten je verkaufte 1-l-Packung?

d) Mit welchem Betrag ist die Lagererhöhung um 98.000 Packungen auf dem Konto Fertigerzeugnisse zu aktivieren, wenn Verwaltungs- und Vertriebskosten dabei unberücksichtigt bleiben?

4-6

Eine Drahtfabrik ermittelt ihre Selbstkosten nach der Stufendivisionskalkulation.

Von der Monatsproduktion von 8.000 t werden 1.200 t als Zwischenprodukt Stabeisen abgesetzt. Die Herstellkosten betragen auf der Produktionsstufe I 553.680,00 € und auf der Produktionsstufe II 1.590.400,00 €.

a) Wie hoch sind die Herstellkosten je 100 kg Stabeisen und Eisendraht?

b) Wie hoch sind die Selbstkosten je 100 kg Eisendraht, wenn die Verwaltungs- und Vertriebskosten für dieses Erzeugnis insgesamt 354.900,00 € betragen?

c) Wie hoch ist der Angebotspreis für 5 t Eisendraht, wenn auf den Selbstkostenwert 15,00 % Gewinn aufgeschlagen werden sollen?

4-7 Die PREGO-Schokoladen GmbH stellt neben Schokoladeartikeln Kakaopulver in 200-g-Paketen her. Im Monat November 20.. wurden 205.500 Kakaopakete erzeugt, außerdem 5 t noch nicht abgepacktes Kakaopulver. Abgesetzt wurden 197.600 Pakete.

Folgende Kosten fielen im Bereich der Kakaoherstellung an:

	€		€
Rohkakao	168.900,00	sonstige Fertigungskosten	38.200,00
Personalkosten (Fertigung)	46.525,00	Verwaltungskosten	15.500,00
Abschreibungen	34.500,00	Vertriebskosten	16.115,00
Verpackungskosten (Fert.)	8.220,00		

a) Ermitteln Sie die Herstellkosten je 100 g unverpackten Kakao!

b) Ermitteln Sie die Herstellkosten je 200-g-Paket!

c) Berechnen Sie die Selbstkosten je 200-g-Paket! (Die Verwaltungs- und Vertriebskosten sind auf die abgesetzte Menge umzurechnen!)

d) Berechnen Sie den Wert der Bestandserhöhung, mit dem die 5 t Kakaopulver auf dem Konto Unfertige Erzeugnisse aktiviert werden müssen!

e) Berechnen Sie den Wert der Bestandserhöhung auf dem Konto Fertige Erzeugnisse für die nicht verkauften Pakete Kakaopulver!

f) Berechnen Sie den Reingewinn aus der Kakaoproduktion bei einem Verkaufspreis von 1,55 € je 200-g-Paket! Dabei ist die Bestandserhöhung an fertigen und unfertigen Erzeugnissen zu berücksichtigen.

4-8 Die Seifenfabrik HALIDA-GmbH stellt das Waschmittel Miraculum her, das in 3-kg-Paketen abgepackt wird. Im Monat Dezember 20.. wurden 179.200 3-kg-Pakete erzeugt, außerdem 23,1 t nicht abgepacktes Waschpulver. Abgesetzt wurden 185.000 Pakete.

Folgende Kosten fielen im Bereich der Waschpulverproduktion an:

	€		€
Rohstoffe	486 900,00	Verpackungskosten (Fert.)	19.712,00
Hilfsstoffe	45.400,00	sonstige Fertigungskosten	171.000,00
Betriebsstoffe	17.800,00	Verwaltungskosten	29.500,00
Personalkosten (Fertigung)	167.983,00	Vertriebskosten	51.900,00
Abschreibungen	58.500,00		

a) Berechnen Sie die Herstellkosten je kg!

b) Berechnen Sie die Herstellkosten je 3-kg-Paket!

c) Ermitteln Sie die Selbstkosten je 3-kg-Paket!

d) Berechnen Sie den Wert der Bestandserhöhung an 23,1 t unverpacktem Waschpulver, die auf dem Konto Unfertige Erzeugnisse zu aktivieren ist!

e) Berechnen Sie den Wert der 5.800 Pakete, um die sich das Konto Fertige Erzeugnisse verringert!

f) Berechnen Sie den Reingewinn aus der Waschmittelproduktion bei einem Verkaufspreis von 5,90 € je 3-kg-Paket! Dabei ist die Bestandsveränderung an fertigen und unfertigen Erzeugnissen zu berücksichtigen.

4-9 **Lückentest**

In dem folgenden Text sind wichtige Begriffe ausgelassen. Die Lücken sind gekennzeichnet mit (a) bis (o). Schreiben Sie in Ihrem Arbeitsheft zu den einzelnen Buchstaben die zugehörigen Begriffe nieder!

Bei Betrieben mit Massenfertigung lassen sich die Kosten je Einheit durch eine ...(a)... ermitteln, indem man die Gesamtkosten durch die Ausbringungs...(b)... teilt. Wenn Erzeugung und Absatz voneinander abweichen, muss man schrittweise vorgehen, um die ...(c)... an fertigen Erzeugnissen richtig zu bewerten. Die durch die Produktion verursachten ...(d)...kosten sind durch die ...(e)... Menge, die Verwaltungs- und Vertriebskosten durch die ...(f)... Menge zu teilen. Die Summe aus ...(g)... sowie Verwaltungs- und Vertriebskosten je Einheit ergibt die ...(h)... je Einheit. Falls der Betrieb den Angebotspreis selbst bestimmen kann, wird er ihn berechnen, indem er die vorgenannte Größe durch einen ...(i)...-aufschlag erhöht. Das Ergebnis je Einheit der verkauften Leistung lässt sich nachträglich berechnen, indem man vom ...(j)... die ...(k)... je Einheit abzieht.

Die Bestände an Fertigerzeugnissen werden im Allgemeinen zu ...(l)... bewertet.

Gemäß § 255(2) HGB ist es zulässig, angemessene Teile der ...(m)...kosten hinzuzurechnen. Für die Beständebewertung oder den Verkauf von unfertigen Erzeugnissen muss man die Herstellkosten der einzelnen Produktionsstufen getrennt erfassen und auf die Ausbringungsmenge der jeweiligen Produktions...(n)... umrechnen. Dieses Verfahren bezeichnet man als ...(o)... Divisionskalkulation.

4.3 Die Äquivalenzziffernrechnung

Situation

Um auf dem Markt wettbewerbsfähig zu bleiben, bietet die Gebrüder Dahmen GmbH neben dem Standardprodukt auch Hohlziegelsteine an. Dieses Erzeugnis hat ein größeres Format und ist bruchempfindlicher. Es erfordert daher auf jeder Produktionsstufe ungefähr 20,00 % höhere Kosten als der Standardziegel.

Von der Produktionsmenge in Höhe von 4,75 Millionen Ziegeln entfielen 2,5 Millionen auf Hohlziegel. Die Herstellkosten betrugen insgesamt 2.257.500,00 €.

Problem

Wie kann die unterschiedliche Kostenverursachung in der Kalkulation vereinfachend berücksichtigt werden?

Lösung

Der Hohlziegel verursacht 20,00 % höhere Kosten als der Standardziegel, also 120,00 % der Kosten des Standardziegels. Das Kostenverhältnis von 100 : 120 ergibt gekürzt die so genannten **Äquivalenzziffern** 1,0 : 1,2. Üblicherweise erhält das Erzeugnis bzw. die Sorte die Äquivalenzziffer 1, welches aufgrund seiner Menge oder Kostenverursachung als Haupterzeugnis gilt.

Der Hohlziegel wird also gegenüber dem Standardziegel mit der Wertigkeitsziffer 1,2 gewichtet, d. h., die Ausbringungsmenge an Hohlziegeln wird mit 1,2 multipliziert. Das Produkt aus tatsächlicher Ausbringung und Äquivalenzziffer nennt man *Recheneinheit,* das Kalkulationsverfahren **Äquivalenzziffernrechnung.**

Sorte	Menge (in 1 000 Stück)	Äquivalenzziffern	Recheneinheiten
A) Standardziegel	2.250	1,0	1,0 · 2.250 = 2.250
B) Hohlziegel	2.500	1,2	1,2 · 2.500 = 3.000
Summe	4.750		5.250

Die Stückkosten je Recheneinheit ergeben sich, indem man die gesamten Herstellkosten durch die Summe der Recheneinheiten teilt:

$$k_{RE} = \frac{2.257.500{,}00\ €}{5.250} = 430{,}00\ € \text{ je Recheneinheit}$$

Wenn man nun die Kosten je Recheneinheit mit der Anzahl an Recheneinheiten jeder Sorte multipliziert, erhält man die gesamten Herstellkosten jeder Sorte.

Diese braucht man dann nur noch durch die effektiven Ausbringungsmengen zu dividieren, um die Stückkosten der Sorte zu bekommen.

Für die Sorte B, Hohlziegel, errechnen sich folgende Werte:

3.000 Recheneinheiten · 430,00 € = 1.290.000,00 € gesamte Herstellkosten.

$$\frac{1.290.000{,}00\ €}{2.500} = 516{,}00\ € \text{ je tausend Stück}$$

Sorte	tatsächliche Menge in 1000 Stück	Äquivalenzziffern	RE	Herstellkosten	
				gesamt [€]	je Einheit
A	2.250	1,0	2.250	RE · 430,00 = 967.500,00	HK : 2 250 = 430,00
B	2.500	1,2	3.000	RE · 430,00 = 1.290.000,00	HK : 2 500 = 516,00
	4.750		5.250	2.257.500,00	

Falls auch die Verwaltungs- und Vertriebskosten durch die einzelnen Sorten in unterschiedlichem Maße verursacht wurden, ist für die Errechnung dieser Kosten ebenfalls eine Äquivalenzziffernrechnung notwendig.

Folgerung:

Falls von einem Erzeugnis in Größe oder Material verschiedene Sorten angefertigt werden, lässt sich die verfeinerte Divisionskalkulation in der Form der Äquivalenzziffernrechnung anwenden. Die Genauigkeit dieses Verfahrens hängt entscheidend davon ab, ob es gelingt, Äquivalenzziffern zu ermitteln, die der unterschiedlichen Kostenverursachung entsprechen.

Merke:

1. Werden gleichzeitig **mehrere Sorten** hergestellt, d.h. die Erzeugnisse müssen artgleich sein, dann ist als Sonderform der Divisionskalkulation die **Äquivalenzziffernrechnung** anwendbar.
2. Die Erzeugnisse müssen in einem konstanten Kostenverhältnis zueinander stehen.
3. Durch Multiplikation mit den Äquivalenzziffern werden die Ausbringungsmengen der einzelnen Sorten gleichwertig gemacht (Recheneinheiten).
4. Die Gesamtkosten der Sorte ergeben sich durch Multiplikation der Kosten je Recheneinheit mit der jeweiligen Anzahl an Recheneinheiten.
5. Die Stückkosten je Sorte errechnet man, indem man die Gesamtkosten der Sorte durch die zugehörige Ausbringungsmenge teilt.

Aufgaben zu 4.3

4-10

Eine Glashütte stellt geschliffene Kristallgläser her, und zwar:

Süßweingläser, Höhe 12,5 cm, Bearbeitungszeit 21 min,
Weinpokale, Höhe 15,0 cm, Bearbeitungszeit 28 min,
Sektkelche, Höhe 17,5 cm, Bearbeitungszeit 31,5 min.

a) Ermitteln Sie geeignete Äquivalenzziffern für die Verteilung der Materialkosten!

b) Berechnen Sie die Äquivalenzziffern für die Verteilung der Fertigungskosten!
Die Süßweingläser stellen das Haupterzeugnis dar.

4-11

Die Kostenrechnung eines Industriebetriebes mit Sortenfertigung enthält folgende Zahlenangaben:

Sorte A: Erzeugung 700 t, Gesamtkosten 210.000,00 € (Hauptprodukt),
Sorte B: Erzeugung 195 t, Gesamtkosten 117.000,00 €,
Sorte C: Erzeugung 410 t, Gesamtkosten 184.500,00 €.

Ermitteln Sie die Äquivalenzziffern, die dieses Kostenverhältnis ausdrücken!

4-12

Ein Industriebetrieb will die Versandkosten je Exportauftrag mithilfe der Äquivalenzziffernrechnung ermitteln. In der Auftragsabwicklung für die einzelnen Absatzgebiete ist der Arbeitsaufwand sehr unterschiedlich. Folgende Zahlen wurden ermittelt:

Aufträge in den Abteilungen je Mitarbeiter und Arbeitstag (bei voller Auslastung)

Europa	36	Afrika	18
Nordamerika	24	Nahost	20
Mittel- und Südamerika	12	Fernost, Australien	21

Ermitteln Sie die Äquivalenzziffern auf der Basis Europa = 1,0!

4-13

Eine Möbelfabrik stellt nur zwei Stuhlmodelle her. Die Produktionsmengen betrugen für Modell A (Äquivalenzziffer 1,0) 5.000 Stück und für Modell B (Äquivalenzziffer 1,2) 7.000 Stück. Die Gesamtkosten der Stuhlfabrikation beliefen sich auf 603.000,00 €. Berechnen Sie für die beiden Modelle die anteiligen Gesamtkosten und Stückkosten!

4-14

Eine Süßmosterei stellt bei Selbstkosten von 65.400,00 € vier Getränkesorten her. Der Produktionsausstoß betrug 80.000, 65.000, 45.000 und 25.000 Flaschen. Das Kostenverhältnis der Sorten wurde mit 1 : 0,9 : 1,1 : 1,2 ermittelt.
Die Selbstkosten je Sorte und je Flasche sind zu berechnen.

Arbeitsaufträge:
Lösen Sie die Aufgabe mithilfe des folgenden Schemas:

Erzeugnisse	Produktionsmengen in Stück	Äquivalenzziffern	Recheneinheiten	Sortenkosten in €	€ je Mengeneinheit
A					
B					
C					
D					
Gesamt	–	–			–
	Kosten je Recheneinheit				

4–15 Eine Schokoladenfabrik produziert bei Selbstkosten in Höhe von 109.200,00 € vier Konfektsorten. Der Produktionsausstoß betrug 4.000, 5.000, 12.000 und 9.000 Schachteln. Das Kostenverhältnis der Sorten wurde mit 2,5 : 2 : 1 : 1,5 ermittelt.

Die Selbstkosten je Sorte und je Schachtel sind zu berechnen.

Arbeitsaufträge:

a) Übernehmen Sie das Lösungsschema zu Aufgabe 4–14!

b) Setzen Sie die neuen Selbstkosten, Produktionsmengen und Äquivalenzziffern ein!

4–16 Eine Weberei stellt Pullover her.

Modell A: Produktion 4.500 Stück, Verkauf 4.400 Stück,
Modell B: Produktion 2.100 Stück, Verkauf 2.500 Stück.

Die Material- und Fertigungskosten betrugen für Modell A 130.950,00 €, für Modell B 114.030,00 €. Außerdem fielen für beide Erzeugnisarten Verwaltungs- und Vertriebskosten an in Höhe von 116.000,00 €; dafür wurde eine Kostenverursachung im Verhältnis von 2,4 : 3,2 ermittelt.

Berechnen Sie für die beiden Erzeugnisarten Selbstkosten gesamt und je Stück!

4–17 Eine Brauerei produziert drei Sorten Bier. Die Gesamtkosten betrugen 6.413.610,00 €. Erzeugt wurden 10.000 hl Lagerbier, 20.000 hl Exportbier und 17.500 hl Bockbier. Für die Kostenverursachung wurde ein Verhältnis von 0,8 : 1 : 1,2 ermittelt.

Zu berechnen sind die Gesamtkosten je Sorte sowie die Selbstkosten je hl und je 0,3-l-Flasche Bier (unter Berücksichtigung von zusätzlichen Verpackungskosten pro Flasche: Lager- und Exportbier je 0,15, Bockbier 0,20)!

4–18 Eine Papierfabrik erzeugt drei Sorten Papier.

Die Ausbringung betrug für Sorte A 1.750 t, für Sorte B 475 t und für Sorte C 275 t. Die Selbstkosten beliefen sich auf 1.012.000,00 €; die Äquivalenzziffern wurden mit 0,9 : 1,2 : 1,4 ermittelt.

a) Berechnen Sie die Selbstkosten je Sorte und je 100 kg!

b) Ermitteln Sie den Gewinnaufschlag, bezogen auf die Selbstkosten, für Sorte B bei einem Verkaufspreis von 55,68 € je 100 kg!

5 Die Gegenüberstellung von Kosten und Leistungen/Kostenträgerzeitrechnung

5.1 Ermittlung des Betriebsergebnisses mithilfe der Gesamtkalkulation

Situation

In der Ergebnistabelle der chemischen Werke Dr. Fritz Berger GmbH, Hersteller von Kunststoffen, Fasern und Lacken, wird für den vergangenen Abrechnungszeitraum (z. B. den letzten Monat) ein Betriebsgewinn von 36.520,00 € ausgewiesen. Die Netto-Verkaufserlöse dieses Zeitraums betragen 985.000,00 €.

Problem

Wie lässt sich das Betriebsergebnis in der Ergebnistabelle auf der Grundlage der Zahlen des Betriebsabrechnungsbogens überprüfen?

Lösung

Um im Betriebsabrechnungsbogen die Zuschlagsgrundlage für die Verwaltungs- und Vertriebsgemeinkosten zu ermitteln, wird zunächst eine Gesamtkalkulation nach dem Schema der Zuschlagskalkulation unter zusätzlicher Berücksichtigung der Bestandsveränderungen aufgestellt (vgl. Kap. 3.2.3).

Die in dieser Gesamtkalkulation ermittelten Selbstkosten eines Abrechnungszeitraums werden den Netto-Verkaufserlösen im sogenannten **Kostenträgerblatt** (vgl. Spalten 0–1) gegenübergestellt. Daraus ergibt sich der Betriebsgewinn bzw. -verlust, der mit dem Betriebsergebnis aus der Ergebnistabelle (vgl. Kap.2.1.1) übereinstimmen muss.

Da hier die gesamten Kosten mit den Erlösen eines Zeitraums verrechnet werden, bezeichnet man diese Aufstellung auch als **Kostenträgerzeitrechnung.**

0 Kalkulationsschema	1 Istkosten	
	[€]	[%]
1. Fertigungsmaterial	210.000,00	
2. + Material-GK	26.250,00	12,50
3. = Materialkosten (= 1. + 2.)	236.250,00	
4. Fertigungslohn	234.600,00	
5. + Fertigungs-GK	281.520,00	120,00
6. = Fertigungskosten (= 4. + 5.)	516.120,00	
7. Herstellkosten der Produktion (= 3. + 6.)	752.370,00	
8. + Minderbestand an UE/FE	25.630,00	
9. – Mehrbestand an UE/FE	10.000,00	
10. Herstellkosten des Umsatzes	768.000,00	
11. + Verwaltungs-GK	107.520,00	14,00
12. + Vertriebs-GK	72.960,00	9,50
13. = Selbstkosten	948.480,00	
14. Netto-Verkaufserlöse	985.000,00	
15. Umsatzergebnis	–	
16. Überdeckung	–	
17. Unterdeckung	–	
18. Betriebsergebnis	+ 36.520,00	

Ausschnitt aus dem Kostenträgerblatt

5.2 Überprüfung der Zuschlagssätze: Über- und Unterdeckung der Kosten

Situation

Vor Ablauf des Abrechnungszeitraums werden die Angebotspreise der Erzeugnisse mit Hilfe von Normalzuschlagssätzen vorkalkuliert. Damit wirken sich die vorkalkulierten Angebotspreise auf die Höhe der Umsatzerlöse aus.

Die chemischen Werke Dr. Fritz Berger GmbH haben im letzten Abrechnungszeitraum folgende Zuschlagssätze zugrunde gelegt:
10,00 % MGK, 125,00 % FGK, 15,00 % VwGK und 10,00 % VtGK.

Problem

Müssen die Zuschlagssätze aufgrund der Zahlen des neuen Betriebsabrechnungsbogens geändert werden?

Lösung

Wenn den vorkalkulierten Gesamtselbstkosten auf Normalkostenbasis (vgl. unten Spalte 3) die Netto-Verkaufserlöse gegenübergestellt werden, ergibt sich zunächst das **Umsatzergebnis.**

0 Kalkulationsschema	1 Istkosten		2 Kostenüber- oder -unterdeckung	3 Normalkosten	
	[€]	[%]		[€]	[%]
1. Fertigungsmaterial	210.000,00			210.000,00	
2. + Material-GK	26.250,00	12,50	– 5.250,00	21.000,00	10,00
3. = Materialkosten	236.250,00			231.000,00	
4. Fertigungslohn	234.600,00			234.600,00	
5. + Fertigungs-GK	281.520,00	120,00	+ 11.730,00	293.250,00	125,00
6. = Fertigungskosten (= 4. + 5.)	516.120,00			527.850,00	
7. Herstellkosten der Produktion (= 3. + 6.)	752.370,00			758.850,00	
8. + Minderbestand an UE/FE	25.630,00			25.630,00	
9. – Mehrbestand an UE/FE	10.000,00			10.000,00	
10. Herstellkosten des Umsatzes	768.000,00			774.480,00	
11. + Verwaltungs-GK	107.520,00	14,00	+ 8.652,00	116.172,00	15,00
12. + Vertriebs-GK	72.960,00	9,50	+ 4.488,00	77.448,00	10,00
13. = Selbstkosten	948.480,00		+ 19.620,00	968.100,00	
14. Netto-Verkaufserlöse	985.000,00			985.000,00	
15. Umsatzergebnis	–			16.900,00	
16. Überdeckung	–		→	+ 19.620,00	
17. Unterdeckung	–				
18. Betriebsergebnis	+ 36.520,00			+ 36.520,00	

Die Normalkosten werden mit den in der Nachkalkulation ermittelten Istkosten (vgl. Spalte 1) verglichen, um die Kostenüber- und -unterdeckungen (in Spalte 2) festzustellen. Danach muss das Umsatzergebnis durch Addition der *Kostenüberdeckung*

(Normalkosten > Istkosten) bzw. Subtraktion der *Kostenunterdeckung* (Normalkosten < Istkosten) korrigiert werden, wenn das korrekte **Betriebsergebnis** ermittelt werden soll.

In der Vorkalkulation wird mit **Normalzuschlagssätzen** gearbeitet, da die tatsächlichen **Ist-Zuschlagssätze** erst nach Aufstellung des Betriebsabrechnungsbogens am Ende der Abrechnungsperiode zur Verfügung stehen. Außerdem können die Ist-Zuschlagssätze durch Preisschwankungen bei den Roh-, Hilfs- und Betriebsstoffen, durch Lohnerhöhungen und durch unterschiedliche Beschäftigung stark schwanken. Um eine einheitliche Kalkulation über einen längeren Zeitraum zu ermöglichen, verwendet man Normalzuschlagssätze, die als Durchschnittswerte (gegebenenfalls unter Berücksichtigung der Kostenentwicklung) aus den Ist-Zuschlagssätzen der letzten Betriebsabrechnungsbögen ermittelt werden. Wenn starke Abweichungen zwischen Normalzuschlagssätzen und Ist-Zuschlagssätzen beim monatlichen Vergleich deutlich werden, müssen die Normalzuschlagssätze angeglichen werden.

In unserem Beispiel sind z. T. erhebliche Kostenüberdeckungen in den Bereichen Fertigung, Verwaltung und Vertrieb entstanden; z. B. sind die tatsächlichen Fertigungsgemeinkosten niedriger als die verrechneten Normal-Fertigungsgemeinkosten. Obwohl die Fertigungslöhne sich nicht verändert haben, sind die tatsächlichen Fertigungsgemeinkosten möglicherweise durch Rationalisierungsmaßnahmen oder verbesserte Organisation gesunken.

5.3 Aufgliederung der Kosten und Erlöse auf Erzeugnisgruppen: Kostenträgerblatt

Situation

Aus der Umsatzstatistik der Dr. Fritz Berger GmbH ist zu erkennen, dass sich der Umsatz der Faserprodukte rückläufig entwickelt hat. Die Geschäftsleitung überlegt, ob es sich lohnt, die Produktion von Fasern aufrechtzuerhalten.

Problem

Wie kann der Anteil der Erzeugnisgruppen am Gesamterfolg des Betriebes ermittelt werden?

Lösung

Mit Hilfe der Kostenträgerzeitrechnung ist es auch möglich, für den Abrechnungszeitraum die Gesamtselbstkosten der **Kostenträgergruppen (= Erzeugnisgruppen)** einzeln zu ermitteln. Im folgenden Kostenträgerblatt (vgl. Spalten 4, 5, 6) werden die Einzelkosten den Kostenträgergruppen anhand von Belegen, z. B. Materialentnahmescheinen und Lohnzetteln, zugerechnet. Die anteiligen Gemeinkosten werden den Einzelkosten unter Berücksichtigung der Normalzuschlagssätze zugeschlagen. Die sich jetzt ergebenden Gesamtselbstkosten der Erzeugnisgruppe können nun den entsprechenden Verkaufserlösen gegenübergestellt werden und ergeben den Anteil dieser Gruppe am Umsatzergebnis.

Nachdem die Kosten und Leistungen jeder Erzeugnisgruppe im Kostenträgerblatt ermittelt worden sind, kann die **Wirtschaftlichkeit der einzelnen Erzeugnisgruppen** ebenfalls festgestellt werden. Die Wirtschaftlichkeit errechnet sich aus der Division von Leistung durch Kosten. Nur wenn das Ergebnis über 1 liegt, kann von einer positiven Wirtschaftlichkeit gesprochen werden.

Kostenträgerblatt:

0 Kalkulationsschema	1 Istkosten		2 Kostenüber- oder -unterdeckung	3 Normalkosten		4	5 Kostenträger	6
	[€]	[%]		[€]	[%]	Kunststoffe	Fasern	Lacke
1. Fertigungsmaterial	210.000,00			210.000,00		87.500,00	70.000,00	52.500,00
2. + Material-GK	26.250,00	12,50	− 5.250,00	21.000,00	10,00	8.750,00	7.000,00	5.250,00
3. = Materialkosten	236.250,00			231.000,00		96.250,00	77.000,00	57.750,00
4. Fertigungslohn	234.600,00			234.600,00		98.000,00	78.200,00	58.400,00
5. + Fertigungs-GK	281.520,00	120,00	+ 11.730,00	293.250,00	125,00	122.500,00	97.750,00	73.000,00
6. = Fertigungskosten (= 4. + 5.)	516.120,00			527.850,00		220.500,00	175.950,00	131.400,00
7. Herstellkosten der Produktion (= 3. + 6.)	752.370,00			758.850,00		316.750,00	252.950,00	189.150,00
8. + Minderbestand an UE/FE	25.630,00			25.630,00		12.310,00	0,00	13.320,00
9. − Mehrbestand an UE/FE	10.000,00			10.000,00		2.400,00	6.350,00	1.250,00
10. Herstellkosten des Umsatzes	768.000,00			774.480,00		326.660,00	246.600,00	201.220,00
11. + Verwaltungs-GK	107.520,00	14,00	+ 8.652,00	116.172,00	15,00	48.999,00	36.990,00	30.183,00
12. + Vertriebs-GK	72.960,00	9,50	+ 4.488,00	77.448,00	10,00	32.666,00	24.660,00	20.122,00
13. = Selbstkosten	948.480,00		+ 19.620,00	968.100,00		408.325,00	308.250,00	251.525,00
14. Netto-Verkaufserlöse	985.000,00			985.000,00		423.500,00	304.600,00	256.900,00
15. Umsatzergebnis	–			16.900,00		+ 15.175,00	− 3.650,00	+ 5.375,00
16. Überdeckung	–		→	+ 19.620,00				
17. Unterdeckung	–							
18. Betriebsergebnis	+ 36.520,00			+ 36.520,00				
19. Wirtschaftlichkeitsfaktor						1,04	0,99	1,02

5.4 Kostenträgerzeitrechnung als erzeugnisbezogene kurzfristige Erfolgsrechnung

Da die **Erfolgsermittlung und -analyse** mithilfe der Kostenträgerzeitrechnung auch **in kürzeren Zeitabständen,** z. B. je Monat, durchgeführt werden kann, wird sie auch als erzeugnisbezogene kurzfristige Erfolgsrechnung bezeichnet. Sie gibt der Geschäftsleitung einen schnelleren Überblick über die Erfolgsentwicklung und -veränderung, als es die nach den gesetzlichen Vorschriften einmal im Jahr zu erstellende GuV-Rechnung ermöglicht.

Außerdem kann mithilfe der nach Erzeugnisgruppen aufgespaltenen Kostenträgerzeitrechnung auch die Bewertung der Lagerzugänge an unfertigen und fertigen Erzeugnissen auf der Grundlage der Herstellkosten bzw. Herstellungskosten durchgeführt werden.

In unserem Beispiel erkennt die Geschäftsleitung der Dr. Fritz Berger GmbH bei der Auswertung der Kostenträgerzeitrechnung, dass ihre Erzeugnisgruppe »Fasern« einen Umsatzverlust erzielt hat; die Wirtschaftlichkeit liegt unter 1. Die beiden anderen Erzeugnisgruppen haben Umsatzgewinne erwirtschaftet.

Außerdem lässt der verhältnismäßig hohe Lagerzugang an Fasern auch darauf deuten, dass für dieses Produkt Absatzschwierigkeiten bestehen. Ein günstigeres Bild ergibt sich jedoch für die Kunststoffe, vor allem wenn die größtenteils überhöhten Normalzuschlagssätze den tatsächlichen Ist-Zuschlagssätzen angepasst werden.

Merke:

1. Die **Kostenträgerzeitrechnung** ermöglicht unabhängig von der Ergebnistabelle eine **Ermittlung des Betriebsergebnisses** durch Gegenüberstellung von (Ist-)Selbstkosten und Verkaufserlösen.
2. Durch eine Gesamtkalkulation mit **Istkosten und Normalkosten** werden zusätzlich die **Kostenüberdeckungen und -unterdeckungen** ausgewiesen.
3. Im **Kostenträgerblatt** kann darüber hinaus der **Anteil jeder Erzeugnisgruppe am Umsatzergebnis** ermittelt werden.
4. Durch Division der Leistungen durch die Kosten je Erzeugnisgruppe kann die **Wirtschaftlichkeit** errechnet werden.
5. Die Ermittlung der Herstellkosten je Erzeugnisgruppe ermöglicht eine schnelle **Bewertung der Lagerzugänge** an unfertigen und fertigen Erzeugnissen.
6. Eine **erzeugnisbezogene kurzfristige Erfolgsrechnung** ist mithilfe der Kostenträgerzeitrechnung möglich.

Aufgaben

Beantwortung von Fragen **5-1**

1. Wodurch unterscheiden sich das Umsatzergebnis und das Betriebsergebnis?
2. Was versteht man unter Kostenüberdeckung bzw. -unterdeckung?
3. Wie wirkt sich eine Kostenüberdeckung auf das Betriebsergebnis aus?
4. Wie wird mithilfe der Kostenträgerzeitrechnung eine Aufgliederung des Umsatzergebnisses möglich?
5. Wie kann die Wirtschaftlichkeit je Erzeugnisgruppe ermittelt werden?
6. Inwieweit ist die Kostenträgerzeitrechnung zur erzeugnisbezogenen kurzfristigen Analyse der Erfolgsentwicklung geeignet?

Ein Industriebetrieb will für den Monat September aus den folgenden Zahlen das Umsatz- und Betriebsergebnis ermitteln: **5-2**

	a)		**b)**	
	€		€	
Fertigungsmaterial	140.000,00		210.000,00	
Fertigungslohn	94.000,00		124.000,00	
Ist-Gemeinkosten insgesamt	203.600,00		381.971,75	
	Anfangsbestände	**Endbestände**	**Anfangsbestände**	**Endbestände**
unfertige Erzeugnisse	4.600,00	8.000,00	12.540,00	17.900,00
fertige Erzeugnisse	7.300,00	4.700,00	9.860,00	7.020,00
Netto-Verkaufserlöse	460.500,00		740.500,00	

Lt. BAB entfallen auf die Kostenbereiche folgende Ist-Gemeinkosten:

	€	€
Material	13.300,00	34.650,00
Fertigung	117.500,00	193.440,00
Verwaltung	43.680,00	83.935,50
Vertrieb	29.120,00	69.946,25

Es wurde im abzurechnenden Monat September mit folgenden Normalzuschlagssätzen kalkuliert:

	a)	**b)**
Materialgemeinkosten	10,00 %	17,00 %
Fertigungsgemeinkosten	124,00 %	154,00 %
Verwaltungsgemeinkosten	12,50 %	12,00 %
Vertriebsgemeinkosten	10,00 %	13,00 %

Arbeitsauftrag:

Erstellen Sie ein erweitertes Schema einer Kostenträgerzeitrechnung.
Berechnen Sie das Umsatzergebnis und die entsprechende Über- bzw. Unterdeckung.

5-3 Ein Industriebetrieb, der zwei Erzeugnisgruppen herstellt, hat in der Kosten- und Leistungsrechnung für die vergangene Abrechnungsperiode folgende Zahlen ermittelt:

a)

	insgesamt	**Erzeugnisgruppe A**	**Erzeugnisgruppe B**
Fertigungsmaterial	540.000,00	260.000,00	280.000,00
Fertigungslöhne	380.000,00	170.000,00	210.000,00
Netto-Verkaufserlöse	2.400.000,00	950.000,00	1.450.000,00
Anfangsbestände:			
unfertige Erzeugnisse		31.000,00	63.000,00
fertige Erzeugnisse		16.000,00	18.000,00

b) Lt. BAB verteilen sich die Ist-Gemeinkosten wie folgt:

Materialbereich	Fertigungsbereich	Verwaltungsbereich	Vertriebsbereich
129.600,00	600.400,00	289.260,00	192.840,00

c) Im abzurechnenden Zeitraum wurde mit Normalzuschlagssätzen gerechnet:

Materialgemeinkosten	25,00 %	Verwaltungsgemeinkosten	15,00 %
Fertigungsgemeinkosten	160,00 %	Vertriebsgemeinkosten	12,50 %

d) Durch Inventur wurden folgende Endbestände ermittelt:

	Erzeugnisgruppe A	**Erzeugnisgruppe B**
unfertige Erzeugnisse	19.000,00	57.000,00
fertige Erzeugnisse	45.000,00	50.000,00

Arbeitsauftrag:

Erstellen Sie ein Kostenträgerblatt!

Berechnen Sie das Umsatzergebnis, das Betriebsergebnis und die entsprechende Über- bzw. Unterdeckung.

Ein Industriebetrieb, der zwei Erzeugnisgruppen herstellt, hat in der Kosten- und Leistungsrechnung für die vergangene Abrechnungsperiode folgende Zahlen ermittelt: **5-4**

a)

		Erzeugnisgruppe	
	insgesamt	**A**	**B**
Fertigungsmaterial	720.000,00	540.000,00	180.000,00
Fertigungslöhne	460.000,00	310.000,00	150.000,00
Netto-Verkaufserlöse	2.310.000,00	1.685.500,00	624.500,00
Anfangsbestände:			
unfertige Erzeugnisse		64.560,00	32.280,00
fertige Erzeugnisse		49.880,00	24.940,00

b) Lt. BAB verteilen sich die Ist-Gemeinkosten wie folgt:

Materialbereich	Fertigungsbereich	Verwaltungsbereich	Vertriebsbereich
93.600,00	588.800,00	154.485,00	278.073,00

c) Im abzurechnenden Zeitraum wurde mit folgenden Normalzuschlagssätzen gerechnet:

Materialgemeinkosten	12,00 %	Verwaltungsgemeinkosten	9,00 %
Fertigungsgemeinkosten	130,00 %	Vertriebsgemeinkosten	16,00 %

d) Durch Inventur wurden folgende Endbestände ermittelt:

	Erzeugnisgruppe A	**Erzeugnisgruppe B**
unfertige Erzeugnisse	62.120,00	30.860,00
fertige Erzeugnisse	58.140,00	29.120,00

Arbeitsauftrag:

Erstellen Sie ein übersichtliches und aussagekräftiges Kostenträgerblatt.

Lückentest **5-5**

In dem folgenden Text sind wichtige Begriffe ausgelassen. Die Lücken sind gekennzeichnet mit (a) bis (s). Nennen Sie zu den einzelnen Buchstaben die zugehörigen Begriffe!

Unabhängig von der Ergebnistabelle lässt sich das ...(a)... auch auf der Grundlage der Zahlen des Betriebsabrechnungsbogens ermitteln. Dazu werden die in der Gesamtkalkulation errechneten ...(b)... eines Abrechnungszeitraums den ...(c)... gegenübergestellt. Daraus ergibt sich der ...(d)... oder ...(e)... Diese Gegenüberstellung erfolgt im sogenannten ...(f)...; es enthält die ...(g)... und Ergebnisrechnung.

Bei Einzel- und Serienfertigung werden die Angebotspreise vor Ablauf des Abrechnungszeitraums mithilfe von ...(h)...-Zuschlagssätzen berechnet, die von den ...(i)... -Zuschlagssätzen ...(j)... können. Werden diese vorkalkulierten Gesamtselbstkosten den Netto-Verkaufserlösen gegenübergestellt, ergibt sich zunächst das ...(k)... Dies muss durch Addition der ...(l)... bzw. Subtraktion der ...(m)... korrigiert werden, damit man das ...(n)... erhält.

Jeder Erzeugnisgruppe können im Kostenträgerblatt zunächst die Einzelkosten anhand von Belegen zugeordnet und dann die anteiligen ...(o)... zugerechnet werden. Wenn man die sich daraus ergebenden ...(p)... von den Netto-Verkaufserlösen der Erzeugnisgruppe abzieht, erhält man ihren Anteil am ...(q)...

Mithilfe der Kostenträgerzeitrechnung kann eine Erfolgsermittlung und -analyse in kurzen Zeitabständen durchgeführt werden. Daher wird sie auch als ...(r)... ...(s)... Erfolgsrechnung bezeichnet.

6 Die Teilkostenrechnung

6.1 Grundüberlegungen

6.1.1 Kostenverhalten: fixe und variable Kosten

Situation

Ein Unternehmen der Investitionsgüterindustrie hat zurzeit stark unter Absatzschwankungen zu leiden. Die mögliche Monatsproduktion von 500 Stück konnte im ganzen vergangenen Jahr nicht erreicht werden. In den Monaten Juli bis September entwickelten sich Produktion und Kosten wie folgt:

Monat	Produktionsmenge [Stück/Monat]	Gesamtkosten [Tsd. €]
Juli	0 (Betriebsferien)	2.400,0
August	350	5.900,0
September	400	6.400,0

Die Unternehmensleitung beschließt, das Kostenverhalten bei unterschiedlicher Auslastung der Produktionsanlagen näher zu untersuchen.

Problem 1

Wie kann die Auslastung des Betriebes ermittelt und ausgedrückt werden?

Lösung 1

Der Situation ist zu entnehmen, dass die Kapazität bei 500 Stück je Monat liegt.

Unter dem Begriff **Kapazität** versteht man das Leistungsvermögen des Betriebes, das sich vorwiegend aus der maschinellen Ausstattung ergibt. Es ist die größtmögliche Ausbringungsmenge in einem Zeitraum (z. B. Monat).

Die von der jeweiligen Auftragslage (Beschäftigungslage) abhängige prozentuale **Auslastung** der Kapazität bezeichnet man als **Beschäftigungsgrad.**

Im Beispiel betrug er im Juli 0,00 %, im August $\frac{350 \text{ Stück/Monat} \cdot 100}{500 \text{ Stück/Monat}} = 70{,}00\ \%$ und im September 80,00 %.

Problem 2

Welchen Einfluss hat die unterschiedliche Auslastung der Kapazität auf die Kosten?

Lösung 2

Trotz des Produktionsstillstandes fielen im Juli 2.400 Tsd. € an, z. B. für Gehälter, Mieten und Zinsen. Sie sind zur Aufrechterhaltung der Betriebsbereitschaft notwendig und fallen immer in derselben Höhe an.

Diese *beschäftigungsunabhängigen* festen Kosten bezeichnet man als **fixe Kosten.**

Mit einem höheren Beschäftigungsgrad steigen die Gesamtkosten des Unternehmens:

- im August auf 5.900 Tsd. €,
- im September auf 6.400 Tsd. T€.

Zieht man von den Gesamtkosten die Fixkosten ab, so erhält man veränderliche Kosten in Höhe von 3.500 Tsd. € bzw. 4.000 Tsd. €. Sie erhöhen sich mit der Produktionsmenge.

Es handelt sich also um *beschäftigungsabhängige* = **variable Kosten.** Wenn man diese Kosten durch die jeweilige Monatsproduktion teilt, so erhält man die variablen Stückkosten – in diesem Fall für August $\left(\frac{3.500 \text{ Tsd. €}}{350 \text{ Stück}}\right)$ und September $\left(\frac{4.000 \text{ Tsd. €}}{400 \text{ Stück}}\right)$ 10 Tsd. €/Stück.

Problem 3

Welche Kostenarten sind fix und welche sind variabel?

Lösung 3

Stellvertretend für die Vielzahl der Kostenarten sollen die Mieten, der Rohstoffverbrauch und die Energiekosten betrachtet werden:

Die *Miekosten je Monat* sind von der höheren Auslastung der Kapazität im August und September nicht betroffen; sie sind also fix.

Die Beschäftigungsänderung hat aber Einfluss auf die *Rohstoffkosten.* Der Stoffverbrauch für 50 zusätzlich produzierte Einheiten wird sich in entsprechenden Mehrkosten niederschlagen. Die Rohstoffkosten je Monat sind also variabel.

Mit der stärkeren Auslastung der technischen Einrichtungen steigt auch der Stromverbrauch je Monat; die Zählergrundgebühren werden davon allerdings nicht betroffen. Demnach enthalten die *Energiekosten* fixe und variable Bestandteile. Man spricht in diesen Fällen von **Mischkosten.**

Wir fassen zusammen:

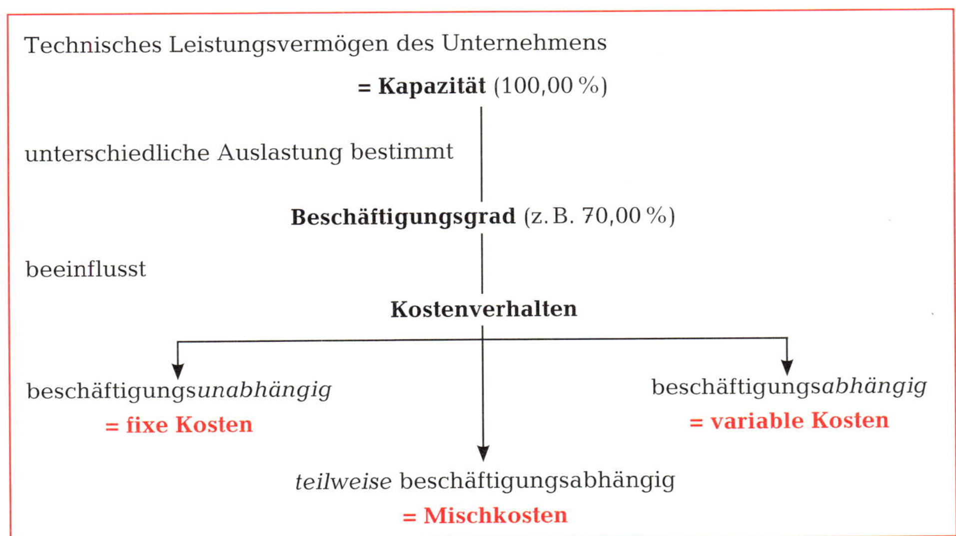

Um die Zusammenhänge noch besser zu verdeutlichen, soll das Kostenverhalten auch für andere Beschäftigungsgrade untersucht und grafisch dargestellt werden.

Abhängigkeit der Kosten von der Beschäftigung

Fixe Kosten

Tabellarische Darstellung

Beschäftigungs-grad %	produzierte Menge Stück je Monat	fixe Kosten in Tsd. €	
		gesamt je Monat	je Stück
0	0	2.400,0	
20	100	2.400,0	24,0
40	200	2.400,0	12,0
60	300	2.400,0	8,0
80	400	2.400,0	6,0
100	500	2.400,0	4,8

Grafische Darstellung

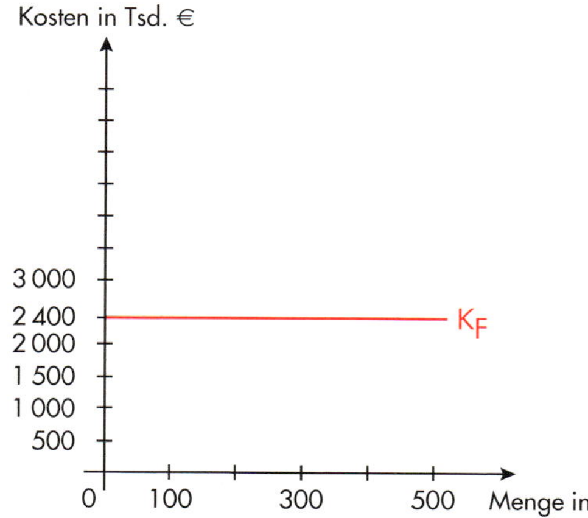

Die tabellarische Darstellung der fixen Kosten zeigt, dass **die fixen Gesamtkosten** (K_f) sich mit unterschiedlichen Beschäftigungsgraden nicht verändern; in der grafischen Darstellung kommt das in einer Geraden, die *parallel zur Achse* der Ausbringungsmenge verläuft, zum Ausdruck.

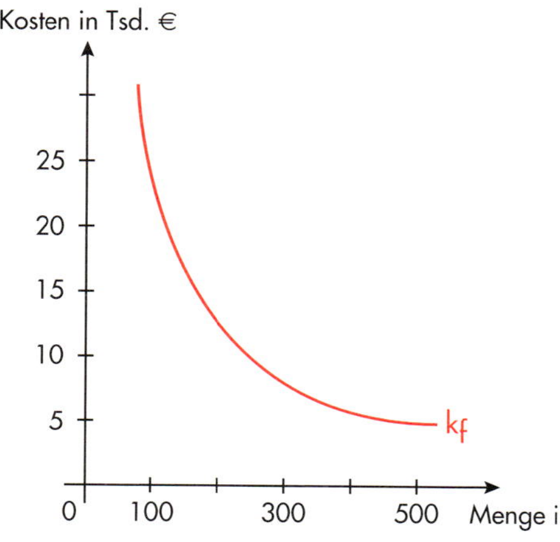

Bezogen auf die produzierte Einheit zeigt sich aber eine **Fixkostendegression,** die sich dadurch erklären lässt, dass mit steigender Ausbringungsmenge die fixen Gesamtkosten auf eine größere Anzahl von Produkten verteilt werden, wobei der Anteil für das einzelne Produkt sinkt. Die **stückbezogene Fixkostenkurve** (k_f) zeigt dementsprechend mit steigender Beschäftigung einen *degressiven Verlauf.*

Variable Kosten

Tabellarische Darstellung

Beschäftigungs-grad %	produzierte Menge [Stück je Monat]	variable Kosten in Tsd. € je Stück	variable Kosten in Tsd. € gesamt je Monat
0	0	0,0	0,0
20	100	10,0	1.000,0
40	200	10,0	2.000,0
60	300	10,0	3.000,0
80	400	10,0	4.000,0
100	500	10,0	5.000,0

Die tabellarische Darstellung der variablen Gesamtkosten zeigt die direkte Abhängigkeit dieser Kosten vom Beschäftigungsgrad. Mit steigender Ausbringungsmenge nehmen die variablen Gesamtkosten (K_v) zu. In diesem Beispiel verhalten sich die variablen Gesamtkosten *proportional* zur Ausbringungsmenge, d.h., dass sich die variablen Gesamtkosten bei steigender oder sinkender Beschäftigung in demselben Verhältnis ändern wie die Ausbringungsmenge.

Grafische Darstellung

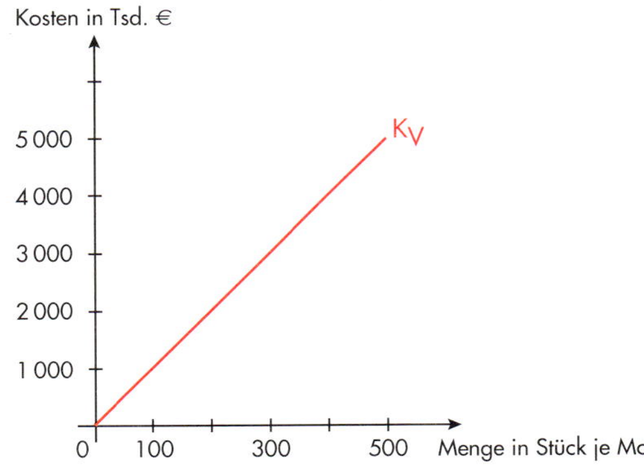

Die im Nullpunkt beginnende Gerade in der nebenstehenden Grafik kennzeichnet diese Proportionalität[1].

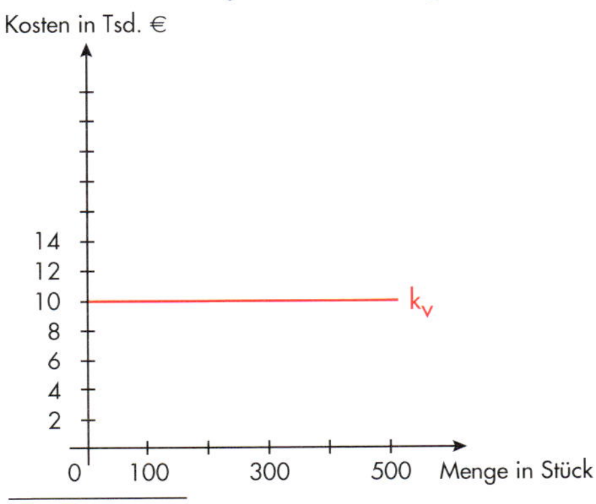

Da die variablen Kosten je Stück unverändert bleiben, ergibt sich in der stückbezogenen Betrachtung eine Gerade, die parallel zur Achse der Ausbringungsmenge verläuft.

[1] Variable Gesamtkosten können sich bei steigender Beschäftigung aber auch *unterproportional* entwickeln (z.B. günstigere Einkaufsbedingungen bei Abnahme größerer Werkstoffmengen).
Ein *überproportionaler* Verlauf ist denkbar bei einer Produktion, die sich der Kapazitätsgrenze nähert (Überstundenzuschläge, höhere Reparaturanfälligkeit der Maschinen).

Gesamtkosten (Kombination fixer und variabler Kosten)

Tabellarische Darstellung

produzierte Menge [Stück je Monat]	fixe Kosten Tsd. €		variable Kosten Tsd. €		Gesamtkosten Tsd. €	
	gesamt je Monat	je Stück	gesamt je Monat	je Stück	gesamt je Monat	je Stück
0	2.400,0		0,0	0,0	2.400,0	
100	2.400,0	24,0	1.000,0	10,0	3.400,0	34,0
200	2.400,0	12,0	2.000,0	10,0	4.400,0	22,0
300	2.400,0	8,0	3.000,0	10,0	5.400,0	18,0
400	2.400,0	6,0	4.000,0	10,0	6.400,0	16,0
500	2.400,0	4,8	5.000,0	10,0	7.400,0	14,8

Die Tabelle zeigt, dass sich die Vollkosten durch die Addition der entsprechenden fixen und variablen Kosten ermitteln lassen.

Grafische Darstellung

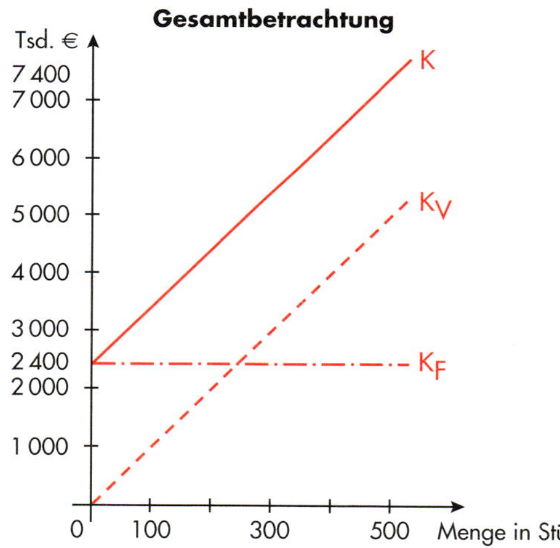

Der Grafik ist zu entnehmen, dass die **Gesamtkosten (K)** eine Gerade darstellen. Sie ergibt sich dadurch, dass die Gerade, die den variablen Gesamtkostenverlauf (K_V) kennzeichnet, auf den Fixkostensockel (K_F) aufgesetzt wird.

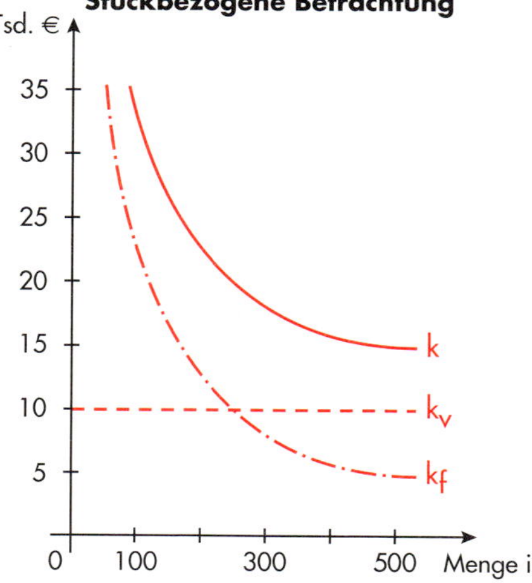

Die **Stückkostenkurve (k)** muss aufgrund der Fixkostendegression bei steigender Ausbringungsmenge einen degressiven Verlauf haben.

6.1.2 Break-Even-Point (Gewinnschwelle)

Erweitern wir die Tabelle und die Grafik um die Erlöse, so sind Aussagen über die Verlust- und Gewinnsituation des Unternehmens möglich.
Beträgt der Erlös je Einheit 18 Tsd. €, so ergeben sich folgende Werte:

Tabellarische Darstellung

produzierte Menge [Stück je Monat]	Gesamtkosten Tsd. €		Erlöse Tsd. €		Ergebnis Tsd. €	
	gesamt je Monat	je Stück	gesamt je Monat	je Stück	gesamt je Monat	je Stück
0	2.400,0		0,0	0,0	– 2.400,0	
100	3.400,0	34,0	1.800,0	18,0	– 1.600,0	– 16,0
200	4.400,0	22,0	3.600,0	18,0	– 800,0	– 4,0
300	5.400,0	18,0	5.400,0	18,0	0,0	0,0
400	6.400,0	16,0	7.200,0	18,0	+ 800,0	+ 2,0
500	7.400,0	14,8	9.000,0	18,0	+ 1.600,0	+ 3,2

Die Ergebnisspalte zeigt, dass bis zu einer produzierten Menge von 300 Stück die Kosten die Erlöse übersteigen. Bei 300 Stück entsprechen sich Kosten und Erlöse. Eine Produktmenge, die 300 Stück übersteigt, bringt das Unternehmen in die Gewinnzone.

Grafische Darstellung

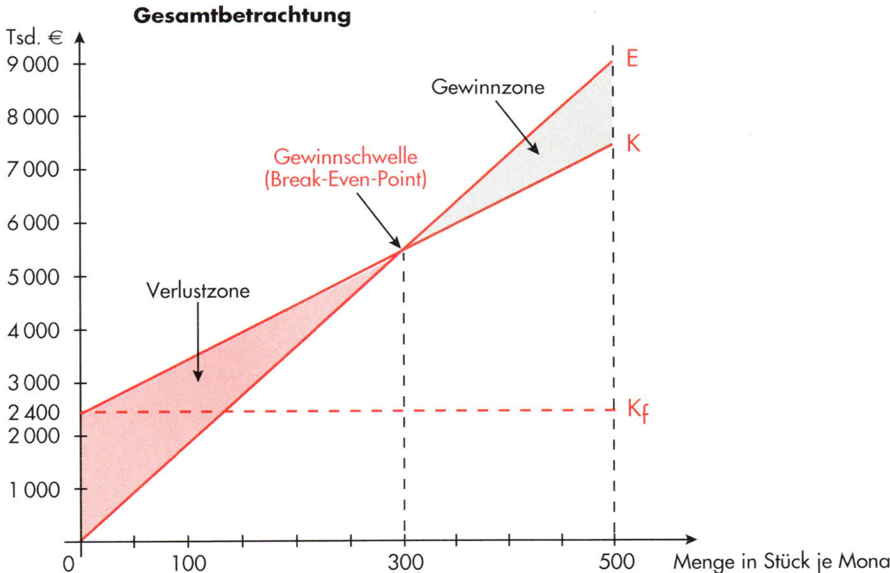

Aus der grafischen Darstellung lässt sich ablesen, dass die Erlösgerade (E) die Gesamtkostengerade (K) bei einer Ausbringungsmenge von 300 Stück schneidet. Dieser Schnittpunkt wird **Break-Even-Point** – auch **Gewinnschwelle** – genannt.

Bei dieser Ausbringungsmenge decken die Gesamterlöse die Gesamtkosten. Jede Ausbringungsmenge, die kleiner als 300 Stück ist, führt zu Verlusten, da die Gesamtkosten höher als die Gesamterlöse sind. Ist die Ausbringungsmenge größer als 300 Stück (theoretisch bis zur Kapazitätsgrenze von 500 Stück), erwirtschaftet das Unternehmen einen Gewinn.

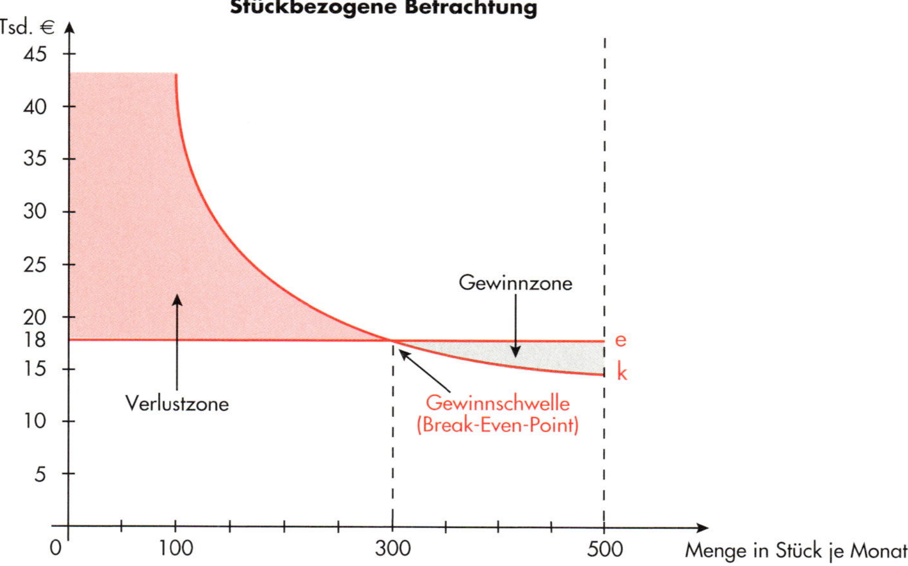

Auch die Stückbetrachtung zeigt den Schnittpunkt der Stückkostenkurve (k) und der Stückerlösgeraden (e) bei einer Ausbringungsmenge von 300 Stück.

6.1.3 Wirkung eines Zusatzauftrages

Situation

Der Textilfabrikant Jürgen Knop hat sich auf die Produktion von Sportkleidung spezialisiert, wobei Trainingsanzüge Hauptumsatzträger sind.

Die Fixkosten für ihre Produktion betragen monatlich 83.200,00 €. Die Selbstkosten je Trainingsanzug belaufen sich auf 104,00 €, davon sind 40,00 € variabel. Der Netto-Barverkaufspreis beträgt 125,00 €, sodass sich ein Stückgewinn von 21,00 € ergibt.

Zurzeit werden monatlich 1 300 Trainingsanzüge hergestellt. Das entspricht einer Kapazitätsauslastung von 65 Prozent. Mehr Anzüge sind gegenwärtig zu diesem Preis nicht absetzbar. Diese Situation ändert sich, als ein Auslandskunde einen zusätzlichen Auftrag von 300 Trainingsanzügen verbindlich in Aussicht stellt, wenn die Knop GmbH einen Verkaufspreis von netto 90,00 € je Stück akzeptiert.

Das Unternehmen arbeitet zurzeit mit angemessenen Gewinnen.

Problem

Soll das Unternehmen auch einen Auftrag zu einem Preis annehmen, der unter den Selbstkosten liegt?

Lösung

Eine Auswertung des vorliegenden Zahlenmaterials müsste eine Ablehnung zur Folge haben; denn bei Selbstkosten von 104,00 € je Anzug würde sich bei einem Verkaufspreis von 90,00 € je Anzug ein Verlust von 14,00 € je Stück ergeben.

Durch den Zusatzauftrag allerdings steigt die Kapazitätsauslastung von 65 auf 80 Prozent[1].

Bei 65 Prozent betragen die Gesamtkosten 135.200,00 € (83.200,00 € + 1.300 Stück · 40,00 €/Stück. Da die Fixkosten unverändert bleiben, sich aber nun auf eine größere Stückzahl verteilen *(Fixkostendegression)*, sinken die Selbstkosten von 104,00 € auf 92,00 € je Stück[2].

Stellen wir diese Kosten dem erzielbaren Preis von 90,00 € je Stück des Zusatzauftrages gegenüber, ergibt sich ein Stückverlust von 2,00 € je Stück statt, wie vorher errechnet, von 14,00 € je Stück.

Bei Annahme des Zusatzauftrages würde der Gewinn nicht um 4.200,00 € (300 Stück · 14,00 €/Stück), sondern nur um 600,00 € (300 Stück · 2,00 €/Stück) durch die Berücksichtigung der Fixkostendegression geschmälert werden. Der Zusatzauftrag wäre nach wie vor abzulehnen. Diese Zusammenhänge verdeutlicht die folgende Tabelle:

Beschäftigungsgrad [in %]	**produzierte Menge [in Stück je Monat]**	**Fixkosten**		**variable Kosten**	
		gesamt je Monat	**je Stück**	**gesamt je Monat**	**je Stück**
0	0	83.200,00		0,00	0,00
20	400	83.200,00	208,00	16.000,00	40,00
40	800	83.200,00	104,00	32.000,00	40,00
60	1.200	83.200,00	69,33	48.000,00	40,00
65	1.300	83.200,00	64,00	52.000,00	40,00
80	1.600	83.200,00	52,00	64.000,00	40,00
100	2.000	83.200,00	41,60	80.000,00	40,00

Beschäftigungsgrad [in %]	**produzierte Menge [in Stück je Monat]**	**Selbstkosten**		**Erlöse [in €] (bei 125,00 €/St.)**	**Gewinn/ Verlust [in €]**
		gesamt je Monat	**je Stück**		
0	0	83.200,00		0,00	– 83.200,00
20	400	99.200,00	248,00	50.000,00	– 49.200,00
40	800	115.200,00	144,00	100.000,00	– 15.200,00
60	1.200	131.200,00	109,33	150.000,00	+ 18.800,00
65	**1.300**	135.200,00	**104,00**	162.500,00	+ 27.300,00
80	**1.600**	147.200,00	**92,00**		
100	2.000	163.200,00	81,60		

Wendet man aber die vorher gewonnenen Erkenntnisse über fixe und variable Kosten an, so stellt sich der Sachverhalt anders dar. Durch die Produktion von weiteren 300 Trainingsanzügen steigen die variablen Kosten um 300 Stück · 40,00 € je Stück = 12.000,00 €. Die Erlöse erhöhen sich um 300 Stück · 90,00 € je Stück = 27.000,00 €.

Also verbessert sich der Erfolg um 27.000,00 € – 12.000,00 € = 15.000,00 €.

Der Zusatzauftrag ist demnach anzunehmen. Voraussetzung dafür ist allerdings, dass sich die Inlandspreise für Trainingsanzüge nicht ändern.

---

1) $\frac{65\,\%}{1.300 \text{ Stück}} \cdot 1.600 \text{ Stück} = 80\,\%$

2) $\frac{83.200\,€ + 1.600 \text{ Stück} \cdot 40\,€/\text{Stück}}{1.600 \text{ Stück}} = 92\,€/\text{Stück}$

Die tabellarische Übersicht zeigt, dass das Unternehmen bei einer Kapazitätsauslastung von 65 Prozent bereits einen Gewinn in Höhe von 27.300,00 € erzielt. Das bedeutet, dass die bei jedem Beschäftigungsgrad in gleicher Höhe anfallenden Fixkosten von 83.200,00 € bei *diesem* Beschäftigungsgrad schon voll gedeckt sind. Man braucht daher bei der Entscheidungsfindung über den Zusatzauftrag nur die variablen Kosten in Höhe von 40,00 € je Stück zu berücksichtigen. *Jeder* erzielbare Preis, der diese variablen Kosten übersteigt, stellt in Höhe der Differenz einen zusätzlichen Gewinn dar. Ein Preisgebot von 90,00 € je Anzug bei variablen Kosten von 40,00 € je Einheit bedeutet demnach je Anzug einen zusätzlichen Gewinnbeitrag von 50,00 €.

Wir fassen die durch die Aufspaltung der Vollkosten in fixe und variable Kosten gewonnenen Erkenntnisse rechnerisch zusammen, um das Ergebnis zu bestätigen:

Rechnung ohne Zusatzauftrag:				**Zusatzauftrag**	
Nettoverkaufspreis	je Stück	125,00 €		90,00 €	
– variable Kosten	je Stück	40,00 €		40,00 €	
Differenz	je Stück	85,00 €		50,00 €	
Absatzmenge	1.300 Stück			300 Stück	
Differenz gesamt		110.500,00 €		15.000,00 €	
– Fixkosten gesamt		83.200,00 €		0,00 €	
= Gewinn		27.300,00 €	+	15.000,00 €	= 42.200,00 €

Wenn die Gewinnschwelle noch nicht erreicht ist, verringert sich durch die Hereinnahme eines Zusatzauftrages der Verlust. Voraussetzung ist wiederum, dass der Verkaufspreis höher ist als die variablen Kosten.

Die folgende grafische Darstellung zeigt sehr deutlich, dass unsere Überlegungen richtig sind:

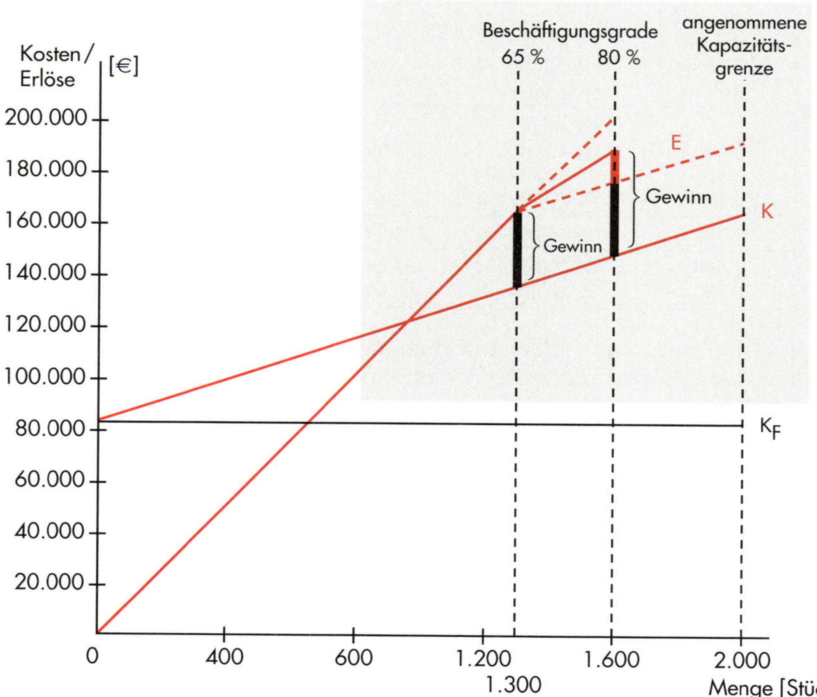

Die Erlösgerade hat bis zu einem Beschäftigungsgrad von 65 Prozent einen geradlinigen Verlauf. Aufgrund des niedrigeren Preises (statt 125,00 € je Stück nur noch 90,00 € je Stück) erfolgt hier ein Knick. Sie verläuft ab hier geradlinig flacher weiter bis zum neuen Beschäftigungsgrad von 80 Prozent. Der grafischen Darstellung ist ohne Weiteres zu entnehmen, dass das Unternehmen einen höheren Gewinn erzielt.

Aus den folgenden Grafiken lässt sich ferner ableiten, dass ein Zusatzauftrag zu einem Preis, der den variablen Kosten entspricht, nicht zu einem höheren Gewinn bei höheren Beschäftigungsgraden führt; die Erlösgerade bildet dann nämlich eine Parallele zur Gesamtkostengeraden (siehe Ausschnittsbetrachtung II).

Ein Zusatzauftrag, der zu einem Stückpreis akzeptiert wird, der die variablen Stückkosten nicht deckt, würde den Gesamtgewinn des Unternehmens mindern (siehe Ausschnittsbetrachtung III).

Ausschnittsbetrachtung I

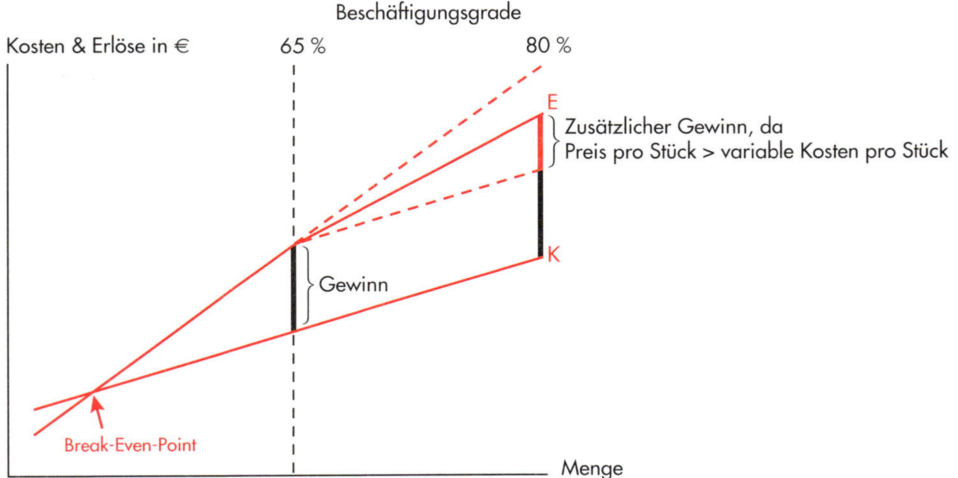

Ausschnittsbetrachtung II

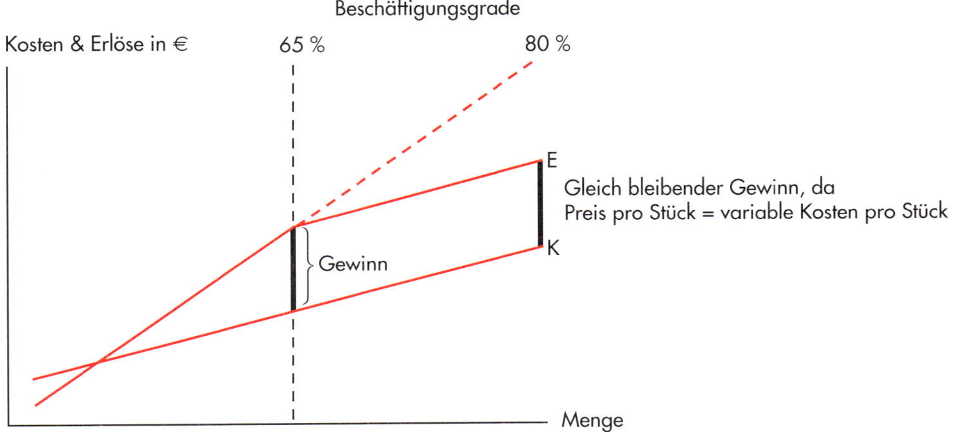

Ausschnittsbetrachtung III

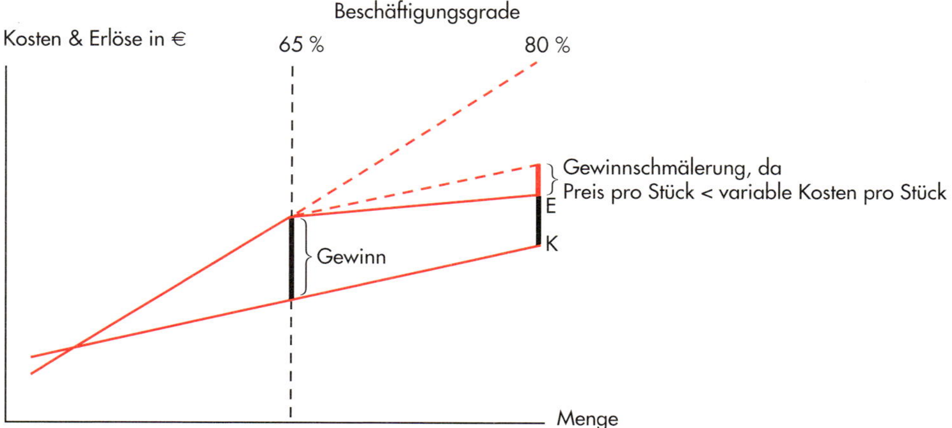

Merke:

1. Der **Beschäftigungsgrad** gibt die **Auslastung der Kapazität** in Prozent an. Ein steigender Beschäftigungsgrad führt zu steigenden Gesamtkosten; bei sinkendem Beschäftigungsgrad mindern sich die Gesamtkosten.
2. Die Gesamtkosten umfassen **fixe Kosten** (beschäftigungsunabhängig) und **variable Kosten** (beschäftigungsabhängig).
3. *Die variablen Gesamtkosten* können sich mit steigender Beschäftigung *unterproportional, proportional und überproportional* entwickeln.
4. Der Schnittpunkt der Erlösgeraden mit der Gesamtkostengeraden zeigt den **Break-Even-Point** (= Gewinnschwelle) an. Bei dieser Ausbringungsmenge decken sich Erlöse und Gesamtkosten.
5. Ein Zusatzauftrag bei einer Ausbringungsmenge oberhalb des Break-Even-Points führt zu zusätzlichem Gewinn, wenn der Preis je Einheit höher ist als die variablen Stückkosten.

Aufgaben zu 6.1.1 bis 6.1.3

6-1 Notieren Sie die Buchstaben der jeweils zutreffenden Auswahlantworten:

1. Das technische Leistungsvermögen eines Unternehmens wird gekennzeichnet durch den Begriff

   A Rentabilität
   B Produktivität
   C Kapazität
   D Wirtschaftlichkeit
   E Beschäftigungsgrad

2. Beschäftigungsunabhängige Kosten sind

   A Einzelkosten
   B Beschäftigungskosten
   C variable Kosten
   D fixe Kosten
   E Gesamtkosten

3. Voll beschäftigungsabhängig sind
   A Fertigungslöhne
   B Gehälter
   C Miete
   D Energieverbrauch
   E Kfz-Versicherung
4. Zu den Mischkosten gehören
   A Rohstoffaufwendungen
   B Abschreibungen auf Sachanlagen
   C Zählergrundgebühren für Elektrizität
   D Telefonkosten
   E Wartungs- und Instandhaltungskosten
5. Eine Ist-Ausbringung von 6 800 Stück bei insgesamt möglichen 8 500 Stück entspricht einem Beschäftigungsgrad von
   A 125,00 % B 90,00 % C 80,00 % D 75,00 % E 20,00 %
6. Wenn sich die Kosten prozentual wie die Ausbringungsmenge ändern, nennt man das Kostenverhalten
   A konstant
   B unterproportional
   C proportional
   D überproportional
   E linear
7. Bei einer Zunahme des Beschäftigungsgrades von 60,00 % auf 75,00 % entwickeln sich die
   A Gesamtkosten proportional steigend
   B fixen Stückkostenbestandteile konstant
   C Stückkosten degressiv
   D Gesamtkosten unterproportional steigend
   E variablen Stückkostenbestandteile degressiv
8. Als »Gewinnschwelle« oder »Break-Even-Point« bezeichnet man
   A die Ausbringungsmenge, bei der Gesamtkosten und Erlöse gleich groß sind.
   B den Schnittpunkt der fixen und variablen Gesamtkosten.
   C die Kapazitätsgrenze eines mit Gewinn arbeitenden Industriebetriebes.
   D den Punkt, an dem die Stückerlöse die Fixkosten je Stück gerade abdecken.
   E den Beschäftigungsgrad, von dem an die degressiv verlaufenden Stückkosten nicht mehr über den Stückerlösen liegen.

Kostenverläufe 6–2

a) Ermitteln Sie tabellarisch die fixen Kosten je Einheit, die variablen Gesamtkosten sowie die Kosten gesamt und je Einheit bei verschiedenen Beschäftigungsgraden! 6–3

b) Stellen Sie die Kostenverläufe grafisch dar (untereinander als Gesamt- und Stückbetrachtung)! 6–4

	6–2	**6–3**	**6–4**
	Einheiten	Einheiten	Einheiten
produzierte Mengen	0	0	0
	20	1 000	5
	40	2 000	10
	60	3 000	15
	80	4 000	20
	100	5 000	25
	120	6 000	30
fixe Kosten	7.200,00 €	12.000,00 €	6.000,00 €
variable Kosten je Einheit	60,00 €	8,00 €	17,00 €

6-5 6-6 6-7

Ermittlung der Gewinnschwelle

Wie viel Einheiten eines Gutes muss ein Unternehmen aufgrund nachfolgender Angaben produzieren, um den Break-Even-Point zu erreichen?

	6–5	**6–6**	**6–7**
fixe Kosten	20.000,00 €	180.000,00 €	1.125.200,00 €
variable Kosten je Einheit	12,00 €	2,50 €	210,00 €
Erlös je Einheit	20,00 €	3,40 €	290,00 €

Hinweis:

Versuchen Sie, die Lösung statt mithilfe einer Wertetabelle durch ein einfaches Rechenverfahren zu finden!

6-8 6-9 6-10

Kosten und Erlöse/Break-Even-Point-Analyse

Für einen Industriebetrieb sind folgende Größen ermittelt worden:

	6–8	**6–9**	**6–10**
fixe Kosten	24.000,00 €	150.000,00 €	12.000,00 €
variable Kosten je Einheit	200,00 €	20,00 €	40,00 €
Erlöse je Einheit	280,00 €	27,50 €	70,00 €
Mengeneinheit	kg	Stück	Meter
betriebliche Kapazität	600	30 000	1 200
jeweilige Beschäft.grade	je 100	je 5 000	je 200

Arbeitsaufträge:

Erstellen Sie mithilfe eines Tabellenkalkulationsprogrammes eine Gesamtübersicht der Kosten-, Erlös- und Erfolgsentwicklung für die Beschäftigungsgrade von null bis zur Kapazitätsgrenze!

a) Stellen Sie am Anfang des Lösungsschemas die Eingabewerte in folgender Form dar:

variable Kosten pro Einheit	200,00 €
Fixkosten	24.000,00 €
Erlös pro Einheit	280,00 €
Produktionsmenge (Minimum)	0
Beschäftigungsgrade: Schrittweite Einheiten	100

b) Lassen Sie vom Kalkulationsprogramm zunächst als Wertetabelle die Gesamtkosten, Erlöse und den Erfolg darstellen, die Gewinnschwelle ausweisen und darunter die Berechnungsergebnisse als Liniengrafik anzeigen!

c) Lassen Sie analog zu b) darunter die Werte je Stück in einer Tabelle berechnen und anschließend grafisch darstellen!

6.1.4 Kritik an der Vollkostenrechnung

Die bisherigen Überlegungen haben ergeben, dass bei kurzfristigen Unternehmensentscheidungen die Vollkostenrechnung nicht geeignet ist. Insofern weist die Vollkostenrechnung **verschiedene „Mängel“** auf:

- **Hauptmangel ist die Proportionalisierung fixer Gemeinkosten.**

  Jede Produkteinheit wird unabhängig vom Beschäftigungsgrad mit einem festen Fixkostenanteil belastet. Die Ausführungen (siehe tabellarische und grafische Darstellung in 6.1) zeigen, dass die fixen Kosten je Produkteinheit mit steigender Beschäftigung sinken, mit nachlassender Beschäftigung aber steigen.

  Preispolitisch wäre es angebracht, bei steigender Nachfrage das Preisniveau zu halten oder höhere Preise zu fordern; bei Absatzschwierigkeiten wären Preissenkungen sicher eher geeignet, die Nachfrage anzuregen.

- Außerdem ist zu bemängeln, dass **nicht immer eine verursachungsgerechte Verteilung der Gemeinkostenarten** auf die Kostenstellen möglich ist. Für einige Gemeinkostenarten kann man eine sachgerechte Zuordnung vornehmen, z. B. für Betriebsstoffverbrauch, Gehälter und Abschreibung. Für andere Gemeinkostenarten, z. B. Betriebsteuern, lässt sich eine Kostenverursachung durch bestimmte Kostenstellen nicht eindeutig feststellen.

- Ferner ist zu beanstanden, dass **keine eindeutige Abhängigkeit von Bezugsbasen und entsprechenden Gemeinkostensummen** je Kostenstelle so gegeben ist, wie es generell unterstellt wird.

  Wenn z.B. die Herstellkosten als Zuschlagsgrundlage für den Verwaltungs- und Vertriebsbereich gewählt werden, so ist zumindest für die Vertriebsgemeinkosten eine direkte Abhängigkeit zweifelhaft. Ihre Höhe hängt weniger von den Herstellkosten der Produktion ab als von den Gegebenheiten des Absatzmarktes. So kann z.B. ein Absatzrückgang verstärkte Werbemaßnahmen und zusätzliches Verkäufertraining notwendig machen.

In der Teilkostenrechnung werden nur Teilkosten (variable Kosten) den Produkten zugeordnet; diese aber sind exakt zurechenbar. Der Fixkostenblock wird von allen Produkten gemeinsam getragen.

Es gibt verschiedene **Verfahren der Teilkostenrechnung.** Hiervon wird als bekannteste Methode im Folgenden zuerst die *einstufige Deckungsbeitragsrechnung* behandelt. Danach wird die *mehrstufige Deckungsbeitragsrechnung (= Fixkostendeckungsrechnung)* erarbeitet.

6.2 Einstufige Deckungsbeitragsrechnung

Situation

Ein Unternehmen der elektronischen Industrie produziert die Spielkonsole T 2010, die bisher zu 300,00 € je Stück netto verkauft wurde. Zu diesem Preis konnten über einen längeren Zeitraum 3.000 Stück monatlich abgesetzt werden. Die Produktion hatte sich dieser Absatzmenge angepasst, die Kapazität war damit aber nicht voll ausgelastet.

Bei dieser Stückzahl betragen die monatlichen variablen Kosten insgesamt 675.000,00 € bzw. 225,00 € je Stück. Die fixen Kosten belaufen sich auf 180.000,00 € monatlich.

Mit Besorgnis wird der Preiskampf auf diesem Sektor beobachtet. Er hat bereits in den letzten drei Monaten zu erheblichen Absatzeinbußen und damit hohen Lagerbeständen geführt.

Die Verkaufsabteilung schlägt vor, den Netto-Angebotspreis auf 270,00 € je Stück zu senken. Dadurch seien ein wesentlich höherer Absatz und gleichzeitig eine bessere Kapazitätsauslastung zu erzielen. Die Geschäftsleitung hat Bedenken, da die Selbstkosten je Stück 285,00 € betragen. Sie rechnet vor:

	variable Kosten	675.000,00 €
+	fixe Kosten	180.000,00 €
	Selbstkosten	855.000,00 € : 3.000 = 285,00 € Selbstkosten je Stück

Der Netto-Verkaufspreis läge damit unter den Selbstkosten je Stück.

6.2.1 Der Deckungsbeitrag

Problem

Wie weit wären bei einem unter den Selbstkosten liegenden Preis die variablen und die fixen Kosten gedeckt?

Lösung

Wir ziehen vom Stückerlös von netto 270,00 € die variablen Stückkosten von 225,00 € ab und erhalten einen Differenzbetrag von 45,00 €. Diese Differenz bezeichnet man als **Stückdeckungsbeitrag** bzw. **Deckungsbeitrag je Stück** (db).

	Stückerlös	270,00 €
–	variable Stückkosten	225,00 €
	Deckungsbeitrag je Stück[1]	45,00 €

Der Deckungsbeitrag leistet einen **Beitrag zur Deckung der fixen Kosten,** die im Unternehmen insgesamt anfallen. Nach Deckung der fixen Kosten erbringt jedes weitere verkaufte Erzeugnis einen Beitrag zum Erfolg in Höhe des Stückdeckungsbeitrages.

Die Gesamtrechnung für die bisherige Absatzmenge von 3.000 Stück sähe wie folgt aus:

	Nettoerlöse	810.000,00 €
–	variable Kosten	675.000,00 €
	Deckungsbeitrag insgesamt	135.000,00 €
–	fixe Kosten	180.000,00 €
	Verlust	45.000,00 €

6.2.2 Der Mindestabsatz zur Fixkostendeckung: Break-Even-Point

Problem

Wie hoch muss die Absatzmenge sein, damit der Deckungsbeitrag die Fixkosten ausgleicht?

[1] Der Deckungsbeitrag je Stück wird auch als Deckungsspanne bezeichnet.

Lösung

Bei Fixkosten in Höhe von 180.000,00 € und einem Deckungsbeitrag von 45,00 € je Stück ist ein Absatz von

$$\frac{180.000,00\text{ €}}{45,00\text{ €} / \text{St.}} = 4.000\text{ Stück}$$

erforderlich, um die Fixkosten auszugleichen. Jede darüber hinaus produzierte und abgesetzte Einheit erbringt in Höhe ihres Deckungsbeitrages einen Gewinn.

Daher bezeichnet man den Mindestabsatz auch als Break-Even-Point (vgl. Kapitel 6.1.2).

$$\text{Gewinnschwelle} = \frac{\text{gesamte Fixkosten } (K_f)}{\text{Deckungsbeitrag je Stück (db)}}$$

Die Zusammenhänge werden mit den Zahlen des Beispiels grafisch dargestellt:

Grafische Darstellung

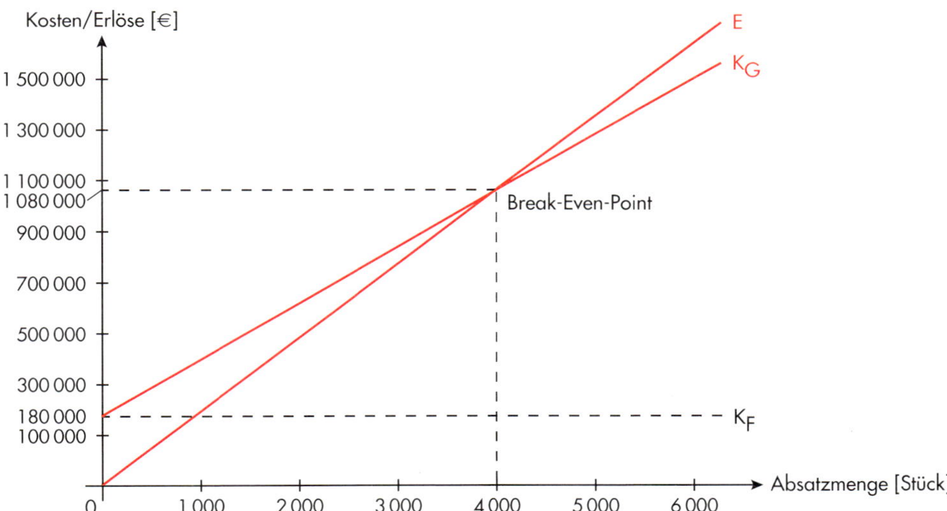

Merke:

1. Der **Deckungsbeitrag je Stück** ergibt sich als Differenz aus dem Netto-Stückerlös und den variablen Stückkosten.
2. Der Deckungsbeitrag leistet einen Beitrag zur Deckung der **fixen** Kosten.
3. Ist die Summe aller Deckungsbeiträge gleich der Summe der fixen Kosten, hat ein Unternehmen die **Gewinnschwelle,** auch **Break-Even-Point** genannt, erreicht.
4. Jeder darüber hinaus erzielte Deckungsbeitrag stellt einen Gewinn dar.

Aufgaben zu 6.2.1 und 6.2.2

6-11 **6-12** **6-13** Ermitteln Sie aufgrund nachfolgender Angaben den jeweiligen Deckungsbeitrag je Einheit und den Gesamtdeckungsbeitrag!

	6–11	6–12	6–13
produzierte Mengen	450 Stück	820 kg	1.500 Dosen
Rohstoffverbrauch	4.950,00 €	12.600,00 €	2.800,00 €
variable Lohnkosten	9.000,00 €	3.595,00 €	4.700,00 €
Nettoverkaufserlöse je Einheit	45,00 €	30,00 €	7,00 €

6-14 **6-15** **6-16** Welche Nettoverkaufspreise je Einheit muss ein Unternehmen fordern, wenn folgende Gesamtdeckungsbeiträge erwirtschaftet werden sollen?

	6–14	6–15	6–16
Gesamtdeckungsbeiträge	16.000,00 €	9.300,00 €	22.100,00 €
Folgende Angaben sind in die Berechnung einzubeziehen:			
produzierte Mengen	4.000 Stück	3.000 Stück	650 Stück
variable Kosten gesamt	28.000,00 €	48.900,00 €	22.750,00 €

6-17 **6-18** **6-19** Ermitteln Sie auf Grund nachfolgender Angaben den jeweiligen Deckungsbeitrag je Einheit und den Gesamtdeckungsbeitrag, und stellen Sie fest, ob ein Gewinn oder Verlust erzielt worden ist!

	6–17	6–18	6–19
produzierte und abgesetzte Mengen	12.000 Stück	2.750 t	1.350 m
Rohstoffverbrauch	83.500,00 €	27.150,00 €	12.150,00 €
Lohnkosten	32.300,00 €	16.850,00 €	14.445,00 €
sonstige Kosten wie Miete, Gehälter, Abschreibung usw.	49.700,00 €	31.325,00 €	20.655,00 €
Nettoverkaufserlöse je Einheit	15,00 €	26,90 €	35,00 €

6-20 Eine Lampenfabrik erzeugt jährlich 4 Millionen Leuchtstoffröhren, die zum Preis von 10,00 €/Stück im Inland abgesetzt werden. Dafür fallen Kosten in Höhe von 28.800.000,00 € an. Sie sind bei diesem Beschäftigungsgrad zur Hälfte beschäftigungsunabhängig. Zur Erhöhung des Gesamtgewinns soll die Produktion bis zur Kapazitätsgrenze von 6 Millionen Stück erhöht und die Mehrproduktion zu 6,00 € / Stück im Ausland abgesetzt werden.

Arbeitsaufträge:

a) Führen Sie die Stückkalkulation bei Vollkostenrechnung für die Inlandsware durch!

b) Welcher Gesamterfolg ergibt sich bei Verkaufspreisen von 10,00 € im Inland und 6,00 € im Ausland? Ermitteln Sie das Ergebnis mithilfe einer grafischen Darstellung auf Millimeterpapier!

c) Wie hoch ist der Deckungsbeitrag je Stück und insgesamt für die Auslandsware?

d) Für den Absatz der Leuchtstoffröhren ließ sich die Marktspaltung nicht durchführen. Eine allgemeine Preissenkung von 10,00 € auf 8,00 € würde jedoch eine Absatzsteigerung bis zur vollen Kapazitätsausnutzung ermöglichen.
   - Stellen Sie die neue Situation grafisch dar!
   - Wie würde sich der Gesamtdeckungsbeitrag ändern?

Ein Blech verarbeitender Betrieb hat die Produktion eines Erzeugnisses, das nicht mehr verkäuflich ist, aufgegeben. Die Produktionsstätte wird mit Spritzgussmaschinen für die Herstellung von Kunststoffgütern ausgestattet. Gefertigt werden sollen Kunststoffdächer, die nachträglich in Autos eingebaut werden können. Die Fixkosten werden mit 60.000,00 € monatlich veranschlagt. **6-21**

Die variablen Kosten je Kunststoffdach setzen sich wie folgt zusammen:

Materialeinzelkosten 42,00 €, Fertigungseinzelkosten 6,00 €

Der Nettoverkaufspreis wird auf 168,00 € je Stück estgesetzt. Wie viele Erzeugnisse müssen abgesetzt werden, damit dieser neue Produktionszweig zumindest kostendeckend arbeitet?

Ein Unternehmen der Heimwerkerbranche verkauft Werkbänke zum Stückpreis von 350,00 € (285,00 €) netto an Heimwerkerfachgeschäfte. **6-22**

Bei einer Kapazitätsauslastung von 70,00 % (80,00 %) – die monatliche Gesamtkapazität beträgt für beide Aufgaben 500 Stück – belaufen sich die variablen Kosten auf insgesamt 94.500,00 € (102.000,00 €), die fixen Kosten auf 15.200,00 € (12.900,00 €). **6-23**

Arbeitsaufträge:

a) Ermitteln Sie den Deckungsbeitrag je Einheit sowie den Gesamtdeckungsbeitrag, und geben Sie an, welcher Gewinn bzw. Verlust erzielt worden ist!

b) Ermitteln Sie rechnerisch und zeichnerisch, bei welcher Beschäftigung der Break-Even-Point liegt!

   Arbeitshinweis zur grafischen Darstellung:
   Tragen Sie in einem Diagramm auf der x-Achse die Menge (100 Stück = 2 cm = 4 Karos) und auf der y-Achse die Kosten und die Erlöse (20.000,00 € = 1 cm = 2 Karos) ein. Zeichnen Sie die Erlösgerade, die Fixkosten- und die Gesamtkostengerade in das Diagramm ein, und kennzeichnen Sie die kritische Menge sowie die Gewinn- und die Verlustzone!

6.2.3 Kurzfristige und langfristige Preisuntergrenze

Situation

Die Geschäftsleitung der Spielekonsolenfabrik (siehe Situation 6.2) hat aus preispolitischen Gründen einem Preis von 270,00 € je Stück netto für die Spielkonsole T 2010 zugestimmt. Man ist zuversichtlich, die erforderliche Mindestabsatzmenge von 4.000 Stück je Monat verkaufen zu können.

Problem 1

Wie ist die Situation des Unternehmens zu beurteilen, das langfristig über die Erlöse gerade seine Kosten deckt?

Lösung

Bei einem Preis von 270,00 € und einer langfristig gesicherten Absatzmenge von 4.000 Spielkonsolen sind die Gesamtkosten des Unternehmens gedeckt. Das bedeutet, dass die Erlöse **alle** Kosten, also auch die Abschreibungen erstatten. Damit sind die Ersatzinvestitionen gesichert, sodass die Substanz auf Dauer erhalten bleibt.

Man bezeichnet daher den Preis, der bei bestimmter Absatzmenge gerade die Gesamtkosten deckt (Break-Even-Point), als **langfristige Preisuntergrenze.**

Ein Unternehmen, das sich langfristig auf Kostendeckung einstellt, also keine Gewinne erzielt, ist bei Absatzrückgang stark gefährdet, da es über keine finanziellen Reserven verfügt.

Problem 2

Soll ein Unternehmen die Produktion einstellen, wenn die Erlöse die Kosten nicht decken?

Lösung

Lassen sich zu einem Stückpreis von 270,00 € nur 3.000 Spielkonsolen absetzen, muss das Unternehmen einen Verlust von 45.000,00 € hinnehmen. Es stellt sich die folgende Frage: Soll der Preis noch weiter gesenkt werden, um den Absatz entsprechend zu erhöhen, oder soll die Fertigung dieses Artikels eingestellt werden?

Bei einem Produktionsstopp fallen bestenfalls die variablen Kosten von 675.000,00 € weg; die fixen Kosten (Miete, Gehälter aufgrund längerfristiger Verträge, Abschreibungen, Zählergebühren usw.) in Höhe von 180.000,00 € bleiben zunächst bestehen.

Bei einem Preis, der genau den variablen Stückkosten entspricht, ist der Verlust bei Fortführung der Produktion genauso hoch wie bei Einstellung der Fertigung. Der Betrieb ist jedoch weiterhin mit diesem Artikel auf dem Markt vertreten, und die Arbeitsplätze bleiben erhalten.

Der durch die nicht gedeckten Fixkosten entstehende Verlust kann nur kurzfristig hingenommen werden (z. B. »Lockangebote«); Dauerverluste würden zur Insolvenz führen. Man bezeichnet den Preis, der nur die variablen Stückkosten deckt, als **kurzfristige Preisuntergrenze.**

Jeder Stückpreis zwischen 225,00 € (Deckung der variablen Stückkosten) und 270,00 € (Vollkostendeckung bei einem Mindestabsatz von 4 000 Stück) bringt bereits einen Deckungsbeitrag und gleicht damit mindestens einen Teil der Fixkosten aus. Man kann deshalb Folgendes sagen: Auch ein Preis, der geringfügig über den variablen Stückkosten von 225,00 € liegt, verringert den durch die Fixkosten verursachten Verlust.

Eine Preisfestsetzung unter Selbstkosten hat allerdings den Nachteil, dass die Abnehmer sich an diesen niedrigen Preis gewöhnen. Eine Rückkehr zur Vollkostendeckung wird damit erschwert.

6.2.4 Der Deckungsbeitrag als Mittel der Sortimentsbewertung

Situation

Das Kostenträgerblatt (BAB II) eines Fruchtsaftgetränkeherstellers zeigt für den abgelaufenen Monat bei drei Getränkesorten folgendes Bild:

	Kostenträger insgesamt €	**Kostenträger** Orangensaft €	Zitronensaft €	Apfelsaft €
MEK	150.000,00	80.000,00	50.000,00	20.000,00
MGK 10,00 %	15.000,00	8.000,00	5.000,00	2.000,00
MK	165.000,00	88.000,00	55.000,00	22.000,00
FEK	140.000,00	70.000,00	40.000,00	30.000,00
FGK 150,00 %	210.000,00	105.000,00	60.000,00	45.000,00
FK	350.000,00	175.000,00	100.000,00	75.000,00
HK	515.000,00	263.000,00	155.000,00	97.000,00
VwGK 5,00 %	25.750,00	13.150,00	7.750,00	4.850,00
VtGK 15,00 %	77.250,00	39.450,00	23.250,00	14.550,00
SK	618.000,00	315.600,00	186.000,00	116.400,00
Umsatzerlöse (netto)	708.000,00	374.600,00	246.000,00	87.400,00
Betriebsergebnis	+ 90.000,00	+ 59.000,00	+ 60.000,00	– 29.000,00

Aufgrund der Umsatzergebnisse wurde der Unternehmensleitung folgender Vorschlag gemacht:

Die Produktion von Apfelsaft wird eingestellt!

Begründung:

Das negative Umsatzergebnis hat das Gesamtergebnis ungünstig beeinflusst. Ohne Apfelsaftproduktion wäre ein Umsatzergebnis von 59.000,00 € + 60.000,00 € = 119.000,00 € erzielt worden.

Problem

Ist die Entscheidung, die Produktion eines »Verlustartikels« einzustellen, bei Anwendung der Deckungsbeitragsrechnung richtig?

Lösung

In unserer Situation wollen wir von der Annahme ausgehen, dass die Materialeinzelkosten (MEK) und die Fertigungseinzelkosten (FEK) als variabel anzusehen sind, die Gemeinkosten jedoch fixe Kosten darstellen.

Unter Berücksichtigung dieser Gegebenheiten sieht die Rechnung bei Einstellung der Apfelsaftproduktion wie folgt aus:

Ergebnisrechnung	Orangensaft	Zitronensaft	insgesamt
Netto-Umsatzerlöse	374.600,00 €	246.000,00 €	620.600,00 €
– variable Kosten	150.000,00 €	90.000,00 €	240.000,00 €
= Deckungsbeitrag	224.600,00 €	156.000,00 €	380.600,00 €
– fixe Kosten[1]			328.000,00 €
= Betriebsergebnis (Gewinn)			52.600,00 €

[1] Summe aus MGK, FGK, VwGK und VtGK im Kostenträgerblatt

Der Gewinn verringert sich also durch die Einstellung der Apfelsaftproduktion. Das Ergebnis überrascht nicht, wenn man bedenkt, dass die Fixkosten auch nach Einstellung der Apfelsaftproduktion in voller Höhe bestehen bleiben und von den beiden anderen Produkten getragen werden müssen.

Erhält man die Apfelsaftproduktion aufrecht, so stehen den Umsatzerlösen für Apfelsaft von 87.400,00 € variable Einzelkosten in Höhe von 50.000,00 € gegenüber. Die Differenz ergibt einen Deckungsbeitrag von 37.400,00 €. Mit seiner Hilfe kann ein Teil der Fixkosten abgedeckt werden und damit das Betriebsergebnis um diesen Betrag auf 90.000,00 € (52.600,00 € + 37.400,00 €) verbessert werden.

Die Entscheidung, ein Produkt mit positivem Deckungsbeitrag aus dem Programm zu nehmen, sollte demnach sorgfältig abgewogen sein. Wenn Artikel im Produktionsprogramm enthalten sind, die einen Stückgewinn erbringen, kann der Betrieb es sich auch langfristig leisten, Artikel im Sortiment zu halten, deren Preise die Stückkosten nicht *voll* decken. Dies dient u. a. dem Angebot eines umfassenden Sortiments.

6.2.5 Optimales Produktionsprogramm (ein Engpass)

Situation

Ein Fruchsaftgetränkehersteller führt in seinem Produktionsprogramm Orangensäfte mit unterschiedlichen Orangenkonzentratanteilen. Die Sorte »Bestmarke« erbringt bei einem Nettoverkaufserlös von 12,00 € je Kiste und variablen Kosten von 8,00 € je Kiste einen Deckungsbeitrag von 4,00 € je Kiste (= 12 Flaschen).

»Orangehit« erzielt einen Deckungsbeitrag von 3,00 € je Kiste, »Exquisit« kommt je Kiste auf 2,70 €, und der Deckungsbeitrag bei »Superorange« beträgt 5,00 € je Kiste.

Marktuntersuchungen haben ergeben, dass jährlich absetzbar sind:

Bestmarke	60.000 Kisten	= Gesamtdeckungsbeitrag	240.000,00 €
Orangehit	84.000 Kisten	= Gesamtdeckungsbeitrag	252.000,00 €
Exquisit	114.000 Kisten	= Gesamtdeckungsbeitrag	307.800,00 €
Superorange	30.000 Kisten	= Gesamtdeckungsbeitrag	150.000,00 €
			949.800,00 €

Alle Flaschen müssen dieselbe Abfüllanlage durchlaufen.

Diese Anlage bildet mit 1.600 Produktionsstunden im Jahr einen betrieblichen Engpass. Die Durchlaufmengen der einzelnen Sorten sind aufgrund unterschiedlicher Flaschengrößen und -inhalte nicht gleich.

So können im Jahr *wahlweise* 160.000 Kisten Bestmarke
oder 224.000 Kisten Orangehit
oder 240.000 Kisten Exquisit
oder 120.000 Kisten Superorange abgefüllt werden.

Problem

Welche Produkte sollen bei Fertigungsengpässen hergestellt werden, um den höchsten Gesamtdeckungsbeitrag zu erzielen? Wie lautet das **optimale Produktionsprogramm**?

Lösung

Die Angaben über die Produktionsmengen je Jahr und je Sorte machen es möglich, die Fertigungsmengen auf eine Stunde der Abfüllanlage umzurechnen.

Sorten	Produktionsmenge je Jahr	:	Maschinenstunden je Jahr	=	Produktionsmengen je Stunde
Bestmarke	160.000 Kisten	:	1 600 Stunden	=	100 Kisten
Orangehit	224.000 Kisten	:	1 600 Stunden	=	140 Kisten
Exquisit	240.000 Kisten	:	1 600 Stunden	=	150 Kisten
Superorange	120.000 Kisten	:	1 600 Stunden	=	75 Kisten

Exquisit hat damit je Stunde die höchste Ausbringungsmenge, gefolgt von Orangehit, Bestmarke und Superorange.

Mit diesen Angaben kann jetzt ein **relativer Deckungsbeitrag** bestimmt werden. Er ist der Beitrag, den jede Sorte in derselben Zeiteinheit, z. B. in einer Maschinenstunde, leistet.

Der uns bereits bekannte stückbezogene Deckungsbeitrag wird im Gegensatz dazu als **absoluter Deckungsbeitrag** bezeichnet.

Sorten	Produktionsmengen je Stunde	·	absoluter DB = DB je Kiste	=	relativer DB = DB je Stunde
Bestmarke	100 Kisten	·	4,00 €	=	400,00 €
Orangehit	140 Kisten	·	3,00 €	=	420,00 €
Exquisit	150 Kisten	·	2,70 €	=	405,00 €
Superorange	75 Kisten	·	5,00 €	=	375,00 €

Die Zahl der jährlichen Produktionsstunden der Abfüllanlage ist auf 1.600 begrenzt. Daher muss das Produktionsprogramm die Sorten bevorzugt aufnehmen, die den höchsten relativen Deckungsbeitrag aufweisen. Daraus ergibt sich die **Rangfolge:**

1. Orangehit
2. Exquisit
3. Bestmarke
4. Superorange

Nach der Marktsituation lassen sich 84.000 Kisten Orangehit absetzen. Für diese Produktionsmenge werden 600 Maschinenstunden benötigt (84.000 Kisten : 140 Kisten je Stunde).

Nach entsprechender Berechnung erfordert die Abfüllung von 114.000 Kisten Exquisit 760 Maschinenstunden.

Von den insgesamt zur Verfügung stehenden 1.600 Maschinenstunden bleiben nur noch 240 Stunden übrig.

Auf dem dritten Rang steht Bestmarke. Da von dieser Sorte 100 Kisten pro Stunde abgefüllt werden können, ergibt sich für 240 Maschinenstunden eine Ausbringungsmenge von 24.000 Kisten Bestmarke. Mehr kann davon nicht hergestellt werden. Superorange fällt aus dem Produktionsprogramm heraus.

Sorten	Produktionsmengen je Jahr	:	Produktionsmengen je Stunde	=	Maschinenstunden je Sorte
Orangehit	84.000 Kisten	:	140 Kisten	=	600 M.-Std.
Exquisit	114.000 Kisten	:	150 Kisten	=	760 M.-Std.
Bestmarke	24.000 Kisten	:	100 Kisten	=	240 M.-Std.
				=	1.600 M.-Std.

Der Ermittlung des Gesamtdeckungsbeitrages steht jetzt nichts mehr im Wege.

Sorten	Produktionsmengen je Jahr	·	absoluter Deckungsbeitrag	=	Gesamt-deckungsbeitrag
Orangehit	84.000 Kisten	·	3,00 €	=	252.000,00 €
Exquisit	114.000 Kisten	·	2,70 €	=	307.800,00 €
Bestmarke	24.000 Kisten	·	4,00 €	=	96.000,00 €
				=	655.800,00 €

Hätte sich das Unternehmen nur an den absoluten Deckungsbeiträgen orientiert, wäre folgender Gesamtdeckungsbeitrag erzielt worden. Die Sorten im Produktionsprogramm wären aufgrund der höchsten absoluten Deckungsbeiträge Superorange, gefolgt von Bestmarke und Orangehit.

$$\text{Superorange} \quad \frac{30.000 \text{ Kisten}}{75 \text{ Kisten / Std.}} = 400 \text{ Stunden}$$

$$\text{Bestmarke} \quad \frac{60.000 \text{ Kisten}}{100 \text{ Kisten / Std.}} = 600 \text{ Stunden}$$

$$\text{Orangehit} \quad \frac{84.000 \text{ Kisten}}{140 \text{ Kisten / Std.}} = 600 \text{ Stunden}$$

$$= 1.600 \text{ Stunden}$$

Sorten	Produktionsmenge je Jahr	·	absoluter Deckungsbeitrag	=	Gesamt-deckungsbeitrag
Superorange	30.000 Kisten	·	5,00 €	=	150.000,00 €
Bestmarke	60 000 Kisten	·	4,00 €	=	240.000,00 €
Orangehit	84 000 Kisten	·	3,00 €	=	252.000,00 €
				=	642.000,00 €

Der Deckungsbeitrag wäre um 13.800,00 € geringer.

Merke:

1. Verkaufspreise, die bei bestimmter, langfristig gesicherter Absatzmenge gerade die Gesamtkosten (variable und fixe Kosten) decken, werden als **langfristige Preisuntergrenze** bezeichnet.
2. Verkaufspreise, die nur die variablen Stückkosten decken, gelten als **kurzfristige Preisuntergrenze,** da Verluste nur kurzfristig verkraftet werden können.
3. Die Differenz zwischen Netto-Stückerlös und variablen Stückkosten wird als **absoluter** Deckungsbeitrag bezeichnet.
4. Verkaufspreise, die einen Deckungsbeitrag ergeben, der nur einen Teil der auf diese Produktart entfallenden Fixkosten deckt, sind auch langfristig preispolitisch vertretbar. Voraussetzung ist, dass andere Produkte Deckungsbeiträge erwirtschaften, die diese Verluste mindestens ausgleichen.
5. Der Deckungsbeitrag, den ein Produkt in einer bestimmten Zeiteinheit bzw. je Engpasseinheit erbringt, heißt **relativer** Deckungsbeitrag.
6. Zur Sortimentsbewertung werden die relativen Deckungsbeiträge verschiedener Produkte verglichen.

Aufgaben zu 6.2.3 bis 6.2.5

Ein Unternehmen der Lederbranche hat sich auf die Herstellung modischer Nappa- **6–24**
lederhosen für Damen spezialisiert. Sie werden zum Nettopreis von 698,00 € (649,00 €
je Stück) an den Fachhandel und Boutiquen verkauft. **6–25**

Die Stückkosten betragen 650,00 € (660,00 €) bei einer Kapazitätsauslastung von 60,00 % (55,00 %). – Die monatliche Gesamtkapazität beträgt 800 Stück (800 Stück).

Somit ergibt sich ein Stückgewinn von 48,00 € (Stückverlust von 11,00 €) je Hose.

Ein in Aussicht gestellter Zusatzauftrag eines Großkunden könnte den Beschäftigungsgrad für Monate um 15,00 % (20,00 %) erhöhen.

Der Kunde ist allerdings nur bereit, 620,00 € (605,00 €) für jede zusätzlich bestellte Hose zu bezahlen.

Die monatlichen Fixkosten belaufen sich auf 52.800,00 € (39.600,00 €), die variablen Kosten je Hose betragen 540,00 € (570,00 €) – unterstellt wird ein proportionaler Kostenverlauf.

Arbeitsaufträge:

a) Ermitteln Sie den Gewinn/Verlust je Hose bei Vollkostenrechnung für den Zusatzauftrag!

b) Errechnen Sie den Deckungsbeitrag pro Hose, der sich bei einem Nettoverkaufspreis von 620,00 € (605,00 €) ergibt!

c) Welcher Gesamtgewinn/-verlust ergibt sich, wenn das Unternehmen den Auftrag
   1. nicht annimmt? 2. annimmt?

d) Wie wird sich das Unternehmen entscheiden?

6-26 **Lückentest**

In dem folgenden Text sind wichtige Begriffe ausgelassen. Die Lücken sind gekennzeichnet mit (a) bis (l). Schreiben Sie in Ihrem Arbeitsheft zu den einzelnen Buchstaben die zugehörigen Begriffe nieder!

Ein Unternehmen hat aus absatzpolitischen Gründen (viele Konkurrenten) den Preis für ein Erzeugnis so weit ...(a)..., dass langfristig mindestens ein Absatz zu erwarten ist, der die Gesamtkosten deckt. In diesem Fall gibt der Preis die ...(b)... ...(c)... an.

In der grafischen Darstellung schneiden sich die ...(d)... und die ...(e)... bei der erwarteten Mindestabsatzmenge.

Der Schnittpunkt dieser Geraden heißt ...(f)... Eine weitere Preissenkung, die nur eine Deckung der ...(g)... Stückkosten erbringt, ergibt die ...(h)... ...(i)... Jeder Preis zwischen den genannten Preisen erbringt einen ...(j)... und gleicht zumindest einen Teil der ...(k)... aus.

Manchmal ist es sogar sinnvoll, ein Produkt im Sortiment zu belassen, das nur die variablen Kosten einbringt, wenn andere Produkte Deckungsbeiträge erzielen, die bereits den gesamten ...(l)... abdecken.

6-27 **Fragenbeantwortung**

a) Wodurch unterscheiden sich die Netto-Umsatzerlöse einzelner Kostenträger von den Umsatzergebnissen der jeweiligen Kostenträger?

b) Warum sollte ein negatives Ergebnis eines Kostenträgers nicht unbedingt dazu führen, dass man dieses Produkt aus dem Sortiment herausnimmt?

c) Wie kann ein positiver Deckungsbeitrag eines Kostenträgers das Betriebsergebnis beeinflussen?

d) Unter welchen Produktions- bzw. Sortimentsgegebenheiten ist ein Produkt zu eliminieren, obwohl es einen positiven Deckungsbeitrag erbringt?

e) In welchem Fall sollte andererseits ein Erzeugnis mit negativem Deckungsbeitrag nicht aus dem Produktionsprogramm herausgenommen werden?

6-28 Eine Möbelfabrik produzierte im letzten Monat 800 Gartenstühle und 200 Liegen, die auch abgesetzt wurden.

Die fixen Kosten betrugen 35.000,00 € je Monat.

	Gartenstühle	**Liegen**
Netto-Verkaufspreis/Stück	90,00 €	260,00 €
variable Kosten/Stück	50,00 €	180,00 €

Arbeitsaufträge:

1. Wie hoch ist der Deckungsbeitrag je Artikel insgesamt und je Stück?
   Wie hoch ist das Betriebsergebnis?
2. Der Absatz der Liegen ist gegenüber den Vormonaten rückläufig. Da die Produktionsanlagen für die Liegen auch für die Herstellung von Gartenstühlen geeignet sind, plant das Unternehmen die Einstellung der Liegenproduktion.
   Wie viele Gartenstühle müssen insgesamt hergestellt und abgesetzt werden, wenn sich die Erfolgssituation nicht verändern soll?
3. Nach Marktuntersuchungen kommt das Unternehmen zu dem Ergebnis, dass der Absatz an Gartenstühlen begrenzt ist.
   Die Produktionsanlagen für Liegen lassen sich aber teilweise auch für die Herstellung von Sesseln umbauen. Das Unternehmen plant daher, Sessel in sein Produktionsprogramm aufzunehmen. Dazu sind aber eine Kapazitätserweiterung

und ein Ausbau der Absatzorganisation notwendig. Es würden dadurch zusätzlich 15.000,00 € Fixkosten je Monat entstehen.
Der Sessel könnte zu einem Netto-Verkaufspreis von 140,00 € pro Stück verkauft werden. Die variablen Kosten pro Sessel würden 80,00 € betragen.
Lohnt sich für den Betrieb die Aufnahme der Sesselproduktion, wenn mit einem festen Absatz von 500 Sesseln und 900 Gartenstühlen monatlich gerechnet werden kann? Die Antwort ist durch Zahlen zu belegen.

6–29

Eine kleine chemische Fabrik stellt vier Sorten einer Möbelpolitur her, die über den Einzelhandel (Drogerien, Supermärkte usw.) vertrieben werden.

Sie erzielt je Flasche folgende Nettoverkaufserlöse:

Sorte 1: 1,20 € Sorte 2: 1,60 € Sorte 3: 2,00 € Sorte 4: 2,20 €

Das Unternehmen gewährt den Händlern folgende Rabatte auf den Nettowarenwert:

Sorte 1: 15,00 % Sorte 2: 20,00 % Sorte 3: 25,00 % Sorte 4: 30,00 %

Im abgelaufenen Monat wurden folgende Stückzahlen produziert und abgesetzt:

Sorte 1: 198.000 Stück Sorte 3: 55.000 Stück
Sorte 2: 220.000 Stück Sorte 4: 145.000 Stück

Die variablen Materialkosten und die variablen Fertigungskosten verteilen sich wie folgt:

Sorte:	Materialkosten	Fertigungskosten
1	22.000,00 €	17.600,00 €
2	88.000,00 €	22.000,00 €
3	33.000,00 €	22.000,00 €
4	140.000,00 €	41.250,00 €

Außerdem fallen noch fixe Gemeinkosten in Höhe von 260.000,00 € an.

Arbeitsaufträge:

a) Berechnen Sie die Deckungsbeiträge der vier Sorten und ermitteln Sie das Betriebsergebnis!

b) Die Fabrikationsanlage für die Sorte 2 ist zurzeit nur zu 80 Prozent ausgelastet. Verhandlungen mit einem Auslandskunden für eine zusätzliche Abnahmemenge von 50.000 Flaschen der Sorte 2 stehen kurz vor dem Abschluss. Streitpunkt ist die Forderung des Kunden nach 50 Prozent Rabatt.
Soll das Unternehmen den Vertrag unter diesen Bedingungen abschließen? Begründen Sie Ihre Lösung durch Zahlenmaterial!

c) Die Anlagen für die Produktion der Sorte 3 eignen sich auch für die Produktion der Sorte 1. Das Unternehmen erwägt die Einstellung der Produktion von Sorte 3, dafür aber die Produktion der Sorte 1 zu erweitern.
Wie viele Flaschen der Sorte 1 müssten mehr hergestellt und verkauft werden, wenn mindestens der bisher erzielte Deckungsbeitrag der Sorte 3 erwirtschaftet werden soll?

d) Die Verkaufsabteilung ist der Meinung, dass von Sorte 1 statt bisher 198.000 künftig 250.000 Flaschen abgesetzt werden könnten.
Um wie viel € würde der Gesamtgewinn steigen, wenn nach der Umstellung auf der Anlage 3 jetzt 52.000 Flaschen der Sorte 1 produziert werden?

e) Wie ist die Situation zu beurteilen, wenn die Absatzerhöhung nur bei einer Senkung der Nettoverkaufspreise von 10 Prozent für die gesamte Absatzmenge der Sorte 1 möglich ist?

f) Wie ist die Situation zu beurteilen, wenn nur die zusätzlich auf der Anlage 3 produzierten Flaschen zu einem um 15 Prozent gesenkten Nettoverkaufspreis abzusetzen sind?

6-30 **Kostenträgerblatt und Deckungsbeitragsrechnung**

Ein Unternehmen der Elektronikbranche stellt drei Typen von Schachcomputern her.

Folgende Werte sind für die drei Typen bekannt:

Typen	Materialeinzelkosten	Fertigungseinzelkosten	Netto-Umsatzerlöse
»Learner«	60.000,00 €	50.000,00 €	301.815,00 €
»Trainer«	70.000,00 €	70.000,00 €	299.860,00 €
»Superstar«	100.000,00 €	70.000,00 €	405.605,00 €

Das Unternehmen kalkuliert zurzeit mit folgenden Normalgemeinkostensätzen:

Materialgemeinkosten	15,00 %
Fertigungsgemeinkosten	165,00 %
Verwaltungsgemeinkosten	12,00 %
Vertriebsgemeinkosten	9,00 %

Arbeitsaufträge:

a) Stellen Sie nach diesen Angaben zunächst auf der Basis der Vollkostenrechnung mithilfe eines Tabellenkalkulationsprogramms ein Kostenträgerblatt auf!

b) Kommentieren Sie die Umsatzergebnisse der drei Typen hinsichtlich ihrer Relevanz für die Sortimentsgestaltung!

c) Erstellen Sie nach dem Muster aus Kap. 6.2.4 ein Lösungsschema als Deckungsbeitragsrechnung! Übernahme der Werte aus a)! Die im Kostenträgerblatt ausgewiesenen Gemeinkosten sind in diesem Fall als fix zu betrachten.

d) Beurteilen Sie die Sortimentsentscheidung zu b) nunmehr aus der Sicht der Deckungsbeitragsrechnung!

6-31 Eine Backwarenfabrik stellt drei Sorten von Gebäck her. Alle drei Sorten kommen in 500-Gramm-Packungen auf den Markt. Für die Produktion steht **eine** Backofenanlage zur Verfügung. Wegen der unterschiedlichen Backzeiten kann sie jeweils nur für **eine** Sorte eingesetzt werden.

Bekannte Daten:

	wahlweise:		
	A	B	C
Herstellbare Mengen in Packungen je Ofenfüllung	1 000	1 200	2 100
Backzeit in Minuten für die genannten Mengen	7,5	6	4
Variable Kosten je Packung €	3,13	2,54	1,86
Verkaufspreis je Packung €	3,20	2,60	1,90
Fixkosten insgesamt 254.800,00 €			

Arbeitsaufträge:

a) Welche Menge kann von jeder Sorte je Stunde gefertigt werden?

b) Die Geschäftsleitung möchte für ihre Werbepolitik wissen, welche der drei Sorten aus kostenrechnerischer Sicht am stärksten gefördert werden sollte.

c) Welcher Gesamterfolg ließe sich erzielen, wenn die gesamte Backzeit von 380 Stunden im Monat für die Gebäcksorte mit dem höchsten relativen Deckungsbeitrag genutzt würde?

d) Aus absatzpolitischen Gründen ist es notwendig, alle drei Sorten zu produzieren. Welchen Gesamterfolg erzielt das Unternehmen im Monat, wenn der Backofen 190 Stunden für die Sorte A, 40 Stunden für die Sorte B, 150 Stunden für die Sorte C eingesetzt wird?

Deckungsbeitragsrechnung mit Engpasssituation **6-32**

Ein Unternehmen der Tabakwarenbranche produziert hauptsächlich vier Zigarrensorten:

Markenbezeichnung	Netto-Verkaufspreis je Kiste mit 10 Zigarren	variable Kosten	mögliche Absatzmenge
I Sumatra hell	20,00 €	16,00 €	200.000 Kisten
II Brasilia	30,00 €	21,00 €	170.800 Kisten
III Astor Fehlfarben	12,00 €	9,00 €	397.800 Kisten
IV Patriarch	45,00 €	27,00 €	110.000 Kisten

Wegen der großen Absatzmengen ist die Eigenfertigung der Zigarrenkisten für das Unternehmen günstiger als der Fremdbezug. Allerdings liegt in der Fertigung der Kisten ein Engpass vor.

Im Betrieb können bei geplanten 1.800 Produktionsstunden im Jahr entweder

	576.000	Kisten für Sumatra hell
oder	504.000	Kisten für Brasilia
oder	1.404.000	Kisten für Astor Fehlfarben
oder	450.000	Kisten für Patriarch hergestellt werden.

Arbeitsaufträge:

a) Ermitteln Sie für die vier Sorten die relativen Deckungsbeiträge je Stunde und leiten Sie daraus eine Rangfolge ab!

b) Wie hoch wäre in dieser Engpasssituation der Gesamtdeckungsbeitrag, wenn nur mit absoluten Deckungsbeiträgen gerechnet würde?

c) Wie hoch ist der Gesamtdeckungsbeitrag unter Berücksichtigung relativer Deckungsbeiträge?

d) Die Unternehmensleitung beschließt, die möglichen Absatzmengen voll auszuschöpfen. Dazu ist die Fehlmenge an Kisten zu Mehrkosten von 0,50 €/Stück hinzuzukaufen.
   - Berechnen Sie mit den Ergebnissen aus c) die Mehrkosten für den Fremdbezug!
   - Wie ändert sich durch diese Maßnahme der Gesamtdeckungsbeitrag?

6.3 Mehrstufige Deckungsbeitragsrechnung: Fixkostendeckungsrechnung

6.3.1 Stufenweise Auflösung des Fixkostenblocks

Situation

Die Kosmetikfabrik Wunder & Schön GmbH in Bielefeld, bekannt für exclusive Produkte für die Dame, stellt neben einer Nährcreme und einer Tag-/Nachtcreme auch Haarpflegemittel wie Shampoo und Haarspray her. Eine neue After-Shave-Lotion für den Herrn rundet die Produktpalette ab.

Folgende Aufstellung gibt einen Überblick über die Nettoverkaufspreise, die Deckungsbeiträge und den Erfolg des abgelaufenen Geschäftsjahres.

Deckungsbeitragsrechnung

Text	Nährcreme	Tag-/ Nachtcreme	Shampoo	Haarspray	After-Shave-Lotion	gesamt
Absatz in Stück	*100 000*	*150 000*	*200 000*	*90 000*	*40 000*	
	€	€	€	€	€	
Nettoverkaufspreise je Stück	40,00	42,00	4,50	6,00	34,00	
– variable Kosten je Stück	16,00	39,00	3,00	3,00	22,00	
Deckungsbeitrag je Stück	24,00	3,00	1,50	3,00	12,00	€
Deckungsbeitrag je Sorte	2.400.000,00	450.000,00	300.000,00	270.000,00	480.000,00	3.900.000,00
– Fixkosten						3.700.000,00
Betriebsergebnis						200.000,00

Die Geschäftsleitung ist mit dem Gewinn von 200.000,00 € nicht zufrieden. Ein Konkurrenzunternehmen mit einer vergleichbaren Produktpalette hat vor kurzem die Herstellung von Haarpflegemitteln eingestellt. Daher befürchtet man in der Chefetage, dass auch im eigenen Unternehmen diese Produktgruppe zu kostenaufwendig produziert wird.

Der hohe Fixkostenblock von 3.700.000,00 € ist nur als Gesamtgröße bekannt. Eine Zurechnung von Fixkosten auf die einzelnen Produkte ließe eine genauere Beurteilung im Hinblick auf deren Beitrag zum Gewinn zu.

Problem

Lassen sich einzelnen Produkten, zumindest Produktgruppen, bestimmte Fixkostenanteile zuordnen?

Ist damit eine bessere Beurteilung der Produkte im Hinblick auf deren Beitrag zum Erfolg möglich?

Lösung

① Bei manchen Kostenarten, die man den fixen Kosten zurechnet, lassen sich mit Sicherheit Kostenanteile bestimmten Produkten bzw. Produktgruppen zuordnen.

Einige maschinelle Anlagen sind speziell für die Herstellung einzelner Artikel installiert worden. Deren Abschreibungen, Betriebs- und Wartungskosten werden daher nur durch diese Produktart verursacht. Die Maschinen werden von bestimmten Arbeitern bedient oder kontrolliert. Soweit deren Löhne nicht als Fertigungseinzelkosten erfasst wurden, lassen sie sich als Hilfslöhne ebenfalls der Produktart zurechnen. Die hier genannten Fixkosten nennt man **Erzeugnisfixkosten.** Sie sind *direkt* der während einer *Periode* hergestellten Stückzahl eines bestimmten *Erzeugnisses* zurechenbar. Weitere Erzeugnisfixkosten sind z. B. Patent- und Lizenzkosten sowie Entwicklungskosten.

Bei der Firma Wunder & Schön werden folgende Erzeugnisfixkosten ermittelt:

für Nährcreme	360.000,00 €
für Tag-/Nachtcreme	470.000,00 €
für Shampoo	170.000,00 €
für Haarspray	90.000,00 €
für After-Shave-Lotion	240.000,00 €
	1.330.000,00 €

Damit sind aus dem Fixkostenblock von 3.700.000,00 € bereits 1.330.000,00 € herausgelöst und verursachungsgerecht verteilt worden.

② Der Produktionsbereich, in dem Cremes hergestellt werden, ist räumlich von den Fertigungsstätten für Haarpflegemittel incl. After-Shave-Lotion getrennt. Daher ist eine Aufteilung der Mietkosten auf diese zwei Produktgruppen möglich. Da für die Produktgruppen Gruppenleiter, Meister oder Vorarbeiter verantwortlich sind, lassen sich deren Gehälter bzw. Löhne ebenfalls aus dem Fixkostenblock herauslösen. Sie sind zwar nicht mehr einzelnen Produkten, wohl aber Produktgruppen direkt zurechenbar. Man nennt diese Fixkosten daher **Erzeugnisgruppenfixkosten.**

Bei der Firma Wunder & Schön sind folgende Erzeugnisgruppenfixkosten angefallen:

für Cremes	900.000,00 €
für Haarpflegemittel	360.000,00 €
	1.260.000,00 €

Damit belaufen sich die noch nicht verteilten Fixkosten auf 1.110.000,00 € (3,7 Mio. € Gesamtfixkosten – 1,33 Mio. € Erzeugnisfixkosten – 1,26 Mio. € Erzeugnisgruppenfixkosten).

③ Auch diesen Fixkostenbetrag kann man noch weiter aufgliedern, denn in der Wunder & Schön GmbH werden die Kosmetika für die Dame und für den Herrn in getrennten Bereichen hergestellt. Diesen Bereichen stehen verschiedene Abteilungsleiter und Betriebsleiter vor; Rohstoffe und Fertigerzeugnisse werden getrennt gelagert. Es ist auch denkbar, dass bestimmte Verwaltungsabteilungen (Marktforschung, Werbung, Arbeitsvorbereitung etc.) nur für bestimmte Bereiche tätig werden. Die bestimmten Bereichen zurechenbaren Fixkosten bezeichnet man als **Bereichsfixkosten.**

Bei der Wunder & Schön GmbH entfallen:

auf den Bereich Damenkosmetika	350.000,00 €
auf den Bereich Herrenkosmetika	80.000,00 €

④ Der Rest der Fixkosten in Höhe von 680.000,00 € (1.110.000,00 € – 430.000,00 €) enthält z. B. noch nicht verrechnete Gebäudekosten, Kosten der Geschäftsleitung wie Gehälter, Geschäftswagen, Chauffeur, Kosten bestimmter Abteilungen wie Personalbereich, Rechnungswesen etc. Er ist nicht verteilbar. Solche Fixkosten sind direkt nur dem Unternehmen zurechenbar. Man bezeichnet sie daher als **Unternehmensfixkosten.** Sie müssen von dem Restdeckungsbeitrag aller Produkte getragen werden.

Folgende Gesamtdarstellung soll die Zusammenhänge verdeutlichen:

Fixkostendeckungsrechnung

Text	Bereich I				Bereich II	gesamt
	Erzeugnisgruppe 1		Erzeugnisgruppe 2		After-Shave-Lotion	
	Nährcreme	Tag-/Nachtcreme	Shampoo	Haarspray		
	€	€	€	€	€	€
Umsatzerlöse	4.000.000,00	6.300.000,00	900.000,00	540.000,00	1.360.000,00	13.100.000,00
– variable Kosten	1.600.000,00	5.850.000,00	600.000,00	270.000,00	880.000,00	9.200.000,00
Deckungsbeitrag I	2.400.000,00	450.000,00	300.000,00	270.000,00	480.000,00	3.900.000,00
– Erzeugnisfixkosten	360.000,00	470.000,00	170.000,00	90.000,00	240.000,00	1.330.000,00
Deckungsbeitrag II	2.040.000,00	– 20.000,00	130.000,00	180.000,00	240.000,00	2.570.000,00
	2.020.000,00		310.000,00			
– Erz'gruppenfixkosten	900.000,00		360.000,00		0,00	1.260.000,00
Deckungsbeitrag III	1.120.000,00		– 50.000,00		240.000,00	1.310.000,00
– Bereichsfixkosten	350.000,00				80.000,00	430.000,00
Deckungsbeitrag IV	720.000,00				160.000,00	880.000,00
– Unternehmensfixkosten						680.000,00
Betriebsergebnis						200.000,00

Bei der sorgfältigen Analyse der Fixkostendeckungsrechnung kommt man zu folgenden Ergebnissen:

Ein Erzeugnis ist dann positiv zu bewerten, wenn es mindestens die variablen Kosten deckt. Bei Herausnahme eines Erzeugnisses fallen seine Erzeugnisfixkosten kurzfristig weiterhin an, können aber mittelfristig abgebaut werden. Im Beispiel würde daher eine Herausnahme des Erzeugnisses Tag-/Nachtcreme das Betriebsergebnis mittelfristig um 20.000,00 € verbessern. Daher sollten mittelfristig außer den variablen Kosten mindestens die Erzeugnisfixkosten gedeckt werden.

Bei der Erzeugnisgruppe 2 (Haarpflegemittel) entsteht nach Abzug der Erzeugnisgruppenfixkosten ein negativer Deckungsbeitrag von 50.000,00 €. Da auch die Erzeugnisgruppenfixkosten mittelfristig abgebaut werden können, würde eine Herausnahme der Erzeugnisgruppe 2 das Betriebsergebnis um weitere 50.000,00 € verbessern. Andererseits könnte auch versucht werden, die Erlöse zu erhöhen oder die variablen Kosten zu senken, sodass der Deckungsbeitrag III dann größer oder gleich 0 wird.

Auf jeden Fall sollten solche weitreichenden Sortimentsentscheidungen nicht auf Grund **einer** Ergebnisrechnung getroffen werden. Es kann sinnvoll sein, auch Produkte mit negativem Deckungsbeitrag im Sortiment zu behalten, um am Markt damit präsent zu sein. Ein geringfügiger negativer Deckungsbeitrag kann andererseits auch durch geeignete Maßnahmen auf der Erlös- und Kostenseite eventuell kompensiert werden.

Daher entschließt sich auch die Firma Wunder & Schön, das Sortiment zunächst beizubehalten und die folgenden Ergebnisrechnungen abzuwarten.

6.3.2 Die Fixkostendeckungsrechnung als Grundlage der Vorkalkulation

Situation

Die Kosmetikfabrik Wunder & Schön GmbH hat die Fixkostendeckungsrechnung wegen ihrer besseren Aussagekraft eingeführt und möchte sie nunmehr auch zur Verfeinerung der Vorkalkulation benutzen.
Vor allem die ungenügende Ertragslage bei den Erzeugnissen Tag-/Nachtcreme und Haarpflegemittel soll durch eine optimale Ausnutzung der Marktgegebenheiten verbessert werden. Darüber hinaus will sie ihr Produktionsprogramm um eine neue Nährcreme erweitern, für die bisher nur die Einzelkosten in Höhe von 26,06 € je Dose bekannt sind.

Problem

Wie kann man die Angebotspreise für die Erzeugnisse mithilfe der Fixkostendeckungsrechnung der Marktsituation möglichst exakt und sinnvoll anpassen?

Wie lassen sich alternative Angebotspreise für ein neues Produkt aufgrund verschiedener Kostendeckungsgrade ermitteln?

Lösung

Die Aufspaltung des Fixkostenblocks in Schichten, die bis auf die Unternehmensfixkosten bestimmten Produkten, Produktgruppen bzw. Produktbereichen zurechenbar sind, macht es möglich, jede Fixkostenschicht in Prozent zu entsprechenden Bezugsgrößen auszudrücken.

Um das neue Produkt kalkulieren zu können, muss man stufenweise vorgehen:

1. Schritt:

Berechnung der Zuschlagssätze für die Erzeugnisfixkosten, Erzeugnisgruppenfixkosten, Bereichsfixkosten und Unternehmensfixkosten

Im Betriebsabrechnungsbogen (BAB I) der traditionellen Vollkostenrechnung werden Zuschlagssätze ermittelt. So wird die Summe der Materialgemeinkosten in Prozent der Bezugsgröße Fertigungsmaterial und die Summe der Fertigungsgemeinkosten in Prozent der Fertigungslöhne ausgedrückt. Da Fertigungsmaterial und Fertigungslöhne variable Kosten sind, ein großer Teil der Gemeinkosten aber Fixkostencharakter hat, bietet sich ein analoges Vorgehen in der Fixkostendeckungsrechnung an.

So kann man die Erzeugnisfixkosten in Prozent der variablen Kosten der jeweiligen Produktart, die Erzeugnisgruppenfixkosten in Prozent der variablen Kosten der jeweiligen Produktgruppe ausdrücken, die Bereichsfixkosten in Prozent der variablen Kosten des Bereichs ermitteln und die Unternehmensfixkosten auf die gesamten variablen Kosten beziehen und in einem Zuschlagssatz erfassen.

Darstellung für das Kosmetikunternehmen Wunder & Schön GmbH:

$$\text{Erzeugnisfixkostenzuschlagssatz} = \frac{\text{Erzeugnisfixkosten} \cdot 100}{\text{variable Kosten der Erzeugnisart}}$$

Beispiel: »Erzeugnisart Nährcreme«

$$\text{Erzeugnisfixkostenzuschlagssatz} = \frac{360.000,00 \cdot 100}{1.600.000,00} = \underline{\underline{22,50\ \%}}$$

$$\text{Erzeugnisgruppenfixkostenzuschlagssatz} = \frac{\text{Erzeugnisgruppenfixkosten} \cdot 100}{\text{variable Kosten der Erzeugnisgruppe}}$$

Beispiel: »Erzeugnisgruppe Cremes«

$$\text{Erzeugnisgruppenfixkostenzuschlagssatz} = \frac{900.000{,}00 \cdot 100}{7.450.000{,}00} = \underline{\underline{12{,}08\ \%}}$$

$$\text{Bereichsfixkostenzuschlagssatz} = \frac{\text{Bereichsfixkosten} \cdot 100}{\text{variable Kosten des Bereichs}}$$

Beispiel: »Damenkosmetika«

$$\text{Bereichsfixkostenzuschlagssatz} = \frac{350.000{,}00 \cdot 100}{8.320.000{,}00} = \underline{\underline{4{,}21\ \%}}$$

$$\text{Unternehmensfixkostenzuschlagssatz} = \frac{\text{Unternehmensfixkosten} \cdot 100}{\text{gesamte variable Kosten}}$$

$$\text{Unternehmensfixkostenzuschlagssatz} = \frac{680.000{,}00 \cdot 100}{9.200.000{,}00} = \underline{\underline{7{,}39\ \%}}$$

Eine Übersicht über sämtliche Zuschlagssätze zeigt die folgende Fixkostendeckungsrechnung, die gegenüber der Tabelle aus Kap. 6.3.1 um einige Zeilen zur Darstellung der Prozentsätze erweitert wurde.

Fixkostendeckungsrechnung

Text	Bereich I				Bereich II	gesamt
	Erzeugnisgruppe 1		Erzeugnisgruppe 2		After-Shave-Lotion	
	Nährcreme	Tag-/Nachtcreme	Shampoo	Haarspray		
	€	€	€	€	€	€
Umsatzerlöse	4.000.000,00	6.300.000,00	900.000,00	540.000,00	1.360.000,00	13.100.000,00
– variable Kosten	1.600.000,00	5.850.000,00	600.000,00	270.000,00	880.000,00	9.200.000,00
Deckungsbeitrag I	2.400.000,00	450.000,00	300.000,00	270.000,00	480.000,00	3.900.000,00
– Erzeugnisfixkosten	360.000,00	470.000,00	170.000,00	90.000,00	240.000,00	1.330.000,00
in % der variabl. Kosten	*22,50*	*8,03*	*28,33*	*33,33*	*27,27*	
Deckungsbeitrag II	2.040.000,00	– 20.000,00	130.000,00	180.000,00	240.000,00	2.570.000,00
	2.020.000,00		310.000,00			
– Erz'gruppenfixkosten	900.000,00		360.000,00		0,00	1.260.000,00
in % der variabl. Kosten	*12,08*		*41,38*		*0,00*	
Deckungsbeitrag III	1.120.000,00		– 50.000,00		240.000,00	1.310.000,00
– Bereichsfixkosten	350.000,00				80.000,00	430.000,00
in % der variabl. Kosten	*4,21*				*9,09*	
Deckungsbeitrag IV	720.000,00				160.000,00	880.000,00
– Unternehmensfixkosten						680.000,00
in % der variabl. Kosten						*7,39*
Betriebsergebnis						200.000,00

Außer den Zuschlagssätzen für die diversen Fixkostenschichten ist noch der Prozentsatz für den Plangewinn festzulegen. Er soll für das neue Produkt 5,00 % der Selbstkosten betragen. Die Selbstkosten belaufen sich auf 146,18 % der variablen Kosten (100,00 % + 22,50 % + 12,08 % + 4,21 % + 7,39 %). Da alle Kostenzuschlagssätze dieselbe Basis, nämlich die variablen Kosten, haben, ist es sinnvoll, auch den Plangewinnprozentsatz auf diesen Grundwert umzurechnen: 5,00 % der Selbstkosten = 5 · 1,4618 = 7,31 % der variablen Kosten. Nunmehr kann man die einzelnen Prozentsätze auch nach Bedarf zusammenfassen.

2. Schritt:

Durchführung der Vorkalkulation für das neue Produkt

Für das neue Produkt sind die Einzelkosten (= variable Kosten) und sämtliche Zuschlagssätze für die Fixkosten und den Gewinn bekannt, sodass sich die Selbstkosten und ein eventueller Verkaufspreis mit Gewinn ermitteln lassen.

Der Angebotspreis muss nach den jeweiligen Marktgegebenheiten festgesetzt werden. Die Verkaufsabteilung der Firma Wunder & Schön hält den Nettoverkaufspreis von 40,00 € (= »Wert 6«), wie er sich aus der unten abgebildeten Vorkalkulation ergibt, für erzielbar. Falls das jedoch nicht möglich ist, kann der Angebotspreis stufenweise auf die mit »Wert 5« bis »Wert 1« bezeichneten Preise zurückgenommen werden.

Auf der Basis von variablen Kosten für die neue Nährcreme in Höhe von 26,06 € und anhand der ermittelten Zuschlagssätze für die diversen Fixkostenblöcke sowie eines angenommenen Plangewinns von 5,00 % der Selbstkosten, der auf 7,31 % der variablen Kosten umgerechnet wurde, ergibt sich folgende Kalkulation:

Vorkalkulation

Kalkulationsschritt	%	€ je Stück	
variable Kosten (Einzelkosten)	*100,00*	**26,06**	**Wert 1**
+ Erzeugnisfixkosten	*22,50*	5,86	
Zwischenwert	*122,50*	31,92	**Wert 2**
+ Erzeugnisgruppenfixkosten	*12,08*	3,15	
Zwischenwert	*134,58*	35,07	**Wert 3**
+ Bereichsfixkosten	*4,21*	1,10	
Zwischenwert	*138,79*	36,17	**Wert 4**
+Unternehmensfixkosten	*7,39*	1,93	
Selbstkosten	*146,18*	**38,10**	**Wert 5**
+ Plangewinn			
in % der Selbstkosten	*5,00*		
in % der variablen Kosten	*7,31*	1,90	
Verkaufspreis mit Gewinn	*153,49*	**40,00**	**Wert 6**

6.3.3 Vorzüge der Fixkostendeckungsrechnung

Bei der einstufigen Deckungsbeitragsrechnung wird der Marktpreis häufig als feststehendes Datum genommen. Falls überhaupt eine Vorkalkulation durchgeführt wird, arbeitet man mit einem einheitlichen Plandeckungsbeitrag, der zur Abgeltung des Fixkostenblocks und zur Gewinnerzielung dient.

Wie wir gesehen haben, lässt sich die Deckungsbeitragsrechnung jedoch durch die Fixkostendeckungsrechnung zur Vollkostenrechnung erweitern und für die Vorkalkulation benutzen. Durch die Aufspaltung des Fixkostenblocks in Schichten ist die Produktbezogenheit deutlicher als bei der Vollkostenrechnung. Dort werden Fixkosten über Schlüssel Kostenstellen zugeordnet, in Zuschlagssätzen festgehalten und allen Produktarten in gleicher Weise angelastet.

Auch bei der Fixkostendeckungsrechnung wird unterstellt, dass die Verteilung der Erzeugnisgruppen- sowie der Bereichs- und Unternehmensfixkosten der Kostenverursachung bzw. der Kostentragfähigkeit entspricht. Die Verkaufsabteilung bekommt von der Vorkalkulation Zahlen, die es ihr erlauben, sich flexibel zu verhalten.

Es können je nach Marktsituation verschiedene Preise *gewählt werden:*

Wert 1	=	**kurzfristige Preisuntergrenze**
Werte 2, 3 und 4	=	**mittelfristige Preisuntergrenzen**
Wert 5	=	**langfristige Preisuntergrenze**

Merke:

1. Der Fixkostenblock lässt sich stufenweise in Fixkostenanteile auflösen.
2. Bei den zurechenbaren Fixkosten unterscheidet man **Erzeugnisfixkosten, Erzeugnisgruppenfixkosten** und **Bereichsfixkosten.**
3. **Unternehmensfixkosten** sind nicht zurechenbar und vom Restdeckungsbeitrag zu tragen.
4. Durch die Aufspaltung des Fixkostenblocks in Schichten ist es nunmehr möglich, **jede Fixkostenschicht in Prozent der variablen Kosten** auszudrücken. Somit lassen sich die anteiligen Erzeugnis-, Erzeugnisgruppen-, Bereichs- und Unternehmensfixkosten errechnen.
5. Die so ermittelten Zuschlagssätze ermöglichen eine **differenzierte Vorkalkulation**, die eine **flexible Anpassung an die jeweiligen Marktverhältnisse** erlaubt.

Aufgaben zu 6.3

6-33 a) Ordnen Sie die folgenden Fixkosten einer Möbelfabrik, die neben Büromöbeln in Holz in einer räumlich getrennten Abteilung Polstermöbel herstellt, den Erzeugnisfixkosten, Erzeugnisgruppenfixkosten, Bereichs- und Unternehmensfixkosten zu!

Hinweise für die Zuordnung:

Die Büromöbelproduktion beschränkt sich auf Rollschränke, Schreibtische und Elementmöbel, die jeweils in drei verschiedenen Ausführungen (kunststoffbeschichtet, edelholzfurniert, lackiert) angeboten werden.

Eine für die Chefetage bestimmte Ausführungsart der Schreibtische ist mit einbruchsicheren Stahlfächern für Wertsachen wie Geld und Dokumente ausgestattet. Zu den Polstermöbeln gehören Drehsessel in verschiedenen Ausführungen sowie Sitzgruppen mit textilen Bezügen. Daneben wird eine exklusive Sitzgruppe in Leder für Chefzimmer und Konferenzräume hergestellt.

1. Kosten der Personalabteilung
2. Abschreibung maschineller Anlagen für Holzmöbelproduktion
3. Abschreibung für Montageband »Drehsessel«

4. Abschreibung für Zuschneidevorrichtung für Leder
5. Gehälter der Geschäftsleitung
6. Gehalt des Betriebsleiters der Polsterei
7. Heizkosten für Fertiglager »Sitzgruppen«
8. Hilfs- und Betriebsstoffverbrauch zur Herstellung der einbruchsicheren Stahlfächer in den Chefschreibtischen
9. kalkulatorische Zinsen für die Furnierpresse
10. Gehalt für den Meister in der Rollädenfertigung
11. Miete für die Produktionsstätten

b) Begründen Sie, warum sich die Abschreibung verschiedenen Fixkostenschichten zuordnen lässt!
Führen Sie weitere Kostenarten an, für die das ebenfalls zutrifft!

6-34

Eine Düngerfabrik stellt neben anorganischen Düngemitteln (Superphosphat und Superamka) und organischen Düngemitteln (Knochendüngemehl und Hornmehl) auch Leime her, da bei der Aufbereitung der Knochen für die Düngemittelproduktion Knochenleim anfällt. Zur Ergänzung des Leimangebotes wird ein synthetischer Leim zusätzlich im Produktionsprogramm geführt.

	In der abgelaufenen Periode sind folgende Erlöse erzielt worden:	Diesen Erlösen standen folgende variable Kosten gegenüber:
Superphosphat	16.500.000,00 €	9.200.000,00 €
Superamka	8.000.000,00 €	3.500.000,00 €
Knochendüngemehl	1.400.000,00 €	900.000,00 €
Hornmehl	900.000,00 €	400.000,00 €
Knochenleim	750.000,00 €	420.000,00 €
synthetischer Leim	940.000,00 €	520.000,00 €

Der Fixkostenblock in Höhe von 10.250.000,00 € wird durch die Summe der Deckungsbeiträge voll gedeckt und ein Gewinn von 3.300.000,00 € erzielt.

Arbeitsaufträge:

a) Zerlegen Sie den Fixkostenblock in Schichten unter Berücksichtigung folgender Angaben ① bis ⑤!

① **Mietkosten:**
Anorganische und organische Düngemittel sowie Leime werden in räumlich getrennten Produktionsstätten gefertigt und gelagert. Die genutzte Gesamtfläche von 38 000 m^2 verteilt sich wie folgt:

Anorganische Düngemittel	20 000 m^2
Organische Düngemittel	12 000 m^2
Leime	4 000 m^2
Verwaltung	2 000 m^2

Die Mietkosten von jährlich 912.000,00 € sind zu verrechnen!

② **Abschreibungen:**
Der Maschinenpark für die Produktion von Superphosphat (Anschaffungskosten 1.050.000,00 €, Nutzungsdauer 5 Jahre) wird linear mit 20 Prozent abgeschrieben.

Die Abschreibungsbeträge für die Anlagen zur Produktion von Superamka belaufen sich auf 80.000,00 €, für Knochendüngemehl auf 45.000,00 € und für Hornmehl auf 40.000,00 €; sie betragen für Knochenleim 30.000,00 € und für synthetischen Leim 50.000,00 €.

③ **Löhne und Gehälter:**
Die Hilfslohnkosten für anorganische Düngemittel betragen 4.400.000,00 €. Die Arbeitnehmer sind sowohl in der Superphosphatfertigung als auch in der Superamkaproduktion tätig.

Die Hilfslöhne für organische Düngemittel betragen für Knochendüngemehl 240.000,00 € und für Hornmehl 220.000,00 €. Im Leimbereich entstehen insgesamt 270.000,00 € Hilfslohnkosten.

Der Betriebsleiter mit einem Jahresgehalt von 90.000,00 € ist ausschließlich für den Düngemittelbereich zuständig.

Die Leitung der Leimabteilung verursacht 50.000,00 € Kosten.

④ **Wartung und Reparatur:**
Die Wartungskosten für die Kaianlagen betragen jährlich 70.000,00 €. Schiffe entladen hier Rohphosphat, Kali und Chilesalpeter für die Herstellung anorganischer Düngemittel.

Die Wartungs- und Reparaturkosten der Gleisanlagen belaufen sich jährlich auf 120.000,00 €. Da Knochen und Grundstoffe für die Herstellung synthetischer Leime überwiegend per Eisenbahn angeliefert werden, der Abtransport von anorganischen und organischen Düngemitteln per Bahn die Gleisanlagen gleich stark belastet, der Leimtransport nur beschränkt ins Gewicht fällt, sind die Kosten im Verhältnis 11 : 1 den Düngemitteln und dem Leimbereich zuzuordnen.

⑤ **Sonstige Fixkosten:**
Die verbleibenden Fixkosten sind nicht weiter verteilbar.

b) Erstellen Sie für die Fixkostendeckungsrechnung der Düngerfabrik eine Tabelle nach dem Muster aus Kap. 6.3.1!

c) Beurteilen Sie die Bedeutung der einzelnen Produkte für den Erfolg des Unternehmens!

6-35 Fixkostendeckungsrechnung

Die Wunder & Schön GmbH hat in der folgenden Geschäftsperiode das Sortiment noch beibehalten. Es ergaben sich folgende Werte:

	Bereich I				Bereich II
	Erzeugnisgruppe 1		Erzeugnisgruppe 2		
	Nährcreme	Tag-/Nachtcreme	Shampoo	Haarspray	After-Shave-Lotion
	€	€	€	€	€
Umsatzerlöse	3.950.000,00	6.320.000,00	910.000,00	575.000,00	1.310.000,00
variable Kosten	1.610.000,00	5.790.000,00	605.000,00	275.000,00	860.000,00

Die Fixkosten sind in derselben Höhe angefallen wie im Zahlenbeispiel aus Kap. 6.3.2.

Arbeitsaufträge:

a) Erstellen Sie mithilfe eines Ihnen zur Verfügung stehenden Tabellenkalkulationsprogramms ein Lösungsschema für die neue Fixkostendeckungsrechnung entsprechend der Darstellung aus Kap. 6.3.2!

b) Ermitteln Sie die Zuschlagssätze und die Deckungsbeiträge I bis V sowie das Betriebsergebnis in % der Umsatzerlöse!

Vorkalkulation (im Anschluss an Aufgabe 6–35) **6-36**

Die Wunder & Schön GmbH will eine Pre-Shave-Lotion in das Produktionsprogramm aufnehmen. Die variablen Kosten betragen pro Flasche 15,00 €. Für die Fixkostenzuschläge werden die Werte wie bei der After-Shave-Lotion (gemäß Aufgabe 6–35) berechnet. Der Plangewinn wird mit 4,00 % der Selbstkosten angesetzt.

Arbeitsauftrag:

Führen Sie die Vorkalkulation bis zum ‚Verkaufspreis mit Gewinn' entsprechend Kap. 6.3.2 durch!

Break-Even-Point (im Anschluss an Aufgabe 6–36) **6-37**

Die Verkaufsabteilung will die Pre-Shave-Lotion zu einem Preis von 22,00 € anbieten. Die sich für das neue Produkt ergebenden Erzeugnisfixkosten werden mit 75.000,00 € errechnet.

Berechnen Sie manuell den Mindestabsatz, der für das neue Erzeugnis bei einem Stückerlös von 22,00 € und variablen Stückkosten von 15,00 € zur Deckung der Erzeugnisfixkosten erreicht werden muss!

Preis-Mengen-Alternative (im Anschluss an Aufgabe 6–36) **6-38**

Die Verkaufsabteilung der Wunder & Schön GmbH hat durch ein Marktforschungsunternehmen folgende Marktchancen für das neue Erzeugnis ermittelt:

Bei einem Nettoverkaufspreis von 22,00 € je Flasche ließen sich 25.000 Flaschen Pre-Shave-Lotion absetzen, bei einem Preis von 20,00 € je Flasche jedoch 30.000 Stück.

Ermitteln Sie anhand der Deckungsbeiträge I für die beiden Preise die günstigere Marktstrategie!

7 Grundzüge der Plankostenrechnung

7.1 Ziele und Aufbau der Plankostenrechnung

Situation

Die Franz Heise GmbH ist ein Hersteller von DVD-Playern und Spielkonsolen auf dem deutschen Markt. Im vergangenen Jahr war der Absatz dieser Firma stark rückläufig.

Wenn sich die Heise GmbH weiterhin am Markt behaupten will, muss sie ihre Produkte in guter Qualität zu angemessen niedrigen Preisen anbieten. Dazu ist es notwendig, dass die Geschäftsführung ständig die Wirtschaftlichkeit des Produktionsprozesses kontrolliert und jede Möglichkeit zur Kostensenkung wahrnimmt.

Das kann nur gelingen, wenn sich alle Abteilungen kostenbewusst verhalten. Es ist deshalb erforderlich, dass man jedem Abteilungs- bzw. Kostenstellenleiter vorgibt, welche Kosten von seinem Bereich verantwortet werden müssen.

Problem

Wie kann die Kostenrechnung so ausgebaut werden, dass es dem Hersteller möglich wird,

- eine vernünftige und rationelle Vor- und Nachkalkulation durchzuführen sowie
- für jede einzelne Abteilung eine wirksame Kostenkontrolle und Kostensteuerung zu erreichen?

Lösung

Bisher wurde in der Kostenrechnung der Heise GmbH hauptsächlich auf eine genaue Ermittlung der tatsächlichen Selbstkosten pro Produkt Wert gelegt. Die verwendeten Zahlen beruhten auf Beträgen, die ermittelt wurden, ohne die Veränderungen im Beschäftigungsgrad, die Beschaffungspreisänderungen oder den schwankenden Verbrauch an Material, Fertigungs- und Maschinenstunden genau zu berücksichtigen. Die **Ist- und Normalkostenrechnung mit Vergangenheitswerten** war hierzu nicht in der Lage.

Die Geschäftsleitung möchte in Zukunft die Kosten unter Beachtung der betrieblichen Ziele und der zu erwartenden Entwicklungen im Voraus planen und vorgeben. Deshalb soll die vorhandene **Ist-Kostenrechnung um eine Plankostenrechnung erweitert** werden.

Wesentliche **Aufgaben der Plankostenrechnung** sind

- die *Plankalkulation* mithilfe von Plankostenverrechnungssätzen und
- die *Kostenkontrolle* durch Soll-Ist-Kostenvergleich.

Insbesondere möchte man künftig die Abweichungen zwischen den geplanten und tatsächlichen Kosten der Abteilungen (i. d. R. Kostenstellen) ausweisen und analysieren, um Kostenfehlentwicklungen rechtzeitig durch geeignete Maßnahmen zu begegnen.

Hauptursachen für Kostenabweichungen sind:

- Änderungen der **Beschaffungspreise** und **Lohn- und Gehaltstarife,**
- Abweichungen der tatsächlichen Auslastung vom erwarteten **Beschäftigungsgrad,**
- Unterschiede zwischen den geplanten und den tatsächlichen **Verbrauchsmengen und Zeiten** bei den einzelnen Kostenarten.

Im Allgemeinen sind nur die Verbrauchsabweichungen von den Kostenstellenleitern zu verantworten. Aus diesem Grunde müssen zunächst die Wirkungen der Preis- und Beschäftigungsschwankungen auf die Kosten ausgeschaltet werden, damit die verbrauchsbedingte Abweichung erkennbar ist.

Als **Bereiche der Plankostenrechnung** unterscheidet man grundsätzlich:

- *Kostenplanung*
- *Plankalkulation*
- *Kostenkontrolle*

7.2 Kostenplanung

Zur Planung der Kosten müssen zunächst der Planungszeitraum und die zu planenden Kostenmengen und -werte ermittelt werden. Daraus lassen sich dann die Plankosten für die Planbeschäftigung ableiten.

7.2.1 Festlegung der Planmengen und Planwerte für die Planperiode

In der Regel wird als **Planperiode** ein Zeitraum von einem Jahr gewählt.

Kosten sind Produkte aus Kostenmengen und Kostenwerten. Kostenmengen hängen von der Beschäftigung ab, die auf unterschiedliche Weise festgelegt werden kann. Diese Kostenmengen müssen bewertet werden.

Die **Planbeschäftigung** ist in erster Linie abhängig von der betrieblichen Kapazität, von Absatzerwartungen, Beschaffungsmöglichkeiten, Berücksichtigung weiterer Engpässe. Ihre Bestimmung für die Kostenplanung ist sehr wichtig.

Daher wird die Planbeschäftigung in Zusammenarbeit von Geschäfts- und Betriebsleitung, Abteilungsleitern des Ein- und Verkaufs, Ingenieuren, Meistern, Arbeitsvorbereitern und anderen bestimmt.

Dabei müssen für jede Kostenstelle **Bezugsgrößen** festgelegt werden, um Plankostenverrechnungssätze für die Plankalkulation zu erhalten. Sie sollten möglichst so gewählt werden, dass sich ein großer Teil der geplanten Kosten zu ihnen proportional verhält. Diese Bezugsgrößen richten sich nach betrieblichen Gegebenheiten, z. B. eignen sich Zeitgrößen wie Fertigungsstunden, Maschinenstunden bei Mehrproduktunternehmen (differenzierte Fertigung) und Mengengrößen wie Stückzahlen, Gewichtseinheiten bei einheitlicher Leistung.

Als Planwerte für die Verbrauchsmengen dienen **Verrechnungspreise,** um die üblichen Schwankungen bei Material, Lohn und anderen Faktorkosten aus der Plankostenrechnung herauszuhalten.

7.2.2 Ermittlung der Plankosten für die Planbeschäftigung

- **Planung der Materialeinzelkosten**

  Aus den technischen Unterlagen (Zeichnungen, Stücklisten, Materialbedarfsaufstellungen) lässt sich der Verbrauch des Fertigungsmaterials für die geplante Produktionsmenge errechnen.

  Aus den Eingangsrechnungen können die **Verrechnungspreise** abgeleitet werden, wie das folgende *Beispiel* zeigt:

  Für die als Fremdbauteile bezogenen Kleinelektromotoren ergaben sich im letzten Jahr folgende Einstandspreise je Stück:

1. Einkauf:	25,00 €
2. Einkauf:	26,00 €
3. Einkauf:	24,00 €
4. Einkauf:	27,00 €
5. Einkauf:	27,50 €
	129,50 € : 5 = 25,90 € Durchschnittspreis je Stück.

  Der Verrechnungspreis wird etwas höher als dieser Durchschnittspreis auf 28,00 € je Stück festgesetzt, um die Preisentwicklung zu berücksichtigen. Er ist für einen längeren Zeitraum gültig.

- **Planung der Fertigungslöhne**

  Um den Fertigungslohn vorzugeben, geht man von Arbeitsablaufplänen und Zeitstudien nach Refa aus. Die Bewertung der sich daraus ergebenden Fertigungszeiten erfolgt mit **Verrechnungslohnsätzen.**

  Diese Einzelkosten werden zwar den Kostenträgern direkt zugerechnet. Trotzdem ist es aber sinnvoll, sie auch je Kostenstelle auszuweisen. Hier können sie wirksam kontrolliert werden.

- **Planung der Gemeinkosten**

  Jede einzelne Gemeinkostenart – z. B. Hilfslöhne, Betriebsstoffkosten, Abschreibungen – wird für die Planbeschäftigung je Kostenstelle ebenfalls genau vorgeplant. Dabei werden Arbeitszeiten und Verbrauchsmengen so genau wie möglich ermittelt und mit den zugrunde gelegten **Verrechnungspreisen** multipliziert.

7.3 Plankalkulation mit Plankostenverrechnungssätzen

Beispielrechnung für die Kostenstelle »Montage«:

In der Franz Heise GmbH wird in der Kostenstelle »DVD-Player-Montage« als Planbeschäftigung eine Ausbringung von 10.000 Stück pro Monat angesetzt.

Folgende Gesamtkosten werden für diese Kostenstelle geplant:

Hilfs- und Betriebsstoffkosten	16.000,00 €
Fertigungslöhne	210.000,00 €
Gehälter	74.000,00 €
Hilfslöhne	18.000,00 €
Sozialkosten	46.000,00 €
Abschreibungen	200.000,00 €
sonstige Gemeinkosten	32.000,00 €
Gesamtkosten »Montage«	596.000,00 €

Werden die Kosten durch die Planbeschäftigung geteilt, so ergibt sich folgender **Plankostenverrechnungssatz:**

$$\frac{596.000{,}00\text{ € Gesamtkosten der Kostenstelle}}{10.000\text{ Stück}} = 59{,}60\text{ € je Stück}$$

Für die Kalkulation müssen die **Plankosten durch die Planbeschäftigung dividiert** werden. Das ergibt den **Plankostenverrechnungssatz.** Darin sind sowohl fixe als auch variable Kostenanteile enthalten. In der Kalkulation werden die fixen Kostenbestandteile bei Beschäftigungsänderungen proportionalisiert. Dies ist ein Mangel, auf den bereits in der Vollkostenrechnung hingewiesen worden ist.

Mithilfe dieses Plankostenverrechnungssatzes und der entsprechenden Plankostenverrechnungssätze der anderen Kostenstellen, die an der Produktion der DVD-Player beteiligt sind, können dann die Planfertigungskosten für den Kostenträger ermittelt werden.

Wie das folgende Beispiel zeigt, können die Plankosten aus dem Material-, Verwaltungs- und Vertriebsbereich auf herkömmliche Weise zugerechnet werden.

Um die Planfertigungskosten eines Kostenträgers zu erhalten, müssen wir die Plankostenverrechnungssätze der einzelnen Fertigungsstellen addieren.

Plankalkulation (mit allen Kostenstellen)

Kostenstelle					*€/DVD-Player*	
Material	Planmaterialeinzelkosten (Elektromotoren, Gehäusebleche usw.)				120,00	
	Planmaterialgemeinkosten			12,50 %	15,00	
	Planmaterialkosten					135,00
Fertigung		*Bezugsgröße*	*Plankostenverrechnungssatz (Kostensatz €/ Bezugsgröße)*	*Bezugsgrößenmenge*		
	Gehäusebau	Stück	22,00	1	22,00	
	Lackiererei	Masch.minuten	0,80	7	5,60	
	Modulbestückung	Fert.minuten	1,70	12	20,40	
	Montage	Stück	59,60	1	59,60	
	Planfertigungskosten					107,60
	Planherstellkosten					242,60
Verwaltung	Planverwaltungskosten			8,00 %		19,41
Vertrieb	Planvertriebskosten			10,00 %		24,26
	Planselbstkosten					286,27

7.4 Kostenkontrolle durch Soll-Ist-Vergleich

In der Heise GmbH sind in der Abrechnungsperiode 540.000,00 € Istkosten angefallen. Die Istkosten werden ermittelt, indem die tatsächlich verbrauchten Mengen und Zeiten mit den Verrechnungspreisen (Planpreisen) bewertet werden.

7.4.1 Ermittlung der Sollkosten

Wenn bei schwankender Beschäftigung der Kostenstelle immer derselbe einheitliche Plankostenverrechnungssatz verwendet wird, unterstellt man, dass sich alle Kostenarten proportional zu den Beschäftigungsschwankungen verhalten **(= starre Plankostenrechnung).** Wir wissen aber, dass die in den Fertigungskosten enthaltenen fixen Kosten in unveränderter Höhe bestehen bleiben und sich nur die variablen Kosten bei unterschiedlicher Auslastung der Kostenstelle verändern.

Die **flexible Plankostenrechnung** berücksichtigt bei der Kostenkontrolle das unterschiedliche Kostenverhalten. Alle Plankostenarten je Kostenstelle werden in fixe und variable Bestandteile zerlegt. Dazu können verschiedene Methoden der Kostenauflösung verwendet werden.

Beispiel:

In der Kostenstelle »DVD-Player-Montage« wurden durch genaue Untersuchung jeder Kostenart folgende fixe und variable Bestandteile für die Planbeschäftigung ermittelt:

Kostenauflösung für die Fertigungsstelle »Montage«

Kostenart	Gesamtkosten	fixe Kosten	variable Kosten	
	€	€	€	% der Gesamtkosten
Hilfs- und Betriebsstoffe	16.000,00	3.200,00	12.800,00	80,00
Fertigungslöhne	210.000,00	0,00	210.000,00	100,00
Gehälter	74.000,00	74.000,00	0,00	0,00
Hilfslöhne	18.000,00	13.500,00	4.500,00	25,00
Sozialkosten	46.000,00	18.400,00	27.600,00	60,00
Abschreibungen	200.000,00	140.000,00	60.000,00	30,00
sonstige Gemeinkosten	32.000,00	9.600,00	22.400,00	70,00
	596.000,00	258.700,00	337.300,00	

Nach der Kostenauflösung können die Plankosten bei Planbeschäftigung, die so genannten **Basisplankosten,** auf verschiedene mögliche Beschäftigungsgrade umgerechnet werden. Diese umgerechneten Basisplankosten *sollen* von der Kostenstelle bei den jeweiligen Beschäftigungsgraden nicht überschritten werden. Daher heißen sie **Sollkosten.**

Für einen Beschäftigungsgrad von 80,00 % (= 8.000 Stück im Monat) ergeben sich folgende Sollkosten:

fixe Kosten	258.700,00 €
+ 80,00 % der variablen Kosten von 337.300,00 €	269.840,00 €
Sollkosten	528.540,00 €

Die *Formel für die Ermittlung der Sollkosten* lautet:

$$\text{Sollkosten} = \text{fixe Plankosten} + \frac{\text{variable Plankosten} \cdot \text{Istbeschäftigung}}{\text{Planbeschäftigung}}$$

Beispiel: Kostenstelle »DVD-Player-Montage«

$$\text{Sollkosten} = 258.700{,}00 + \frac{337.300{,}00 \cdot 8.000}{10.000} = 528.540{,}00\ €$$

Bei einer Anwendung des Plankostenverrechnungssatzes von 59,60 € je Stück (siehe Kap. 7.3) ergeben sich bei einer Istbeschäftigung von 8.000 Stück **verrechnete Plankosten** in Höhe von 476.800,00 € (8.000 Stück · 59,60 €/Stück).

Formel:

$$\text{verrechnete Plankosten} = \text{gesamte Plankosten} \cdot \frac{\text{Istbeschäftigung}}{\text{Planbeschäftigung}}$$

$$\text{bzw. Istbeschäftigung} \cdot \text{Plankostenverrechnungssatz}$$

7.4.2 Berechnung der Beschäftigungsabweichungen

Wenn man die verrechneten Plankosten in Höhe von 476.800,00 € mit den Sollkosten in Höhe von 528.540,00 € vergleicht, ergibt sich eine Differenz von −51.740,00 € (476.800 € − 528.540 €), die auf den Beschäftigungsrückgang zurückzuführen ist. Diese Abweichung erklärt sich daraus, dass im Plankostenverrechnungssatz auch die Fixkosten voll proportionalisiert werden. Auf unser Beispiel bezogen wurden 20,00 % der Fixkosten von 258.700,00 €, also 51.740,00 € *nicht* verrechnet.

Allgemein sind **drei unterschiedliche Situationen** möglich:

- *verrechnete Plankosten = Sollkosten:*
  In diesem Fall entspricht die Istbeschäftigung der Planbeschäftigung. Alle Fixkosten konnten auf die Kostenträger verrechnet und durch die Verkaufspreise gedeckt werden.
- *verrechnete Plankosten < Sollkosten:*
  In diesem Fall ist die Istbeschäftigung geringer als die Planbeschäftigung; man nennt dies eine **negative Beschäftigungsabweichung.** Es werden zu wenig fixe Kosten auf die Kostenträger verrechnet.
- *verrechnete Plankosten > Sollkosten:*
  In diesem Fall ist die Planbeschäftigung überschritten worden. Es ergibt sich eine **positive Beschäftigungsabweichung.** Es werden zu viel fixe Kosten auf die Kostenträger verrechnet.

Die verschiedenen Möglichkeiten sind grafisch in der folgenden Zeichnung noch einmal im Zusammenhang dargestellt.

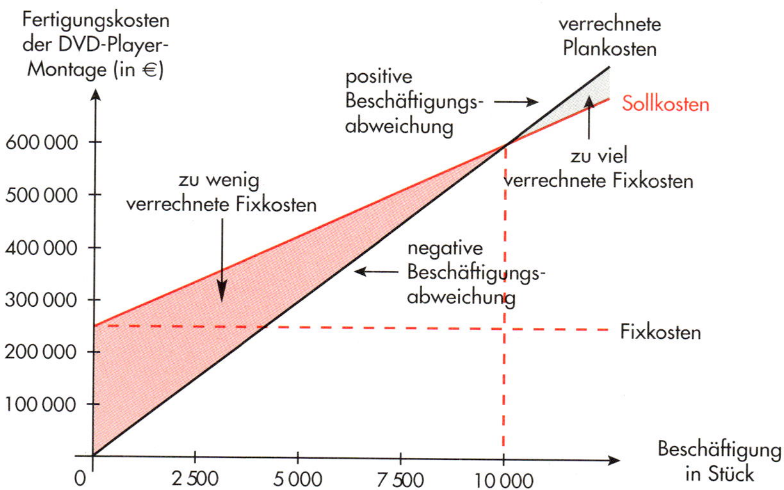

Da in den verrechneten Plankosten auch die Fixkosten als variabel angesehen werden, entspringt die Gerade im Nullpunkt. Die andere (rote!) Gerade in der Grafik setzt bei der Beschäftigung null auf dem Fixkostensockel auf und zeigt die Sollkosten für alle denkbaren Beschäftigungsgrade.

Die Beschäftigungsabweichungen sind vom Kostenstellenleiter in der Regel nicht zu vertreten. Sie können durch Fehleinschätzungen im Absatzbereich (Minder-/Mehrabsatz) entstanden sein. Aber auch unvorhergesehene Stillstandzeiten oder Zusatzschichten im Betrieb, z.B. außergewöhnliche Reparaturen, Streiks oder eilige Zusatzaufträge, können die Abweichung der Istbeschäftigung von der Planbeschäftigung begründen.

7.4.3 Berechnung der Verbrauchsabweichungen

Ergibt sich beim Vergleich der Sollkosten mit den Istkosten eine Differenz, handelt es sich um eine Verbrauchsabweichung.

Im Beispiel:

528.540,00	–	540.000,00	=	– 11.460,00 €
Sollkosten		Istkosten		**Verbrauchsabweichung**

Die Verbrauchsabweichungen entstehen durch Mehr- oder Minderverbrauch an Produktionsfaktoren Arbeitszeit bzw. Material. Diese Abweichungen muss der jeweilige Kostenstellenleiter vertreten und begründen, sollen ihm nicht unwirtschaftliches Verhalten und mangelnde Überwachung der Mitarbeiter angelastet werden.

Beispiel: Kostenabweichungsanalyse

Für die Kostenstelle »DVD-Player-Montage« werden die Beschäftigungs- und Verbrauchsabweichungen für eine Istbeschäftigung, die 20,00 % unter der Planbeschäftigung liegt, rechnerisch wie folgt ermittelt:

	A	B	C	D	E	F
	Plankosten bei Planbeschäftigung €	verrechnete Plankosten bei 80,00 % €	Sollkosten bei 80,00 % €	Istkosten zu Verrechnungspreisen €	Beschäftigungsabweichungen B – C €	Verbrauchsabweichungen C – D €
Hilfs- und Betriebsstoffkosten	16.000,00	12.800,00	13.440,00	16.400,00	– 640,00	– 2.960,00
Fertigungslöhne	210.000,00	168.000,00	168.000,00	168.000,00	0,00	0,00
Gehälter	74.000,00	59.200,00	74.000,00	75.600,00	– 14.800,00	– 1.600,00
Hilfslöhne	18.000,00	14.400,00	17.100,00	19.400,00	– 2.700,00	– 2.300,00
Sozialkosten	46.000,00	36.800,00	40.480,00	43.400,00	– 3.680,00	– 2 920,00
Abschreibungen	200.000,00	160.000,00	188.000,00	187.000,00	– 28.000,00	+ 1.000,00
sonst. Gemeinkosten	32.000,00	25.600,00	27.520,00	30.200,00	– 1.920,00	– 2.680,00
	596.000,00	476.800,00	528.540,00	540.000,00	– 51.740,00	– 11.460,00
			Gesamtabweichung:		– 63.200,00	

7.4.4 Ermittlung der Gesamtabweichung

Die Summe aus Verbrauchsabweichung und Beschäftigungsabweichung ist die Gesamtabweichung.

Gesamtabweichung	=	verrechnete Plankosten – Istkosten
Verbrauchsabweichung	=	Sollkosten – Istkosten
Beschäftigungsabweichung	=	verrechnete Plankosten – Sollkosten

Die Aufteilung der Gesamtabweichung in Beschäftigungsabweichung und Verbrauchsabweichung soll zusätzlich durch eine grafische Darstellung verdeutlicht werden.

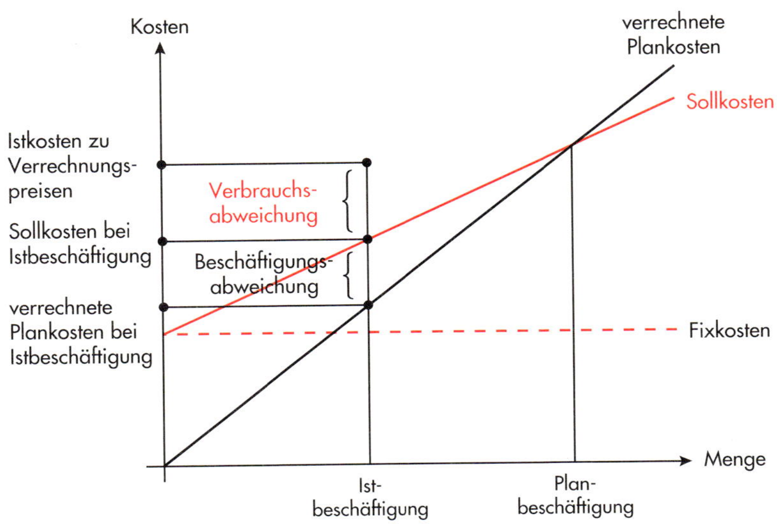

7.5 Grundprinzip der Grenzplankostenrechnung

Die Grenzplankostenrechnung verrechnet sowohl im Kostenstellenbereich als auch im Kostenträgerbereich nur variable Kosten. Im Kostenstellenbereich sind die Grenzplankosten (= variable Kosten) der Planbeschäftigung auf Grenzplankosten jeder Istbeschäftigung umrechenbar. – Die folgende Grafik zeigt, dass im Unterschied zur flexiblen Plankostenrechnung auf Vollkostenbasis der untere Teil, der die fixen Plankosten ausmacht, wegfällt. Damit fallen die Sollkostengerade und die Gerade der verrechneten Plankosten zusammen.

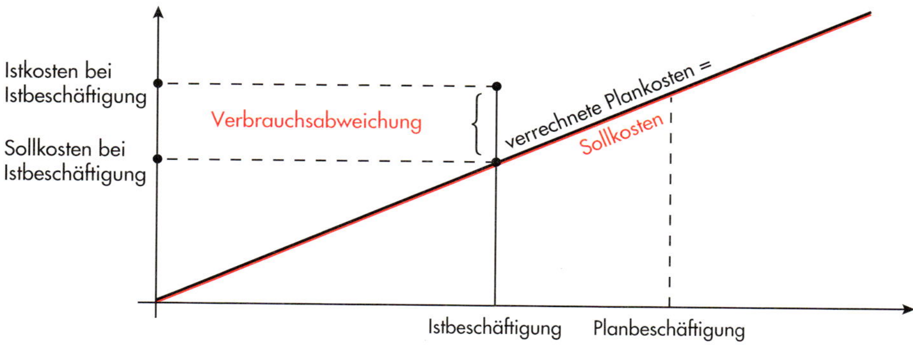

Auch hier werden die die Sollkosten übersteigenden Istkosten als Verbrauchsabweichung ausgewiesen. Eine Beschäftigungsabweichung ist nicht zu ermitteln, da Fixkosten nicht in die Rechnung eingehen. Das Abrechnungssystem der Grenzplankostenrechnung ist zwar einfacher, aber weniger aussagekräftig als die flexible Plankostenrechnung mit Vollkosten. Es ist jedoch wichtig, auch die Beschäftigungsabweichung zu kennen, denn sie geht manchmal auf vom Betrieb oder von der Abteilung zu verantwortende Faktoren zurück. Für Kontrollzwecke im Kostenstellenbereich ist die Grenzplankostenrechnung nur bedingt verwendbar.

Im Kostenträgerbereich bietet die Grenzplankostenrechnung für kurzfristige Entscheidungen zusätzlichen Aussagewert gegenüber der flexiblen Plankostenrechnung auf Vollkostenbasis. Da der Plankostenverrechnungssatz nur die variablen Plankosten enthält, kann die kurzfristige Preisuntergrenze (variable Kosten des Kostenträgers) festgestellt werden. Es können Aussagen zu Fragen der Eigenfertigung und des Fremdbezugs sowie der Produktionsverfahrenswahl gemacht werden. Bei bekannten Marktpreisen sind Deckungsbeiträge ermittelbar, sodass kurzfristige Produktionsprogrammplanung und Absatzplanung möglich werden.

Merke:

1. Hauptzweck der Plankostenrechnung ist eine **Kostenplanung, Kostenkontrolle und Kostensteuerung je Abteilung/Kostenstelle.** Die Kostenstellen sind deshalb nach Verantwortungsbereichen zu bilden.
2. Zur Ermittlung der **Planbeschäftigung** werden für jede Kostenstelle **Bezugsgrößen,** z. B. Fertigungs- bzw. Maschinenstunden oder sonstige Mengengrößen, festgelegt.

3. Für jede Kostenart werden die **Plankosten für die Planbeschäftigung** ermittelt, gegliedert nach fixen und variablen Plankosten. Dabei werden die Auswirkungen von **Preisschwankungen** auf die Kosten durch Verwendung von **Verrechnungspreisen** ausgeschaltet.
4. Für die **Vorkalkulation** ermittelt man **Plankostenverrechnungssätze,** indem die Plankosten durch die Planbeschäftigung geteilt werden.
5. Für die **Kostenkontrolle** werden **Sollkosten** vorgegeben. Dies sind die Plankosten bei Istbeschäftigung. Berechnungsformel:

$$\text{Sollkosten} = \text{fixe Plankosten} + \frac{\text{variable Plankosten} \cdot \text{Istbeschäftigung}}{\text{Planbeschäftigung}}$$

6. Die **verrechneten Plankosten** ergeben sich durch Multiplikation der Istbeschäftigung mit dem Plankostenverrechnungssatz.
7. Die **Beschäftigungsabweichung** ist die Differenz zwischen verrechneten Plankosten und Sollkosten.
8. Die **Verbrauchsabweichung** ist die Differenz zwischen Sollkosten, bewertet zu Verrechnungspreisen, und Istkosten.
9. Jede Verbrauchsabweichung muss von der Abteilung/Kostenstelle begründet und verantwortet werden.
10. Die Grenzplankostenrechnung verzichtet gänzlich auf die Verrechnung von Fixkosten.

Aufgaben zu Kapitel 7

Beantwortung von Fragen

7-1

1. Welches sind die Hauptursachen für Abweichungen zwischen geplanten und tatsächlichen Kosten?
2. Auf welche Weise können die Wirkungen der Preisschwankungen auf die Kostenrechnung ausgeschaltet werden?
3. Auf welche Weise können für die Planbeschäftigung festgelegt werden:
   a) die Materialeinzelkosten,
   b) die Fertigungslöhne,
   c) die Gemeinkosten?
4. a) Wie wird der Plankostenverrechnungssatz ermittelt?
   b) Wozu wird der Plankostenverrechnungssatz verwendet?
5. Was versteht man unter Basisplankosten?
6. Wie werden die Sollkosten aus den Basisplankosten abgeleitet?
7. Bei einem Vergleich der Sollkosten mit den verrechneten Plankosten sind folgende Situationen möglich:
   a) verrechnete Plankosten = Sollkosten,
   b) verrechnete Plankosten > Sollkosten,
   c) verrechnete Plankosten < Sollkosten.
   Wie lassen sich diese drei Fälle erklären?

8. a) Wie werden die Verbrauchsabweichungen ermittelt?
   b) Wodurch können diese Abweichungen begründet sein?
9. Wodurch unterscheiden sich flexible Plankostenrechnung auf Vollkostenbasis und die Grenzplankostenrechnung?
10. Welche Vorteile bietet die Plankostenrechnung gegenüber der Ist- und der Normalkostenrechnung?

7-2 Plankalkulation für DVD-Player

Arbeitsauftrag:

Entwickeln Sie mit einem Tabellenkalkulationsprogramm ein Lösungsschema nach dem Muster aus Kap. 7.3 und testen Sie es mit den dort verwendeten Plankalkulationswerten in € und %!

7-3 Plankalkulation für Spielkonsolen

Die Firma Franz Heise GmbH kalkuliert ihre zweite Produktgruppe nach dem gleichen – minimal abgewandelten – Schema wie die DVD-Player. Folgende Kosten pro Gerät werden geplant:

Materialeinzelkosten:

Spritzgussgehäusematerial und -Fertigteile	15,50 €
Elektronische Bauelemente	32,25 €
Platinen und Kleinmaterial	8,10 €

Fertigungskosten:

Gehäusefertigung	pro Stück 11,00 €
Lackiererei	5 Maschinenminuten à 0,75 €
Platinenbestückung	8 Fertigungsminuten à 1,90 €
Montage	pro Stück 17,45 €
Planverwaltungskosten	10,00 %
Planvertriebskosten	20,00 %

Arbeitsaufträge:

a) Übernehmen Sie Ihre Lösung zu Aufgabe 7–2 vom Datenträger und wandeln Sie das Lösungsschema so ab, dass die Planmaterialeinzelkosten aus drei einzelnen Eingaben (in der zweiten bis vierten Spalte) errechnet werden!

b) Lassen Sie dann den Computer nach Eingabe aller Plankalkulationsdaten die Planselbstkosten für die Spielekonsolen errechnen!

7-4 Plankalkulation

Ermitteln Sie in der Vorkalkulation die Selbstkosten insgesamt und je Stück für ein Produkt, das als Serienprodukt produziert wird.

Planmenge	40 000 Stück
Fertigungsmaterial	0,6 kg je 100 Stück
Verrechnungspreis für das Material	680,00 € je kg
Materialgemeinkosten	7,50 %

Fertigungsstelle I:

Fertigungszeit	0,30 Std. je 100 Stück
Plankostenverrechnungssatz	643,00 € / Std.

Fertigungsstelle II:

Fertigungszeit	0,15 Std. je 100 Stück
Plankostenverrechnungssatz	494,00 € / Std.
Planverwaltungs- und Vertriebskosten	35,00 %

Plankosten, Sollkosten und Abweichungen 7-5

Für eine Kostenstelle werden folgende Plandaten vorgegeben:

Planbeschäftigung pro Monat	160 Fertigungsstunden
Plankosten	140.000,00 €, davon 75,00 % fix

In dieser Kostenstelle wird nur eine Istbeschäftigung von 85,00 % erreicht.

Die Istkosten betragen 139.200,00 €.

Arbeitsaufträge:

a) Ermitteln Sie
- den Plankostenverrechnungssatz für die Plankalkulation;
- die verrechneten Plankosten;
- die Sollkosten;
- die Beschäftigungs- und Verbrauchsabweichung;
- die Gesamtabweichung.

b) Stellen Sie Ihre unter a) ermittelten Ergebnisse grafisch dar.

Fragen 7-6

a) Wie bezeichnet man in der Plankostenrechnung die Größen, die in der folgenden Abbildung durch die Ziffern ① bis ⑨ gekennzeichnet sind?

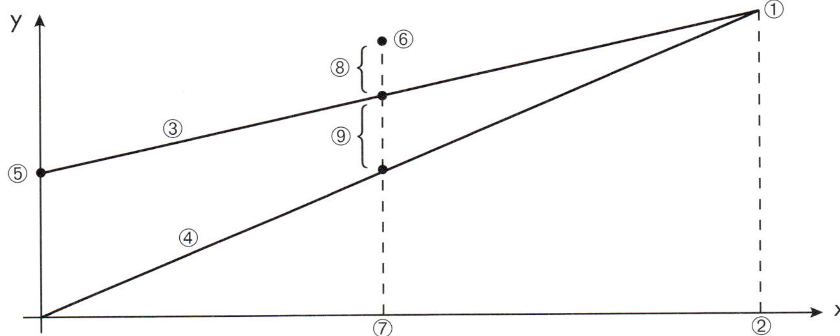

b) Auf welche Situation beziehen sich insgesamt die Ziffern ① bis ⑤?

c) Welche Situation wird durch die Ziffern ⑥ bis ⑨ gekennzeichnet?

7-7 Kostenanalyse und Berechnung der Verrechnungssätze für eine Kostenstelle

7-8

In der Kostenstelle »Montage« eines Industriebetriebes ist eine Planbeschäftigung von 5 000 Stück (für Fertigungsmaterial) und 20 000 Fertigungsstunden (für Fertigungskosten) festgelegt worden.

Folgende Plan- und Istkosten für zwei alternative Beschäftigungsgrade liegen vor:

			7–7	7–8
Kostenart	Plankosten bei Planbeschäftigung	variable Kosten Anteil in %	Istkosten bei Beschäftigungsgrad 70,00 %	Istkosten bei Beschäftigungsgrad 90,00 %
Fertigungsmaterial	940.000,00	100,00	657.200,00	847.100,00
Hilfs- und Betriebsstoffe	32.000,00	70,00	26.100,00	29.360,00
Fertigungslöhne	420.000,00	60,00	346.500,00	394.300,00
Gehälter	90.000,00	0,00	90.000,00	90.000,00
Sozialkosten	86.000,00	35,00	77.500,00	82.890,00
Miete	12.000,00	0,00	12.000,00	12.000,00
Abschreibungen	360.000,00	20,00	337.100,00	353.410,00
sonstige Gemeinkosten	54.000,00	40,00	46.900,00	51.130,00
Summen	1.994.000,00		1.593.300,00	1.860.190,00

Arbeitsaufträge: (Angabe bei b) in Klammern: Aufgabe 7–8)

Erstellen Sie mit Hilfe eines Ihnen verfügbaren Tabellenkalkulationsprogramms ein zweiteiliges Lösungsschema, das folgende Teiltabellen enthält:

a) Im oberen Tabellenteil je Kostenart und als Summe die gesamten Plankosten, die Planfixkosten und die variablen Plankosten bei Planbeschäftigung sowie darunter die Plankostenverrechnungssätze für Fertigungsmaterial und Fertigungskosten.

b) Im unteren Tabellenteil je Kostenart und als Summe die verrechneten Plankosten, die Sollkosten und die Istkosten bei 70,00 % (90,00 %) sowie die sich ergebenden Beschäftigungs- und Verbrauchsabweichungen. Darunter sind die »Sollkostenverrechnungssätze« für Fertigungsmaterial und Fertigungskosten auszuweisen (Berechnung nach dem gleichen Prinzip wie die Plankostenverrechnungssätze!).

c) Interpretieren Sie die Beschäftigungs- und die Verbrauchsabweichungen insgesamt und je Kostenart und untersuchen Sie die Gründe dafür!

7-9 Abweichungsanalyse und Zusatzfragen

Ein Unternehmen plant für das folgende Geschäftsjahr die Herstellung von 5.000 Produkteinheiten des Typs »X«. Die Gesamtkosten belaufen sich schätzungsweise auf 520.000,00 €; sie enthalten fixe Kosten in Höhe von 80.000,00 €. Am Ende des Geschäftsjahres wird festgestellt, dass nur 80,00 % der Planmenge produziert worden sind. Die entstandenen Gesamtkosten betragen 560.000,00 €.

Arbeitsaufträge:

a) Führen Sie die Abweichungsanalyse durch und ermitteln Sie die jeweiligen Kostenabweichungen!

b) Erläutern Sie Gründe für das Entstehen einer Beschäftigungsabweichung!

c) Zu welchem Zweck wird der Plankostenverrechnungssatz in der Praxis benötigt?

d) Erläutern Sie an zwei Beispielen die Problematik des Plankostenverrechnungssatzes auf Vollkostenbasis, wenn dieser für dispositive Zwecke Verwendung finden soll!

Plankostenrechnung auf Vollkosten- und Grenzkostenbasis

7-10

Gegeben sind Ihnen folgende Plandaten der Fertigungskostenstelle »Dreherei«:

Plankosten: 93.000,00 €, davon fix 28.500,00 €
Planbeschäftigung: 1.500 Stück (= betriebliche Kapazität)
Istkosten: 83.100,00 € (dieser Wert gilt für die flexible Plankostenrechnung auf Vollkostenbasis)
Istbeschäftigung: 1.200 Stück

Arbeitsaufträge:

a) Ermitteln Sie für die flexible Plankostenrechnung auf Vollkostenbasis unter Verwendung der gegebenen Daten alle Abweichungswerte!

b) Ermitteln Sie für die Grenzplankostenrechnung unter Verwendung der gegebenen bzw. der von Ihnen errechneten Daten mögliche Abweichungen!

c) Begründen Sie Gemeinsamkeiten und Unterschiede Ihrer Ergebnisse in den verschiedenen Plankostenrechnungssystemen und stellen Sie den jeweiligen Aussagewert für Kontrolle und Kalkulation heraus!

d) Stellt der Absatzmarkt einen Engpass dar und sind gegenwärtig und für die nächste Zukunft nur 1.200 Stück absetzbar, dann werden sich, sofern die Planung am Engpass orientiert wird, bestimmte Plandaten ändern. Die Istdaten bleiben davon unberührt.

   d1) Ermitteln Sie für beide Plankostenrechnungssysteme die Abweichungen unter Berücksichtigung von je 80.100,00 € Plankosten für die flexible Plankostenrechnung auf Vollkostenbasis!

   d2) Nehmen Sie begründet Stellung, wie in diesem Fall die Plankostenrechnungssysteme in Bezug auf Kontrolle und Kalkulation zu beurteilen sind!

Kostenanalyse mit Engpassplanung

7-11

Für eine Fertigungskostenstelle liegt folgender Kostenplan für den Monat Juli 20.. vor (siehe folgende Tabelle):

Planbeschäftigung: 180 Maschinenstunden (= betriebliche Kapazität)
Istbeschäftigung: 162 Maschinenstunden

Gemeinkostenarten	Plankosten gesamt €	Plankosten fix €	Plankosten variabel €	Istkosten €
Hilfsstoffkosten	36.000,00	7.200,00	28.800,00	35.620,00
Betriebsstoffkosten	18.000,00	3.600,00	14.400,00	18.560,00
Löhne	90.000,00	18.000,00	72.000,00	79.800,00
Reparaturkosten	9.000,00	3.600,00	5.400,00	5.960,00
kalkulatorische Zinsen	10.000,00	10.000,00	0,00	10.000,00
kalkulatorische Abschreibung	22.000,00	22.000,00	0,00	22.000,00
kalkulatorische Miete	13.000,00	13.000,00	0,00	13.000,00
Summe	198.000,00	77.400,00	120.600,00	184.940,00

Arbeitsaufträge:

Lösen Sie die rechentechnischen Teile der Aufgabenstellung möglichst unter Verwendung einer Tabellenkalkulation, indem Sie Ihre Lösung zu Aufgabe 7–7/7–8 vom Datenträger übernehmen und abwandeln!

a) Ermitteln Sie die Plankostenverrechnungssätze für die flexible Plankostenrechnung auf Vollkostenbasis!

b) Berechnen Sie für die oben genannte Kostenstelle die Gesamtabweichung, die Beschäftigungsabweichung und die Verbrauchsabweichung! Zusätzlich sind die Verbrauchsabweichungen für die einzelnen Kostenarten zu ermitteln.

c) Vergleichen Sie die Verbrauchsabweichung der Kostenstelle mit den Verbrauchsabweichungen der Kostenarten! Begründen Sie, warum es sinnvoll ist, die Abweichungen bei den Kostenarten gesondert auszuweisen! Geben Sie plausible Erklärungen für die unterschiedlichen Verbrauchsabweichungen bei den Kostenarten!

d) Welchen Wert nimmt die Beschäftigungsabweichung bei einer Planbeschäftigung von 162 Maschinenstunden (Engpassplanung) an? Die Istbeschäftigung bleibt unverändert. Interpretieren Sie diesen Wert im Vergleich mit dem Wert der Beschäftigungsabweichung bei Kapazitätsplanung!

8 Kosten- und Leistungsrechnung in Dienstleistungsbetrieben

8.1 Besonderheiten im Kostenstellenbereich der Dienstleistungsbetriebe

Zu den Dienstleistungsunternehmen i.w.S. gehören Einzel-, Groß- und Außenhandelsbetriebe, Banken und Sparkassen, Versicherungen, Speditionen und andere. Im Unterschied zu Fertigungsbetrieben handeln diese nur mit Waren bzw. bieten nicht lagerfähige Dienste an. So führen *Einzelhandelsunternehmen* (Fachhändler, Supermärkte, Waren- und Versandhäuser) ein Sortiment an Food- und/oder Non-Food-Artikeln. Bei *Kreditinstituten* spielen Zahlungsverkehr, Kredit- und Wertpapiergeschäfte zentrale Rollen. *Speditionen* befassen sich mit Transport und Logistik

Die Kostenrechnung der Dienstleistungsbetriebe unterscheidet sich in mehrfacher Hinsicht von der Kostenrechnung der Industriebetriebe: An die Stelle der Hauptkostenstellen der Fertigung treten verschiedene **Sparten bzw. Warengruppen** (z. B. in einem Lebensmittel-Supermarkt Abteilungen für Food- und Non-Food-Artikel). Diese Hauptkostenstellen agieren als **Erwerbsabteilungen** direkt am Markt; daher können ihnen *außer den Kosten auch die Erlöse zugeordnet* werden.

Integriert man in die Kostenstellenrechnung des Handels-/Dienstleistungsbetriebes die Umsatzerlöse aus dem Verkauf von Waren bzw. der Erbringung von sonstigen Dienstleistungen, dann lassen sich pro Warengruppe bzw. Erwerbsabteilung das jeweilige **Abteilungsergebnis** und daraus insgesamt das **Betriebsergebnis** ermitteln.

Dies kann in einem modifizierten Betriebsabrechnungsbogen geschehen, der Kostenstellen- und Betriebsergebnisrechnung einschließt und als Vollkostenrechnung (s. folgenden Abschnitt) oder Teilkostenrechnung (s. Abschnitt 8.4) durchgeführt wird.

8.2 Der BAB als kombinierte Kostenstellen- und Betriebsergebnisrechnung

Situation

Herr Andresen ist Inhaber eines Lebensmittel-Supermarktes in einer norddeutschen Kreisstadt. Im Monat Juni 20.. wurde ein Bruttowarengewinn in Höhe von 168.000 € erzielt. Aber nach Abzug aller Kosten ergab sich ein Reinverlust von 700,00 €! Dabei sind schon als kalkulatorischer Unternehmerlohn 7.000,00 € in die Personalkosten eingerechnet. Herr Andresen empfindet aber das Ergebnis als unbefriedigend, da er außer seiner Arbeitskraft viel Geld in sein Unternehmen investiert hat und er außerdem das Verlustrisiko trägt.

Aus den Kassenbelegen lassen sich die Umsätze aufgliedern nach den drei Verkaufsbereichen Frischwaren, Sonstige Lebensmittel und Non-Food-Artikel. Auch der Wareneinsatz kann den drei Verkaufsabteilungen eindeutig zugeordnet werden:

	Frischwaren [€]	Sonstige Lebensmittel [€]	Non-Food [€]	gesamt [€]
Umsatzerlöse aus Warenverkauf	129.000,00	257.000,00	392.000,00	778.000,00
Wareneinsatz	105.000,00	197.000,00	308.000,00	610.000,00

Herr Andresen möchte wissen, durch welche Artikel bzw. Sparten die unbefriedigende Ertragslage hervorgerufen wird.

Problem

Welcher Gewinn bzw. Verlust in € und in Prozent vom Umsatzerlös wurde in den einzelnen Erwerbsabteilungen erwirtschaftet?

Lösung

Um das Betriebsergebnis nach Abteilungen aufzugliedern, muss ein Betriebsabrechnungsbogen aufgestellt werden mit den Umsatzerlösen und den Kosten für die drei Bereiche. Dabei sind folgende Angaben zu berücksichtigen:

a) **Betriebskosten** des Abrechnungsmonats **für alle drei Abteilungen** (Angaben in €):

Personalkosten	68.920,00	Kosten für Warenabgang und -zustellung	1.400,00
Mieten	53.000,00	Zinsen	2.160,00
sonstige Raumkosten	4.240,00	Abschreibungen auf GA	5.280,00
Steuern/Beitr./Versich.	5.600,00	Büromat./Kommunik.	4.600,00
Werbung	3.500,00		

b) **Daten zur Verteilung** der Betriebskosten auf die drei Verkaufsabteilungen:

	Frischwaren	Sonst. Lebensm.	Non-Food	**gesamt**
Verteilung der Personalkosten gem. Gehaltsliste	13.000,00 €	29.120,00 €	26.800,00 €	68.920,00 €
Verhältnis der Raumflächen	16	19	18	53
Verhältnis des investierten Kapitals	9	17	22	48
Zahl der Mitarbeiter in den 3 Abteilungen	5	9	6	20

Betriebsabrechnungsbogen der Walter Andresen GmbH **Monat: Juni 20..**

Z.	Text	Gesamtbetrieb	Verteilung		Erwerbsabteilungen/Verkauf		
					Frischwaren	sonst. Lebensm.	Non-Food
1	*Daten z. Kostenverteilung*		*Verhältnis d. qm*	*53*	*16*	*19*	*18*
2			*Verh.d.inv.Kapitals*	*48*	*9*	*17*	*22*
3			*Mitarbeiter*	*20*	*5*	*9*	*6*
4	Umsatzerlöse a. Warenverkauf	778.000,00 €			129.000,00 €	257.000,00 €	392.000,00 €
5	Wareneinsatz	610.000,00 €			105.000,00 €	197.000,00 €	308.000,00 €
6	**Bruttowarengewinn**	**168.000,00 €**			**24.000,00 €**	**60.000,00 €**	**84.000,00 €**
7	**Personalkosten**	**68.920,00 €**	***Liste***		**13.000,00 €**	**29.120,00 €**	**26.800,00 €**
8	Mieten	53.000,00 €	*qm (Zeile 1)*		16.000,00 €	19.000,00 €	18.000,00 €
9	sonstige Raumkosten	4.240,00 €	*qm (Zeile 1)*		1.280,00 €	1.520,00 €	1.440,00 €
10	**Raumkosten, gesamt**	**57.240,00 €**			**17.280,00 €**	**20.520,00 €**	**19.440,00 €**
11	Abschreib. a. G'ausstatt.	5.280,00 €	*invest. Kapital (Zeile 2)*		990,00 €	1.870,00 €	2.420,00 €
12	Zinsen	2.160,00 €	*invest. Kapital (Zeile 2)*		405,00 €	765,00 €	990,00 €
13	**Kapitalkosten**	**7.440,00 €**			**1.395,00 €**	**2.635,00 €**	**3.410,00 €**
14	Steuern/Beitr./Versich.	5.600,00 €	*Bruttowarengewinn*		800,00 €	2.000,00 €	2.800,00 €
15	Büromaterial/Kommunik.	4.600,00 €	*Mitarbeiter (Zeile 3)*		1.150,00 €	2.070,00 €	1.380,00 €
16	**Sonst. Betriebskosten**	**10.200,00 €**			**1.950,00 €**	**4.070,00 €**	**4.180,00 €**
17	Werbung	3.500,00 €	*Bruttowarengewinn*		500,00 €	1.250,00 €	1.750,00 €
18	K. f. Warenabg. u. -zustell.	1.400,00 €	*Bruttowarengewinn*		200,00 €	500,00 €	700,00 €
19	**Vertriebskosten**	**4.900,00 €**			**700,00 €**	**1.750,00 €**	**2.450,00 €**
20	**Summe**	**148.700,00 €**	**Abteilungskosten**		**34.325,00 €**	**58.095,00 €**	**56.280,00 €**
21	**Betriebsergebnis:**	**19.300,00 €**	**Abteilungsergebnis:**		**– 10.325,00 €**	**1.905,00 €**	**27.720,00 €**
22	BE in % d. Umsatzerlöse	*2,48 %*			*– 8,00 %*	*0,74 %*	*7,07 %*

Situation 2

In dem BAB der Walter Andresen GmbH wurden alle Kosten der Verwaltung nicht gesondert ausgewiesen, sondern in einem etwas ungenauen Verfahren auf die drei Verkaufsbereiche verrechnet, z. B. die Personalkosten mit jeweils 5.000,00 €. Herr Andresen befürchtet, dass diese Vorgehensweise die Aussagekraft des BAB beeinträchtigt, und möchte daher die Kosten der Verwaltung genauer als bisher berücksichtigen.

Problem

Wie ist der BAB aufzubauen, um die Kosten des Verwaltungsbereiches richtig darzustellen und den Erwerbsabteilungen möglichst verursachungsgerecht zuzuordnen?

Lösung

Für die Verwaltung muss eine allgemeine Kostenstelle eingerichtet werden. Dort werden die auf die Verwaltung entfallenden Kosten zunächst gesammelt und dann in einem zweiten Schritt auf die drei Erwerbsabteilungen umgelegt.

Angaben für die Erstellung des erweiterten BAB mit der Kostenstelle Verwaltung:

	Verwaltung	Frischwaren	Sonst. Lebensmittel	Non-Food
Personalkosten gemäß Gehaltsliste	15.000,00 €	8.000,00 €	24.120,00 €	21.800,00 €
Verhältnis der Raumflächen	3	15	18	17
Verhältnis des investierten Kapitals	6	7	15	20

Die Kosten für Steuern/Beiträge/Versicherungen sowie für Büromaterial/Kommunikation sind auf die Verwaltung zu übernehmen. Die Umlage der Kosten des Verwaltungsbereichs soll nach der Summe der auf den 3 Hauptkostenstellen bis dahin verteilten Betriebskosten erfolgen.

Betriebsabrechnungsbogen der Walter Andresen GmbH **Monat: Juni 20..**

Z.	Text	Gesamtbetrieb	Verteilung	Verwaltung	Erwerbsabteilungen/Verkauf		
					Frischwaren	sonst.Lebensm.	Non-Food
1	*Daten z. Kostenverteilung*	*53*	*Verhältnis d. qm*	*3*	*15*	*18*	*17*
2		*48*	*Verh.d.inv.Kapitals*	*6*	*7*	*15*	*20*
3	Umsatzerl. a. Warenverk.	778.000,00 €			129.000,00 €	257.000,00	392.000,00 €
4	Wareneinsatz	610.000,00 €			105.000,00 €	197.000,00	308.000,00 €
5	**Bruttowarengewinn**	**168.000,00 €**			**24.000,00 €**	**60.000,00**	**84.000,00 €**
6	**Personalkosten**	**68.920,00 €**	***Liste***	**15.000,00 €**	**8.000,00 €**	**24.120,00 €**	**21.800,00 €**
7	Mieten	53.000,00 €	*qm (Zeile 1)*	3.000,00 €	15.000,00 €	18.000,00 €	17.000,00 €
8	sonstige Raumkosten	4.240,00 €	*qm (Zeile 1)*	240,00 €	1.200,00 €	1.440,00 €	1.360,00 €
9	**Raumkosten**	**57.240,00 €**		**3.240,00 €**	**16.200,00 €**	**19.440,00 €**	**18.360,00 €**
10	Abschreib. a. G'ausstatt.	5.280,00 €	*invest. Kapital (Zeile 2)*	660,00 €	770,00 €	1.650,00 €	2.200,00 €
11	Zinsen	2.160,00 €	*invest. Kapital (Zeile 2)*	270,00 €	315,00 €	675,00 €	900,00 €
12	**Kapitalkosten**	**7.440,00 €**		**930,00 €**	**1.085,00 €**	**2.325,00 €**	**3.100,00 €**
13	Steuern/Beitr./Versich.	5.600,00 €	Verwaltung	5.600,00 €			
14	Büromat./Kommunikat.	4.600,00 €	Verwaltung	4.600,00 €			
15	**Sonst. Betriebskosten**	**10.200,00 €**		**10.200,00 €**			
16	Zwischensumme	143.800,00 €		**29.370,00 €**	25.285,00 €	45.885,00 €	43.260,00 €
17	**Verwaltungskosten**		*Umlage: Zeile 16*		**6.489,74 €**	**11.777,00 €**	**11.103,26 €**
18	Werbung	3.500,00 €	*Bruttowarengewinn*		500,00 €	1.250,00 €	1.750,00 €
19	K. f. Warenabg. u. -zustell.	1.400,00 €	*Bruttowarengewinn*		200,00 €	500,00 €	700,00 €
20	**Vertriebskosten**	**4.900,00 €**			**700,00 €**	**1.750,00 €**	**2.450,00 €**
21	**Selbstkosten**	**148.700,00 €**			**32.474,74 €**	**59.412,00 €**	**56.813,26 €**
22	**Betriebsergebnis:**	**19.300,00 €**	**Abteilungsergebnis:**		**– 8.474,74 €**	**588,00 €**	**27.186,74 €**
23	BE in % d. Umsatzerlöse	*2,48 %*			*– 6,57 %*	*0,23 %*	*6,94 %*

Merke:

1. Im Dienstleistungsgewerbe können Kosten und Erlöse den jeweiligen Erwerbsabteilungen gezielt zugerechnet werden. Das ergibt **getrennte Abteilungsergebnisse.**
2. Die Kosten der **Hilfskostenstelle Verwaltung** werden auf die Erwerbsabteilungen als Hauptkostenstellen umgelegt.

Aufgaben zu 8.2

8-1 **BAB als Vollkostenrechnung**

Die Ortmann GmbH, Textileinzelhandel, hat ihren Betrieb gegliedert in die drei Bereiche: Damenbekleidung, Herrenbekleidung und Kinderbekleidung. Außerdem wird eine allgemeine Kostenstelle für die Verwaltung geführt.

Verteilung der **Umsatzerlöse u. Wareneinsatzkosten** für den Monat November 20..:

	Damenbekleidung [€]	Herrenbekleidung [€]	Kinderbekleidung [€]
Umsatzerlöse aus Warenverkauf	771.570,00	447.800,00	346.330,00
Wareneinsatz	363.570,00	231.800,00	213.330,00

Betriebskosten des Abrechnungsmonats **für alle Abteilungen:**

	€		€
Personalkosten	391.980,00	Sachkosten für Warenabgang und -zustellung	5.420,00
Mieten	117.880,00	Zinsen	8.208,00
sonstige Raumkosten	64.792,00	Abschr. auf BGA	32.880,00
Steuern/Beitr./Versich.	3.250,00	Büromat./Kommun.	30.790,00
Werbung	51.800,00		

Daten zur Verteilung der Betriebskosten auf die vier Kostenstellen:

	Verwaltung	Damenbekleidung	Herrenbekleidung	Kinderbekleidung
Personalkosten gemäß Gehaltsliste	15.000,00	172.200,00	90.880,00	113.900,00
Verhältnis der Raumflächen	5	21	18	12
Verhältnis des investierten Kapitals	3	15	11	7

Verteilungsschlüssel für

Mieten:	Verhältnis der m^2
sonstige Raumkosten:	Verhältnis der m^2
Steuern/Beiträge/Versicherungen:	nur Verwaltung
Werbung:	Umsatzerlöse
Sachkosten für Warenabgang und -zustellung:	Umsatzerlöse
Zinsen und Abschreibungen GA:	Verh. des investierten Kapitals
Büromaterial/Kommunikation:	nur Verwaltung

Die Umlage der Verwaltungskosten auf die drei Hauptkostenstellen soll im Verhältnis der dort bis dahin verrechneten Betriebskosten erfolgen.

Kopiervorlage

Aufgabe 8 - 1

Betriebsabrechnungsbogen der Ortmann GmbH, Textileinzelhandel

Monat: November ....

	Text	Gesamt-betrieb	Verteilung	**Verwaltung**	**Erwerbsabteilungen / Verkauf** Damenbe-kleidung	Herrenbe-kleidung	Kinderbe-kleidung	**gesamt**
1	*Daten zur Kostenverteilung*		*Verhältnis der qm*					
2			*Verh.inv.Kapital*					
		EUR		EUR	EUR	EUR	EUR	EUR
3	Umsatzerlöse aus Warenverkauf							
4	Wareneinsatz (Einzelkosten)							
5	**Bruttowarengewinn**							
6	Personalkosten	-391.980,00	*Liste*					
7	Mieten		*Verh. qm (Zeile 1)*					
8	sonstige Raumkosten		*Verh. qm (Zeile 1)*					
9	Steuern/Beiträge/Versicherungen		*Verwaltung*					
10	Werbung		*U'erlöse (Zeile 3)*					
11	Sachkosten f. Warenabg. u. -zustell.		*U'erlöse (Zeile 3)*					
12	Zinsen		*Verh.inv.K.(Zeile 2)*					
13	Abschreibungen auf G'ausstattung		*Verh.inv.K. (Zeile 2)*					
14	Büromaterial / Kommunikation		*Verwaltung*					
15								
16	Umlage Verwaltung		*Zeile 15*					
17	**Betriebskosten /Abteilungskosten**							
18	**Betriebsergebnis / Abteilungsergebnis**							
19	BE in % der Umsatzerlöse							

Arbeitsaufträge:

a) Erstellen Sie mithilfe eines Ihnen zur Verfügung stehenden Tabellenkalkulationsprogramms den BAB für die Ortmann GmbH bzw. füllen Sie den abgebildeten, unvollständigen BAB aus!

b) Ermitteln Sie darin das Betriebs- und Abteilungsergebnis in € und in % der Umsatzerlöse!

c) Interpretieren Sie Ihren BAB!

8-2 BAB als Vollkostenrechnung

Die Berger GmbH betätigt sich als Spediteur in den Bereichen Seehafenspedition, Sammelladungsspedition und Lkw-Verkehr (Fuhrbetrieb). Außer diesen drei Erwerbsabteilungen wird eine allgemeine Kostenstelle für die Verwaltung geführt.

a) Verteilung der **Umsatzerlöse aus Spedition und der Einzelkosten für die Speditionsaufträge:**

	Seehafenspedition [€]	Sammelladungsspedition [€]	Fuhrbetrieb [€]
Umsatzerlöse aus Spedition	480.000,00	150.000,00	38.000,00
Einzelkosten (Speditionskosten)	360.000,00	110.000,00	4.000,00

b) **Betriebskosten** des Abrechnungsmonats **für alle Abteilungen:**

	€		€
Löhne	6.000,00	Mieten	7.800,00
Gehälter	90.000,00	Werbung	4.850,00
soziale Abgaben	18.000,00	Gewerbesteuer	2.775,00
Treibstoffverbrauch	2.900,00	Abschreib. a. Fuhrpark	7.500,00
Kfz-Steuer	1.450,00	Abschreib. a. G'ausstatt.	1.300,00
Kfz-Versicherung	1.925,00	sonstige Betriebskosten	40.500,00

c) **Daten zur Verteilung der Betriebskosten** auf die vier Kostenstellen:

	Verwaltung	Seehafenspedition	Sammelladungssp.	Fuhrbetrieb
Gehälter gemäß Gehaltsliste	18.000,00	54.000,00	12.000,00	6.000,00
Raumflächen in m²	100	320	60	40

Verteilungsschlüssel für

soziale Abgaben:	Löhne und Gehälter	alle übrigen Betriebskosten gemäß b): Fuhrbetrieb
Mieten:	m^2	
Werbung:	Bruttospeditionsgewinne	
Gewerbesteuer:	Verwaltung	
Abschreibungen GA:	m^2	
sonstige Betriebskosten:	Gehälter	

Die Umlage der Verwaltungskosten auf die drei Hauptkostenstellen soll im Verhältnis der dort bis dahin verrechneten Betriebskosten erfolgen.

Arbeitsaufträge:

a) Erstellen Sie mithilfe eines Ihnen zur Verfügung stehenden Tabellenkalkulationsprogramms den BAB für die Speditionsfirma Berger GmbH!

b) Ermitteln Sie darin das Betriebs- und Abteilungsergebnis in € und in % der Bruttospeditionsgewinne!

c) Interpretieren Sie Ihren BAB!

BAB als Vollkostenrechnung 8-3

Die Helmut Rurberg GmbH & Co. KG vertreibt Wand- und Bodenfliesen. Für diese beiden Artikel hat sie weiträumige Ausstellungsräume, in denen die Kunden beraten werden. Außerdem verfügt die Unternehmung über ein umfangreiches Lager mit den dazugehörigen Umschlagsgeräten (Gabelstapler).

a) Verteilung der **Umsatzerlöse und Wareneinsatzkosten** für den Monat März 20..:

	Wandfliesen [€]	Bodenfliesen [€]	insgesamt [€]
Umsatzerlöse aus Warenverkauf	1.235.000,00	988.000,00	2.223.000,00
Wareneinsatz	975.000,00	813.000,00	1.788.000,00

b) **Betriebskosten** des Abrechnungsmonats **für alle Abteilungen:**

	€		€
Personalkosten	120.400,00	Zinsen	40.000,00
Mieten	85.000,00	Abschr. a. Gabelstapler	4.100,00
sonstige Raumkosten	31.400,00	Abschr. a. Hochregale	2.700,00
Steuern/Beitr./Versich.	14.530,00	Abschr. a. G'ausstattung	8.500,00
Werbung	23.950,00	Büromat./Kommunikation	31.175,00
Sachkosten für Warenabgang und -zustellung	18.270,00		

c) **Daten zur Verteilung der Betriebskosten** auf die fünf Kostenstellen:

	Verwaltung	Lager	Umschlag	Wandfliesen	Bodenfliesen
Personalkosten gemäß Liste	28.700,00	4.500,00	24.000,00	31.600,00	31.600,00
Raumflächen in %	4,00	56,00	6,00	18,00	16,00
investiertes Kapital in %	3,75	75,00	5,25	8,50	7,50

Die Kosten für Werbung und Warenabgang sollen im Verhältnis der Bruttowarengewinne verteilt werden. Die Abschreibung auf die Geschäftsausstattung soll ausschließlich auf die Verwaltung und die beiden Erwerbsabteilungen verteilt werden, und zwar im Verhältnis des in diesen Kostenstellen investierten Kapitals.

Die Umlage der allgemeinen Kostenstelle Verwaltung auf die übrigen Kostenstellen soll im Verhältnis der dort bis dahin verteilten Betriebskosten erfolgen.

Danach sollen die Kosten des Umschlags im Verhältnis der Umsatzerlöse umgelegt werden und als Letztes die Lagerkosten, ebenfalls im Verhältnis der Umsatzerlöse.

Arbeitsaufträge:

a) Erstellen Sie mithilfe eines Ihnen verfügbaren Tabellenkalkulationsprogramms den BAB für die Helmut Rurberg GmbH & Co. KG!

b) Ermitteln Sie darin das Betriebs- und Abteilungsergebnis in € und in % der Umsatzerlöse!

c) Interpretieren Sie Ihren BAB!

8.3 Kalkulation in Handelsbetrieben

8.3.1 Ableitung des Handlungsgemeinkostenzuschlags aus dem BAB und Kalkulation der Selbstkosten

Situation

Im Lebensmittel-Supermarkt Walter Andresen GmbH sind bisher die Verkaufspreise für die Artikel der verschiedenen Warengruppen nach den Empfehlungen der Händler-Einkaufsgemeinschaft festgesetzt oder an die Preise regionaler Mitbewerber angepasst worden. Der Firmeninhaber möchte aber seine Preise in Zukunft weitgehend selbst auf der Grundlage seiner Kosten kalkulieren.

Der BAB vom Juni 20.. soll zum ersten Mal eine genaue Verrechnung der Kosten der Warengruppen und damit eine eigenständige Kalkulation möglich machen.

Für die Warengruppe »Non-Food« zeigt der Ausschnitt aus dem BAB folgendes Bild:

Ausschnitt aus dem BAB der Firma Walter Andresen GmbH		
Warengruppe »Non-Food«	[€]	[€]
Wareneinsatz zu Einstandspreisen		308.000,00
Personalkosten	21.800,00	
Raumkosten	18.360,00	
Kapitalkosten	3.100,00	
Verwaltungskosten	11.103,26	
Vertriebskosten	2.450,00	
Summe der Gemeinkosten		56.813,26
Selbstkosten		**364.813,26**

Herr Andresen erwartet auf der Basis dieser Zahlen eine genaue Kalkulation der Selbstkosten und anschließend die Errechnung eines Verkaufspreises mit einem angenommenen Gewinn vornehmen zu können.

Problem:

Welche Schritte sind für die Entwicklung einer Kostenträgerrechnung/Kalkulation notwendig?

Lösung

Als Ausgangspunkt für die Kalkulation dient der Wareneinsatz der jeweiligen Warengruppe, bewertet zu Einstandspreisen. Er enthält die Einzelkosten. Alle übrigen Kosten gemäß BAB stellen Gemeinkosten dar. Geht man einmal davon aus, dass der Wareneinsatz nicht allzu sehr schwankt, kann man unterstellen, dass die Summe der Gemeinkosten einen bestimmten Prozentsatz des Wareneinsatzes beträgt. Man kann also für die Kalkulation einzelner Artikel dieser Warengruppe einen Zuschlagssatz bilden nach der Formel

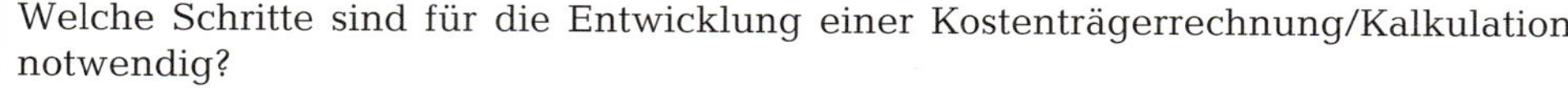

p = Summe der Gemeinkosten · 100/Wareneinsatz

Für den Monat Juni[1] ergibt sich für die Warengruppe Non-Food demnach folgende Rechnung:

Handlungsgemeinkostensatz: 56.813,26 € · 100/308.000,00 € = **18,45** % (gerundet)

Auf dieser Basis kann man nun für einen einzelnen Artikel, zum Beispiel eine 20 kg-Großverbraucherpackung Waschpulver mit dem Einstandspreis (Bezugspreis) von 248,50 € je 10 Stück folgende Rechnung aufstellen:

Schema:		für Beispiel:	Basis Bez.prs. = 100 €:
Kalkulation der Selbstkosten:			
Einstandspreis (Wareneinsatz)		24,85 €	100,00 €
+ Handlungsgemeinkosten	18,45 %	4,58 €	18,45 €
= Selbstkosten		29,43 €	118,45 €

8.3.2 Kalkulation des Verkaufspreises im Einzelhandel

Herr Andresen möchte natürlich in jeder seiner Verkaufsabteilungen einen Gewinn erzielen, z. B. bei der Warengruppe Non-Food in Höhe von 5 % der Selbstkosten.

Also sind die Selbstkosten noch um den geplanten Gewinn zu erhöhen, damit der Nettoverkaufspreis errechnet werden kann[2]. Außerdem ist bei Verkäufen an den Endverbraucher grundsätzlich noch die Umsatzsteuer (Mehrwertsteuer) zu berücksichtigen; im Einzelhandel müssen also Bruttopreise einschließlich Umsatzsteuer angegeben werden. Daher kommen zum Nettoverkaufspreis für Non-Food-Artikel noch 19 % Umsatzsteuer hinzu.

Schema:		für Beispiel:	Basis Bez.prs. = 100 €:
Kalkulation des Verkaufspreises:			
Selbstkosten		29,43 €	118,45 €
+ Gewinn	5 %	1,47 €	5,92 €
= Nettoverkaufspreis		30,90 €	124,37 €
+ Umsatzsteuer	19 %	5,87 €	23,63 €
Bruttoverkaufspreis		36,77 €	148,00 €
Aufgerundeter VP (Ladenpreis) z. B.		36,90 €	

Anmerkungen:

1. Im Handel ist es heute weitestgehend üblich, statt zum genau kalkulierten Verkaufspreis Artikel mit einem »gerundeten 9er-Preis« = »psychologischen Preis« auszuzeichnen. In obiger Beispielkalkulation bedeutete dies: 36,90 €
2. Ist bei einem Artikel für den Einzelhändler die Wettbewerbssituation besonders schwierig, kann der Verkaufspreis (UVP)[3] gezielt noch ermäßigt werden, z. B. durch Verzicht auf Gewinn oder Beschränkung auf nur einen Teil der Kostendeckung bei diesem Artikel (vgl. auch Abschnitte 8.4/8.5).

[1] Statt der BAB-Zahlen für einen einzelnen Monat wird man in der Praxis Durchschnittswerte mehrerer Monate bilden

[2] Häufig wird der Gewinn in Prozent des Nettoverkaufspreises ausgedrückt. Man bezeichnet ihn dann als (Netto-)Umsatzrendite bzw. (Netto-)Umsatzrentabilität.

[3] unverbindlicher Verkaufspreis

8.3.3 Vereinfachte Handelskalkulation

Kalkulationszuschlag und Kalkulationsfaktor

Drückt man den in mehreren Schritten (vgl. vorige Seite) errechneten Bruttoverkaufspreis in Prozent des Wareneinsatzes zu Einstandspreisen aus, so erhält man

36,77 € · 100/24,85 € = 147,97 % ≈ 148,00 %[1].

Man kann deshalb bei der Vorwärtskalkulation *in einem Schritt* den Bruttoverkaufspreis errechnen, indem man 48,00 % (im Beispiel) auf den Einstandspreis (= 100%) aufschlägt. Dieser Zuschlagssatz wird als **Kalkulationszuschlag** bezeichnet.

Damit kann jetzt jede einzelne Ware sehr leicht und schnell kalkuliert werden:

Beispiel: Schnellkalkulation T-Shirt

Einstandspreis	19,50 €
Kalkulationszuschlag 48,00 %	8,63 €
Bruttoverkaufspreis	28,86 €

Die Errechnung des Bruttoverkaufspreises aus dem Einstandspreis lässt sich auf eine andere Weise noch einfacher mit dem **Kalkulationsfaktor** vornehmen. Er ist definiert als der Faktor, mit dem man den Einstandspreis multiplizieren muss, um den Bruttoverkaufspreis in einem Schritt zu erhalten.

Beispiel: Schnellkalkulation T-Shirt

Einstandspreis	19,50 €
· **Kalkulationsfaktor**	· **1,4800**[2]
= Bruttoverkaufspreis	= 28,86 €

Aus dem Kalkulationszuschlag errechnet er sich folgendermaßen:

Kalkulationsfaktor = 1 + Kalkulationszuschlag/100

Oder auch durch die Rechnung:

Kalkulationsfaktor = Bruttoverkaufspreis/Einstandspreis

wenn Einstandspreis und Bruttoverkaufspreis bekannt sind.

Rückwärtskalkulation mit Kalkulationsabschlag und Handelsspanne

Situation

Durch die harte Wettbewerbssituation ist der Einzelhändler Andresen gezwungen, mit Sonderangeboten zu operieren. So wird den Kunden bis auf Weiteres Waschpulver zum Aktionspreis von 31,90 € (brutto) je Großverbraucherpackung angeboten.

Problem

Welchen Einstandspreis könnte der Einzelhändler an den Lieferanten zahlen, um seine Kosten zu decken und die Gewinnvorstellung zu realisieren?

[1] wg. Rundungsdifferenz

[2] Man könnte auch rechnen: 1,1845 · 1,05 · 1,19 = 1,4800 (vgl. Einzel-Prozentsätze vorherige Seite!)

Lösung

Die Summe aus Handlungskosten, Gewinn und Umsatzsteuer ergibt den sogenannten **Warenrohgewinn**. Im Beispiel beträgt er 36,77 € – 24,85 € = 11,92 €. Wenn wir diesen Betrag in Prozent des Bruttoverkaufspreises ausdrücken, erhalten wir: 11,92 € · 100/36,77 € = 32,42 %, bezeichnet als Kalkulationsabschlag. Allgemein:

Kalkulationsabschlag[1] **= Warenrohgewinn · 100/Bruttoverkaufspreis**

Man kann diese Größe dazu benutzen, um bequem den erwünschten Einstandspreis zu ermitteln, der die Deckung von Handlungskosten, Gewinn und Umsatzsteuer ermöglicht. Auf den Aktionspreis von 31,90 € angewendet, ergibt sich der maximale Einstandspreis nach folgendem Rechenschema:

Schema:	für das Beispiel:	
Aktionspreis		31,90 €
– **Kalkulationsabschlag**	32,42 %	10,34 €
Einstandspreis		21,56 €

Es müsste versucht werden, beim Lieferanten durch einen Sonderrabatt zu erreichen, dass dieser Einstandspreis möglich wird.

Situation

Der Einzelhändler Andresen hat vor einem Jahr eine Filiale eröffnet, die in diesem Juni im Non-Food-Bereich bei Gesamt-Einstandspreisen von 202.000 € Gesamt-Umsatzerlöse von 231.000 € erzielt hat. Er möchte die beiden Niederlassungen auf Basis der Juni-Werte hinsichtlich ihrer Ertragskraft für diese Warengruppe vergleichen.

Problem

Wie kann man möglichst bequem ermitteln, welche Niederlassung hier den prozentual höheren Netto-Rohgewinn erwirtschaftet hat?

Lösung

Man geht bei einem Vergleich von der Differenz zwischen Nettoumsatzerlösen und Nettoeinstandspreisen aus, die für die Deckung der Handlungskosten und die Erzielung eines Reingewinns zur Verfügung steht. Diese Differenz wird als *Netto-Rohgewinn* bezeichnet. Ausgedrückt *in Prozent des Nettoverkaufspreises* erhält man die so genannte Handelsspanne. Formel:

Handelsspanne = (Σ Umsatzerlöse – Σ Einstandspreise) · 100/Σ Umsatzerlöse

bzw., bezogen auf einen einzelnen Artikel:

Handelsspanne[1] **= (Nettoverkaufspreis – Einstandspreis) · 100/Nettoverkaufspreis**

Der Vergleich der Non-Food-Sparten von Hauptbetrieb und Filiale der Andresen GmbH ergibt mittels der ersten Formel folgende Handelsspannen:

Hauptbetrieb: 84.000 · 100/392.000 = 21,43 %
Filiale: 29.000 · 100/202.000 = 14,36 %

(Der schlechtere Wert könnte wegen vieler preisreduzierter Angebote wg. Neugründung entstanden sein.)

Für einen einzelnen Artikel (z. B. Waschpulver-Großpackung, Werte vgl. vorherige Seite) ergäbe sich eine Handelsspanne von (31,90 € – 24,85 €) · 100/31,90 = 22,10 % – Den Prozentsatz der Handelsspanne kann man auch dazu verwenden, den wünschenswerten Einstandspreis zu berechnen.

---

[1] Die Begriffe Kalkulationsabschlag und Handelsspanne werden in der Fachliteratur und Praxis oft im selben Sinne verwendet (und zwar im Einzelhandel brutto und im Großhandel netto). Die Handelsspanne wird häufig auch als *Marge* bezeichnet.

8.3.4 Erweiterung des Kalkulationsschemas im Einkaufs- und Verkaufsbereich

Bezugskalkulation

In der Regel besteht der Einstandspreis aus dem Zieleinkaufspreis (HEK)[1] abzüglich Skonto, d. h. aus dem sog. Bareinkaufspreis, oft erhöht um anteilige Bezugkosten wie Frachten, Zölle und Versicherungen. In manchen Fällen wird der Angebotspreis des Lieferanten aber als Listenpreis angegeben, von dem zunächst ein Rabatt abzuziehen ist.

Eine derartige Bezugskalkulation erfolgt nach folgendem Schema:

Bezugskalkulation

Schema:[2]	Im Beispiel Waschpulver-Großpackung:
Listenpreis	272,30 €
– Rabatt 8 %	21,78 €
Zieleinkaufspreis	250,52 €
– Skonto 3 %	7,52 €
= Bareinkaufspreis	243,00 €
+ anteilige Bezugskosten	5,50 €
= Einstandspreis (Bezugspreis)	248,50 €

Erweiterte Verkaufskalkulation (Großhandel)

Die bisher dargestellten Kalkulationsbeispiele beziehen sich auf den Einzelhandel.

Falls der Händler[3] seinen Angebotspreis als Listenpreis angibt, von dem der Kunde Rabatt und weiterhin Skonto abziehen kann, ergibt sich eine Erweiterung des Kalkulationsschemas.

Schema:	Zahlenbeispiel (Gefrierschrank):
Netto-Verkaufspreis	350,90 €
+ Sondereinzelkosten des Vertriebs	7,60 €
Barverkaufspreis	358,50 €
+ Skonto (im Hundert) 2 %	7,32 €
Zielverkaufspreis	365,82 €
+ Rabatt (im Hundert) 10 %	40,65 €
Listenverkaufspreis	406,47 €

Die Umsatzsteuer wird in der Rechnung als Zuschlag auf den Zielverkaufspreis ausgewiesen.

---

[1] Händlereinkaufspreis

[2] Ausführliche Bezugskalkulation (als Angebotsvergleich) siehe Kap. 2.3.1!

[3] Üblicherweise wird in dieser Ausführlichkeit im Großhandel, nur selten im Einzelhandel kalkuliert.

Merke:

1. Bei der **Kalkulation im Handelsbetrieb** wird der Einstands- oder Bezugspreis um einen **Handlungsgemeinkostenzuschlag** erhöht, um die Selbstkosten zu ermitteln.

2. Auf den errechneten Selbstkostenpreis wird der geplante **Gewinn** aufgeschlagen; der so kalkulierte Nettoverkaufspreis wird um die Umsatzsteuer erhöht, um zum Bruttoverkaufspreis (Ladenpreis) zu gelangen.

3. Wenn Einstands- und Verkaufspreis bekannt sind, kann der Kalkulationszuschlag wie folgt errechnet werden:

$$\textbf{Kalkulationszuschlag in \%} = \frac{\textbf{(Bruttoverkaufspreis – Einstandspreis)} \cdot \textbf{100}}{\textbf{Einstandspreis}}$$

4. Sind nur der Einstandspreis und die Zuschlagsprozentsätze bekannt, muss der Bruttoverkaufspreis zunächst *stufenweise* kalkuliert werden. *Danach* kann der Kalkulationszuschlag nach der unter 3. angegebenen Formel errechnet werden.

5. Der Kalkulationszuschlag bewirkt eine erhebliche **Vereinfachung der Kalkulation**

ausführliche Kalkulation		*vereinfachte Kalkulation*
Einstandspreis		Einstandspreis
+ Handlungsgemeinkosten (%)	Warenrohgewinn €	**+ Kalkulationszuschlag (%)**
+ Gewinn (%)		
+ Umsatzsteuer (%)		
= Brutto-Verkaufspreis		= Brutto-Verkaufspreis

6. Der Bruttoverkaufspreis kann auch wie folgt berechnet werden:

   Bruttoverkaufspreis = Einstandspreis · **Kalkulationsfaktor**

7. Sind die Zuschlagssätze bekannt, berechnet man den Kalkulationsfaktor wie folgt:

   Kalkulationsfaktor = 1 + (Kalkulationszuschlag/100)

8. Für die **Rückwärtskalkulation** benutzt man den **Kalkulationsabschlag**.

   Er dient dazu, denjenigen Einstandspreis zu errechnen, der eine Deckung der Handlungskosten, des Gewinns und der Umsatzsteuer ermöglicht. Er wird folgendermaßen ermittelt

   Kalkulationsabschlag in % = Rohgewinn · 100/Bruttoverkaufspreis

   Einstandspreis = Bruttoverkaufspreis – Kalkulationsabschlag)

9. Die **Handelsspanne** dient häufig zum Betriebsvergleich. Sie ergibt sich wie folgt:

   Handelsspanne in % = Netto-Rohgewinn · 100/Nettoverkaufspreis

10. Das Kalkulationsschema kann bei Bedarf auf der Einkaufsseite evtl. um eine Bezugskalkulation und im Verkauf um die Berücksichtigung von Skonto und Rabatt erweitert werden.

Zeitgemäße Kalkulationsverfahren im Dienstleistungssektor

Durch geändertes Käuferverhalten und die verschärfte Konkurrenzsituation infolge der Globalisierung der Wirtschaft sind für alle Wirtschaftszweige weitere Kalkulationsverfahren entwickelt worden. Hierzu zählen insbesondere die Prozesskostenrechnung (Activity Based Costing) und die Zielkostenrechnung (Target Costing) (vgl. Kap. 3.5.4 und Kap. 3.6).

Aufgaben zu 8.3

8-4 **Lückentest**

In dem folgenden Text sind wichtige Begriffe ausgelassen. Die Lücken sind gekennzeichnet mit (a) bis p). Nennen Sie zu den einzelnen Buchstaben die zugehörigen Begriffe!

In einem Handelsbetrieb fallen Gemeinkosten in folgenden Hauptbereichen an: …(a)…, …(b)… und …(c)…

Diese Kosten nennt man zusammengefasst …(d)…; sie werden in der Verkaufskalkulation zum …(e) … zugeschlagen. Der so ermittelte …(f)… wird um den geplanten …(g)… erhöht. Daraus ergibt sich der …(h)…. Rechnet man die …(i)… hinzu, erhält man den …(j)… = …(k)…

Zur Vereinfachung der Kalkulation von Handelswaren kann man folgendermaßen vorgehen: Man fasst die Einzelprozentsätze von Handlungskosten, …(l)… und Umsatzsteuer zusammen und erhält dadurch den sog. …(m)…. Ist der Bruttoverkaufspreis vom Markt vorgegeben, kann der Kalkulationszusschlag errechnet werden, indem man die Differenz zwischen dem BVP und dem EP in % des …(n)… ausdrückt. So lange sich Kosten und Gewinn nicht ändern, kann für weitere Artikel der Ladenpreis bequem mit dem Kalkulationszuschlag oder dem …(o)… berechnet werden.

8-5 Berechnen Sie Kalkulationsfaktor und Kalkulationszuschlag für die folgenden Kombinationen von Einzel-Prozentsätzen:

Artikelgruppe	Hk. %	Gewinn %	USt %
a) Porzellanwaren	20	10	19
b) Lebensmittel allgem.	18	10	7
c) Spirituosen	30	15	19
d) Drogerieartikel	25	12	19
e) Heimtextilien	12,5	20	19

8-6 Ergänzen Sie die fehlenden Werte in der Umrechnungstabelle:

	Einst.preis	Kalk.zuschl.	Kalk.faktor	Kalk.abschl.	BruttoVP
a)	100	25	?	?	?
b)	?	33 1/3	?	?	120
c)	20	?	1,1	?	?
d)	?	?	1,2	?	600
e)	70	50	?	?	?
f)	80	?	?	50	?

8-7 Ein Einzelhandelsbetrieb hat Ware I zu 65,80 € bezogen, Ware II zu 360,00 € und Ware III zu 120,00 €. – Er kalkuliert mit folgenden Sätzen: Handlungsgemeinkosten 15 %, Gewinn 6,5 % der Selbstkosten, Umsatzsteuer 19 %.

a) Kalkulieren Sie alle Artikel bis zum Bruttoverkaufspreis!

b) Berechnen Sie für Ware III den Kalkulationszuschlag, den Kalkulationsfaktor und den Kalkulationsabschlag!

c) Für Ware I ist ein Marktpreis von 95 € vorgegeben. Welcher Kalkulationszuschlag und Kalkulationsfaktor sowie welche Handelsspanne ergeben sich daraus?

d) Der am Markt erzielbare Bruttoverkaufspreis ist für Ware II 500,00 €. Berechnen Sie mithilfe des Kalkulationsabschlages den maximalen Einstandspreis, der die in der Aufgabe genannten Sätze für Handlungskosten, Gewinn und Umsatzsteuer deckt!

e) Berechnen Sie für die Ware II den Gewinn oder Verlust, der sich ergibt, wenn der Lieferant einen Einstandspreis von lediglich 350,00 € akzeptiert!

8-8 Ein Textileinzelhandelsunternehmen hat für den Monat Januar 20.. in der Abteilung Strickwaren folgende Kosten ermittelt:

Wareneinsatz (Bezugspreis)	120.000,00 €	Kapitalkosten	4.400,00 €
Personalkosten (Verkauf)	16.800,00 €	Verwaltungskosten	11.824,00 €
Raumkosten	31.600,00 €	Vertriebskosten	7.376,00 €

a) Ermitteln Sie auf der Basis der Kostenarten den Handlungsgemeinkostenzuschlag!

b) Kalkulieren Sie einen Wollpullover mit einem Einstandspreis von 30,00 € und 5 % Gewinnzuschlag bis zum Bruttoverkaufspreis!

c) Ermitteln Sie dementsprechend den Kalkulationsfaktor und Kalkulationszuschlag!

d) Im Markt ist nur ein Bruttoverkaufspreis von 50,00 € durchsetzbar. Wie hoch ist der Nettogewinn bzw. -verlust bei diesem Preis?

e) Welcher Einstandspreis müsste ausgehandelt werden, wenn bei diesem Bruttoverkaufspreis eine geplante Rendite von 4 % des Nettoerlöses (!) erzielt werden soll?

8-9 Ein Elektroeinzelhändler erhält folgendes Angebot für ein Fernsehgerät: Listenpreis 500,00 €, Rabatt 10 %, Skonto 3 %, anteilige Kosten für Transport und Versicherung 45,00 €.

a) Kalkulieren Sie den Bruttoverkaufspreis bei 14,5 % Handlungskosten, 6,5 % geplantem Gewinn und 19 % Umsatzsteuer!

b) Ermitteln Sie für weitere Angebote auf derselben Kalkulationsbasis den Kalkulationszuschlag und den Kalkulationsfaktor!

c) Wie hoch ist die Handelsspanne in %?

d) Wie ändert sich der Bruttoverkaufspreis, wenn 2 % Kundenskonto eingerechnet werden müssen?

e) Wie rechnet der Kunde, wenn er Skonto in Anspruch nimmt, und wie hoch ist der gezahlte Preis?

8-10 Ein Exporthändler bezieht Computer-Bildschirme ab Werk zum Listenpreis von 150,00 € je Stück, Rabatt 5 %, Skonto 2 %, anteilige Kosten für Vorfracht und Versicherung 16,50 €, Handlungskosten 15 %, geplanter Gewinn 12 %, anteilige Seefracht und Seeversicherung 45,00 € für 10 Stück im Versand.

a) Kalkulieren Sie den Nettoverkaufspreis (im Export keine Umsatzsteuer)!

b) Der Einkaufslistenpreis steigt um 10 %. Der Export-Angebotspreis lässt sich jedoch nur auf 200,00 € festsetzen. Wie ändert sich dadurch der Gewinn in € und als Prozentsatz der Selbstkosten?

8-11 Ein Einzelhändler bietet hochwertige Mountainbikes an. Der Einkaufsrechnungspreis beträgt 476,00 € brutto, Lieferantenskonto 3 %, Bezugskosten 7,50 €, Handlungskosten 18,5 %, geplanter Gewinn 10 %, Kundenskonto 2 %, Umsatzsteuer 19 %.

a) Berechnen Sie den Bruttoverkaufspreis mit den angegebenen Daten!

b) Berechnen Sie den Kalkulationszuschlag und den Kalkulationsabschlag für diesen Preis!

c) Welcher Gewinn in % der Selbstkosten lässt sich bei einem Bruttoverkaufspreis von 600 € realisieren?

d) Berechnen Sie mithilfe des unter b) ermittelten Kalkulationsabschlages den anzustrebenden NettoEinkaufs- und Netto-Einstandspreis!

e) Der Marktpreis sinkt auf 549,00 € brutto. Kundenskonto wird nicht eingeräumt. Der Lieferer ist bereit, auf den ursprünglichen Nettozieleinkaufspreis 5 % Rabatt zu gewähren. Wie ändert sich dadurch der Gewinn?

8-12 Ein Möbeleinzelhändler kalkuliert mit einem Kalkulationsfaktor von 1,75. Er ordert folgende Waren:

A	Schreibtisch	Einstandspreis 440,00 €
B	Sofa	Einstandspreis 760,00 €
C	Sessel	Einstandspreis 500,00 €

a) Berechnen Sie für die Waren A bis C die Bruttoverkaufspreise!

b) Berechnen Sie die Bruttoroherträge! Wie viel Prozent beträgt der einheitliche Kalkulationsabschlag?

c) Welcher Nettorohertrag ergibt sich für Ware A bei einer Handelsspanne von 25 %?

d) Bei Ware B muss der Bruttoverkaufspreis auf 1.298,00 € herabgesetzt werden. Berechnen Sie mithilfe des unter b) berechneten Kalkulationsabschlages den Einstandspreis, der die kalkulierten Kosten, den Gewinn und die Umsatzsteuer deckt!

8.4 BAB als Teilkostenrechnung mit Deckungsbeiträgen

Situation

Der Inhaber der Lebensmitteleinzelhandlung Andresen bespricht den BAB für den Monat Juni 20.. mit den Abteilungsleitern.

Betriebsabrechnungsbogen der Walter Andresen GmbH **Monat: Juni 20..**

Z.	Text	Gesamtbetrieb	Verteilung	Verwaltung	Erwerbsabteilungen/Verkauf		
					Frischwaren	sonst.Lebensm.	Non-Food
1	*Daten z. Kostenverteilung*	*53*	*Verhältnis d. qm*	*3*	*15*	*18*	*17*
2		*48*	*Verh.d.inv.Kapitals*	*6*	*7*	*15*	*20*
3	Umsatzerl. a. Warenverk.	778.000,00 €			129.000,00 €	257.000,00	392.000,00 €
4	Wareneinsatz	610.000,00 €			105.000,00 €	197.000,00	308.000,00 €
5	**Bruttowarengewinn**	**168.000,00 €**			**24.000,00 €**	**60.000,00**	**84.000,00 €**
6	**Personalkosten**	**68.920,00 €**	***Liste***	**15.000,00 €**	**8.000,00 €**	**24.120,00 €**	**21.800,00 €**
7	Mieten	53.000,00 €	*qm (Zeile 1)*	3.000,00 €	15.000,00 €	18.000,00 €	17.000,00 €
8	sonstige Raumkosten	4.240,00 €	*qm (Zeile 1)*	240,00 €	1.200,00 €	1.440,00 €	1.360,00 €
9	**Raumkosten**	**57.240,00 €**		**3.240,00 €**	**16.200,00 €**	**19.440,00 €**	**18.360,00 €**
10	Abschreib. a. G'ausstatt.	5.280,00 €	*invest. Kapital (Zeile 2)*	660,00 €	770,00 €	1.650,00 €	2.200,00 €
11	Zinsen	2.160,00 €	*invest. Kapital (Zeile 2)*	270,00 €	315,00 €	675,00 €	900,00 €
12	**Kapitalkosten**	**7.440,00 €**		**930,00 €**	**1.085,00 €**	**2.325,00 €**	**3.100,00 €**
13	Steuern/Beitr./Versich.	5.600,00 €	Verwaltung	5.600,00 €			
14	Büromat./Kommunikat.	4.600,00 €	Verwaltung	4.600,00 €			
15	**Sonst. Betriebskosten**	**10.200,00 €**		**10.200,00 €**			
16	Zwischensumme	143.800,00 €		**29.370,00 €**	25.285,00 €	45.885,00 €	43.260,00 €
17	**Verwaltungskosten**		*Umlage: Zeile 16*		**6.489,74 €**	**11.777,00 €**	**11.103,26 €**
18	Werbung	3.500,00 €	*Bruttowarengewinn*		500,00 €	1.250,00 €	1.750,00 €
19	K. f. Warenabg. u. -zustell.	1.400,00 €	*Bruttowarengewinn*		200,00 €	500,00 €	700,00 €
20	**Vertriebskosten**	**4.900,00 €**			**700,00 €**	**1.750,00 €**	**2.450,00 €**
21	**Selbstkosten**	**148.700,00 €**			**32.474,74 €**	**59.412,00 €**	**56.813,26 €**
22	**Betriebsergebnis:**	**19.300,00 €**	**Abteilungsergebnis:**		**– 8.474,74 €**	**588,00 €**	**27.186,74 €**
23	BE in % d. Umsatzerlöse	*2,48 %*			*– 6,57 %*	*0,23 %*	*6,94 %*

Im Juli ist erfahrungsgemäß aufgrund der Sommerferien, in denen viele Kunden verreisen, mit einem Umsatzrückgang zu rechnen. Daher soll nach der Möglichkeit von Kostensenkungen gesucht werden. Langfristig ist sogar zu überlegen, ob die Abteilung Obst/Gemüse geschlossen werden soll.

Die drei Abteilungsleiter machen geltend, dass außer den Wareneinsatzkosten nur wenige Kostenarten ganz oder teilweise abbaufähig sind. Die Verwaltungskosten seien überhaupt nicht beeinflussbar; sie sollten aus diesem Grunde nicht auf die Abteilungen umgelegt werden.

Herr Andresen nimmt die Anregungen auf und lässt den BAB neu erstellen.

Problem

Welche Betriebskosten sind abbaufähig, d. h. variabel, und welche sind fix?
Wie beeinflusst die Berücksichtigung fixer und variabler Kosten den BAB?

Lösung

1. Schritt:

Es ist zunächst eine **Kostenanalyse** durchzuführen. Dabei soll ermittelt werden, welche Kosten außer dem Wareneinsatz als variabel anzusehen sind und welche Kosten fix sind.

Die Abteilungsleiter stellen Folgendes fest:

a) Die Personalkosten der Verwaltung in Höhe von 15.000,00 € gelten als fix. Die restlichen Personalkosten in Höhe von 53.920,00 € enthalten 16.480,00 € variable Kosten.

b) Die Kosten für Werbung können als variabel betrachtet werden, da sie grundsätzlich abbaufähig sind.

c) Die Kosten für Warenabgang und -zustellung sind in voller Höhe als variabel anzusehen.

d) Alle übrigen Betriebskosten gelten als fix.

e) Die im BAB auf den Verwaltungsbereich zu verteilenden Betriebskosten stellen Unternehmensfixkosten dar.

	Ergebnis der Kostenanalyse:	
	variable Betriebskosten	*fixe Betriebskosten*
Personalkosten	*16.480,00 €*	*52.440,00 €*
Werbung	*3.500,00 €*	
Kosten f. Warenabgang u. -zustellung	*1.400,00 €*	
Mieten		*53.000,00 €*
sonstige Raumkosten		*4.240,00 €*
Steuern/Beiträge/Versicherungen		*5.600,00 €*
Zinsen		*2.160,00 €*
Abschreibungen auf die G'ausstatt.		*5.280,00 €*
Büromaterial/Kommunikation		*4.600,00 €*

2. Schritt:

Es ist ein **BAB als Deckungsbeitragsrechnung** zu erstellen.

Darin wird der Bruttowarengewinn als **Deckungsbeitrag 1** gekennzeichnet. Nachdem man davon die variablen Kosten der Abteilungen abzieht, ergibt sich als Nächstes der **Deckungsbeitrag 2.** Wird dieser um die fixen Abteilungskosten verringert, erhält man den **Deckungsbeitrag 3.**

Der Deckungsbeitrag 3 ist jetzt noch um die Unternehmensfixkosten des Verwaltungsbereichs zu vermindern, um den Gesamtgewinn oder Gesamtverlust der Unternehmung auszuweisen: das **Unternehmensergebnis.**

Der auf diese Weise aufgestellte BAB ist nachstehend abgebildet.

Betriebsabrechnungsbogen der Walter Andresen GmbH **Monat: Juni 20..**

Z.	Text	Gesamt-betrieb	Verteilung	Verwal-tung	Erwerbsabteilungen/Verkauf			
					Frischwaren	sonst. Lebensm.	Non-Food	gesamt
1	*Daten z. Kostenverteilung*	*53*	*Verhältnis d. qm*	*3*	*15*	*18*	*17*	50
2		*48*	*Verh. d. inv. Kapitals*	*6*	*7*	*15*	*20*	42
		€		€	€	€	€	€
3	Umsatzerl. a. Warenverk.	778.000,00			129.000,00	257.000,00	392.000,00	778.000,00
4	Wareneinsatz	610.000,00			105.000,00	197.000,00	308.000,00	610.000,00
5	**Deckungsbeitrag 1**	**168.000,00**			**24.000,00**	**60.000,00**	**84.000,00**	**168.000,00**
6	variable Personalkosten	16.480,00	*Liste*		2.500,00	8.530,00	5.450,00	16.480,00
7	Werbung	3.500,00	*Deckungsbeitrag 1*		500,00	1.250,00	1.750,00	3.500,00
8	K. f. Warenabg. u. -zustell.	1.400,00	*Deckungsbeitrag 1*		200,00	500,00	700,00	1.400,00
9	variable Abteil'kosten	21.380,00			3.200,00	10.280,00	7.900,00	21.380,00
10	**Deckungsbeitrag 2**	**146.620,00**			**20.800,00**	**49.720,00**	**76.100,00**	**146.620,00**
11	fixe Personalkosten	52.440,00		15.000,00	5.500,00	15.590,00	16.350,00	37.440,00
12	Mieten	53.000,00	*qm (Zeile 1)*	3.000,00	15.000,00	18.000,00	17.000,00	50.000,00
13	sonstige Raumkosten	4.240,00	*qm (Zeile 1)*	240,00	1.200,00	1.440,00	1.360,00	4.000,00
14	Steuern/Beitr./Versich.	5.600,00	*Verwaltung*	5.600,00				0,00
15	Zinsen	2.160,00	*invest. Kapital (Zeile 2)*	270,00	315,00	675,00	900,00	1.890,00
16	Abschreib. a. G'ausstatt.	5.280,00	*invest. Kapital (Zeile 2)*	660,00	770,00	1.650,00	2.200,00	4.620,00
17	Büromat./Kommunikat.	4.600,00	*Verwaltung*	4.600,00				0,00
18	Abteilungsfixkosten	127.320,00		29.370,00	22.785,00	37.355,00	37.810,00	97.950,00
19	**Deckungsbeitrag 3**	**(= Abteilungsergebnis)**			**– 1.985,00**	**12.365,00**	**38.290,00**	**48.670,00**
20	*DB 3 in % der Umsatzerlöse*				– 1,54	4,81	9,77	6,26
21	Unternehmensfixkosten (Verwaltungskosten)							29.370,00
22	**Unternehmensergebnis**							**19.300,00**
23	*UE in % der Umsatzerlöse*							*2,48*

Merke:

1. Um die **Abteilungsergebnisse für die Kostenkontrolle** auswerten zu können, müssen die variablen Abteilungskosten von den Fixkosten getrennt werden. Die Vollkostenrechnung ist dazu in eine **Deckungsbeitragsrechnung** umzuwandeln.
2. Es entstehen verschiedene **Kostenschichten:** a) variable Einzelkosten der Erzeugnisse, getrennt nach Abteilungen, b) variable Abteilungsgemeinkosten, c) fixe Abteilungsgemeinkosten und d) fixe Unternehmensgemeinkosten.
3. Es werden drei **Deckungsbeiträge** errechnet, indem man von den Umsatzerlösen die einzelnen Kostenschichten nacheinander abzieht.
4. Dadurch ist es möglich, für **Sortimentsgestaltung und Abteilungskontrolle** betriebswirtschaftlich richtige Entscheidungen zu treffen.

Aufgaben zu 8.4

8-13 **BAB als Deckungsbeitragsrechnung** (Fortführung zu Aufgabe 8–1)

Die Ortmann GmbH, Textileinzelhandel, hat ihren Betrieb gegliedert in die drei Bereiche Damenbekleidung, Herrenbekleidung und Kinderbekleidung. Außerdem wird eine allgemeine Kostenstelle für die Verwaltung geführt. Die Betriebsabrechnung soll nicht mehr in der Form der Vollkostenrechnung geführt werden (vgl. dazu die Lösung zu Aufgabe 8–1), sondern als Deckungsbeitragsrechnung mit einer mehrstufigen Fixkostenzurechnung.

Verteilung der **Umsatzerlöse und Wareneinsatzkosten** für den Monat November 20..:

	Damenbekleidung [€]	Herrenbekleidung [€]	Kinderbekleidung [€]
Umsatzerlöse aus Warenverkauf	771.570,00	447.800,00	346.330,00
Wareneinsatz	363.570,00	231.800,00	213.330,00

Betriebskosten des Abrechnungsmonats **für alle Abteilungen** (Angaben in €):

Personalkosten	391.980,00	Sachkosten f. Warenabgang und -zustellung	5.420,00
Mieten	117.880,00	Zinsen	8.208,00
sonstige Raumkosten	64.792,00	Abschr. auf BGA	32.880,00
Steuern/Beitr./Versich.	3.250,00	Büromat./Kommunikation	30.790,00
Werbung	51.800,00		

Ergebnisse der **Kostenanalyse:**

Die Personalkosten der Kostenstelle Verwaltung in Höhe von 15.000,00 € können in voller Höhe als fix betrachtet werden. Bei den drei Hauptkostenstellen sind 30,00 % als variabel anzusehen. Als variabel gelten in voller Höhe die Kosten für Werbung sowie für Warenabgang und -zustellung.

Die Kosten der Verwaltung stellen in voller Höhe Unternehmensfixkosten dar, die übrigen Fixkosten sind Abteilungs- oder Leistungsfixkosten.

Daten zur Verteilung der Betriebskosten auf die vier Kostenstellen:

	Verwaltung	Damenbekleidung	Herrenbekleidung	Kinderbekleidung
Personalkosten gemäß Gehaltsliste	15.000,00	172.200,00	90.880,00	113.900,00
Verhältnis der Raumflächen	5	21	18	12
Verhältnis des investierten Kapitals	3	15	11	7

Verteilungsschlüssel für

Mieten:	Verhältnis der m^2
sonstige Raumkosten:	Verhältnis der m^2
Steuern/Beiträge/Versicherung	nur Verwaltung
Werbung:	Umsatzerlöse
Sachk. für Warenabgang u. -zustellung:	Umsatzerlöse
Zinsen:	Verhältnis des investierten Kapitals
Abschreibungen auf GA:	Verhältnis des investierten Kapitals
Büromaterial/Kommunikation:	nur Verwaltung

Arbeitsauftrag:

Erstellen Sie den BAB und vergleichen Sie ihn ggf. mit dem BAB zu Aufgabe 8–1!

Kopiervorlage

Aufgabe 8–13

BAB als Deckungsbeitragsrechnung der Ortmann GmbH

Monat: November ....

Z.	Text	Gesamt-betrieb	Verteilung	**Verwal-tung**	**Erwerbsabteilungen / Verkauf** Damenbe-kleidung	Herrenbe-kleidung	Kinderbe-kleidung	**gesamt**
1	Daten zur Kostenverteilung		Verh. d. qm					
2			Verh.inv.Kap.					
		EUR		EUR	EUR	EUR	EUR	EUR
3	Umsatzerlöse a. Warenverk.							
4	Wareneinsatz (Einzelkosten)							
5	**Deckungsbeitrag 1 (= Bruttowarengewinn)**							
6	variable Personalkosten		*Liste*					
7	Werbung		*Zeile 3*					
8	Kosten f. Warenabg.u.-zustell.		*Zeile 3*					
9	Summe variable Abteilungskosten							
10	**Deckungsbeitrag 2**							
11	fixe Personalkosten		*Liste*					
12	Mieten		*Zeile 1*					
13	sonstige Raumkosten		*Zeile 1*					
14	Steuern/Beitr./Versicherung.		*Verwaltung*					
15	Zinsen		*Zeile 2*					
16	Abschreib. a. G'ausstattung		*Zeile 2*					
17	Büromaterial / Kommunikation		*Verwaltung*					
18	Abteilungsfixkosten / Leistungsfixkosten							
19	**Deckungsbeitrag 3 (= Abteilungsergebnis)**							
20	DB 3 in % der Umsatzerlöse							
21	Unternehmensfixkosten (Verwaltungskosten)							
22	**Betriebsergebnis**							
23	Betriebsergebnis in % der Umsatzerlöse							

8–14 **BAB als Deckungsbeitragsrechnung** (Fortführung zu Aufgabe 8–2)

Die Berger GmbH betätigt sich als Spediteur in den Bereichen Seehafenspedition, Sammelladungsspedition und Lkw-Verkehr (Fuhrbetrieb). Außer diesen drei Erwerbsabteilungen wird eine allgemeine Kostenstelle für die Verwaltung geführt. Die Betriebsabrechnung soll nicht mehr in der Form der Vollkostenrechnung geführt werden (vgl. dazu die Lösung zu Aufgabe 8–2), sondern als Deckungsbeitragsrechnung mit einer mehrstufigen Fixkostenzurechnung.

Verteilung der **Umsatzerlöse aus Spedition und der Einzelkosten für die Speditionsaufträge** (Speditionskosten) für den Monat Mai 20..:

	Seehafenspedition [€]	Sammelladungsspedition [€]	Fuhrbetrieb [€]
Umsatzerlöse aus Spedition	480.000,00	150.000,00	38.000,00
Einzelkosten (Speditionskosten)	360.000,00	110.000,00	4.000,00

Betriebskosten des Abrechnungsmonats **für alle Abteilungen:**

	€		€
Löhne (Fuhrbetrieb)	6.000,00	Mieten	7.800,00
Gehälter	90.000,00	Werbung	4.850,00
soziale Abgaben	18.000,00	Gewerbesteuer	2.775,00
Treibstoffverbrauch	2.900,00	Abschreib. a. Fuhrpark	7.500,00
Kfz-Steuer	1.450,00	Abschreib. a. G'ausstatt.	1.300,00
Kfz-Versicherung	1.925,00	sonstige Betriebskosten	40.500,00

Ergebnisse der **Kostenanalyse:**

Als variable Kosten sind anzusehen: Löhne und zugehörige Sozialabgaben, Treibstoffverbrauch, Werbung, Abschreibung auf Fuhrpark mit 50,00 %, sonstige Betriebskosten mit 50,00 %.

Die Kosten der Verwaltungsabteilung stellen in voller Höhe Unternehmensfixkosten dar; die übrigen Fixkosten sind Abteilungs- oder Leistungsfixkosten.

Daten zur Verteilung der Betriebskosten auf die vier Kostenstellen:

	Verwaltung	Seehafenspedition	Sammelladungssp.	Fuhrbetrieb
Gehälter gemäß Gehaltsliste	18.000,00	54.000,00	12.000,00	6.000,00
Raumflächen in m^2	100	320	60	40
Verhältnis der Aufträge		17	5	2

Verteilungsschlüssel für

soziale Abgaben:	Löhne bzw. Gehälter
Mieten:	m^2
Werbung:	Bruttospeditionsgewinne
Gewerbesteuer:	Verwaltung
Abschreibungen GA:	m^2
sonstige Betriebskosten:	Aufträge

Arbeitsauftrag:

Erstellen Sie den BAB und vergleichen Sie ihn ggf. mit dem BAB zu Aufgabe 8–2!

Kopiervorlage

BAB als Deckungsbeitragsrechnung der Spedition Berger GmbH — **Aufgabe 8–14** — **Monat: Mai 19..**

	Text	Gesamtbetrieb	Verteilung	**Verwaltung**	Erwerbsabteilungen Seehafensped.	Sammellad.	Fuhrbetrieb	**gesamt**
1	*Daten zur Kostenverteilung*		*Verh. d. Aufträge*					
2			*qm*					
		EUR		EUR	EUR	EUR	EUR	EUR
3	Umsatzerlöse aus Spedition							
4	Speditionskosten (Einzelkosten)							
5	**Deckungsbeitrag 1 (= Bruttospeditionsgewinn)**							
6	Löhne		*Fuhrbetrieb*					
7	soziale Abgaben		*Zeile 6*					
8	Treibstoffverbrauch		*Fuhrbetrieb*					
9	Werbung		*Zeile 5*					
10	Abschreibung a. Fuhrpark (1/2)		*Fuhrbetrieb*					
11	sonstige Betriebskosten (1/2)		*Zeile 1*					
12	Summe variable Abteilungskosten							
13	**Deckungsbeitrag 2**							
14	Gehälter		*Liste*					
15	soziale Abgaben		*Zeile 14*					
16	Kfz-Steuer		*Fuhrbetrieb*					
17	Kfz-Versicherung		*Fuhrbetrieb*					
18	Mieten		*Zeile 2*					
19	Gewerbesteuer		*Verwaltung*					
20	Abschreibung auf Fuhrpark (1/2)		*Fuhrbetrieb*					
21	Abschreibung auf BGA		*Zeile 2*					
22	sonstige Betriebskosten (1/2)		*Zeile 1*					
23	Abteilungsfixkosten / Leistungsfixkosten							
24	**Deckungsbeitrag 3 (= Abteilungsergebnis)**							
25	DB 3 in % von DB 1 (Bruttospeditionsgewinn)							
26	Unternehmensfixkosten (Verwaltungskosten)		*Zeile 23*					
27	**Betriebsergebnis**							
28	Betriebsergebnis in % von DB 1 (Bruttospeditionsgewinn)							

8-15 **BAB als Deckungsbeitragsrechnung** (Fortführung zu Aufgabe 8–3)

Die Helmut Rurberg GmbH & Co. KG handelt mit Wand- und Bodenfliesen. Für diese beiden Artikel hat sie weiträumige Ausstellungsräume, in denen die Kunden beraten werden. Außerdem verfügt die Unternehmung über ein umfangreiches Lager mit den dazugehörigen Umschlagsgeräten (Gabelstapler). Die Betriebsabrechnung soll nicht mehr in der Form der Vollkostenrechnung durchgeführt werden (vgl. dazu die Lösung zur Aufgabe 8–3), sondern als Deckungsbeitragsrechnung mit einer mehrstufigen Fixkostenzurechnung.

Verteilung der **Umsatzerlöse und Wareneinsatzkosten** für den Monat März 20..:

	Wandfliesen [€]	Bodenfliesen [€]	insgesamt [€]
Umsatzerlöse aus Warenverkauf	1.235.000,00	988.000,00	2.223.000,00
Wareneinsatz	975.000,00	813.000,00	1.788.000,00

Betriebskosten des Abrechnungsmonats **für alle Abteilungen:**

	€		€
Personalkosten	120.400,00	Zinsen	40.000,00
Mieten	85.000,00	Abschr. a. Gabelstapler	4.100,00
sonstige Raumkosten	31.400,00	Abschr. a. Hochregale	2.700,00
Steuern/Beitr./Versich.	14.530,00	Abschr. a. G'ausstattung	8.500,00
Werbung	23.950,00	Büromat./Kommunikation	31.175,00
Sachkosten für Warenabgang und -zustellung	18.270,00		

Ergebnisse der **Kostenanalyse:**

Von den Personalkosten sind nur die Kosten der Abteilung Umschlag in Höhe von 24 000,00 € als variabel anzusehen. Sie sollen den beiden Erwerbsabteilungen je zur Hälfte zugeordnet werden. Als variabel gelten ferner in voller Höhe die Kosten für Werbung sowie für Warenabgang und -zustellung.

Daten zur Verteilung der Betriebskosten auf die fünf Kostenstellen:

	Verwaltung	Lager	Umschlag	Wandfliesen	Bodenfliesen
Personalkosten gemäß Liste	28.700,00	4.500,00	24.000,00	31.600,00	31.600,00
Raumflächen in %	4,00	56,00	6,00	18,00	16,00
investiertes Kapital in %	3,75	75,00	5,25	8,50	7,50

Die Kosten für Werbung und Warenabgang sollen im Verhältnis der Bruttowarengewinne verteilt werden. Die Abschreibung auf die Geschäftsausstattung soll ausschließlich auf die Verwaltung und die beiden Erwerbsabteilungen verteilt werden, und zwar im Verhältnis des in diesen Kostenstellen investierten Kapitals.

Danach sollen die Kosten des Umschlags im Verhältnis der Umsatzerlöse umgelegt werden und als Letztes die Lagerkosten, ebenfalls im Verhältnis der Umsatzerlöse.

Arbeitsauftrag:

Erstellen Sie den BAB und vergleichen Sie ihn ggf. mit dem BAB zu Aufgabe 8–3!

8.5 Kalkulation mit Differenzierung nach Artikelgruppen und Deckungsgraden

Situation 1

Herr Andresen, der Inhaber eines Lebensmittel-Supermarktes, befindet sich mit seinem Geschäft in einer scharfen Wettbewerbsposition. Er hat für sein Unternehmen mithilfe der EDV eine Betriebsabrechnung als Deckungsbeitragsrechnung eingeführt und möchte sie für die Kostenträgerrechnung benutzen. Die Auswertung des BAB soll eine genauere Kalkulation ermöglichen. Dazu ist es erforderlich,

- nach Artikelgruppen verschiedene Zuschlagssätze zu ermitteln, um die unterschiedliche Kostensituation zu berücksichtigen, und
- durch mehrere Kostendeckungsgrade eine Anpassung an die Marktlage zu gestatten.

Für den Monat Juni 20.. liegt bereits folgender BAB mit Deckungsbeiträgen vor (vgl. Kap. 8.4):

Betriebsabrechnungsbogen der Walter Andresen GmbH **Monat: Juni 20..**

Z.	Text	Gesamt-betrieb	Verteilung	Verwal-tung	Erwerbsabteilungen/Verkauf			
					Frischwaren	sonst. Lebensm.	Non-Food	gesamt
1	*Daten z. Kostenverteilung*	*53*	*Verhältnis d. qm*	*3*	*15*	*18*	*17*	50
2		*48*	*Verh. d. inv. Kapitals*	*6*	*7*	*15*	*20*	42
		€		€	€	€	€	€
3	Umsatzerl. a. Warenverk.	778.000,00			129.000,00	257.000,00	392.000,00	778.000,00
4	Wareneinsatz	610.000,00			105.000,00	197.000,00	308.000,00	610.000,00
5	**Deckungsbeitrag 1**	**168.000,00**			**24.000,00**	**60.000,00**	**84.000,00**	**168.000,00**
6	variable Personalkosten	16.480,00	*Liste*		2.500,00	8.530,00	5.450,00	16.480,00
7	Werbung	3.500,00	*Deckungsbeitrag 1*		500,00	1.250,00	1.750,00	3.500,00
8	K. f. Warenabg. u. -zustell.	1.400,00	*Deckungsbeitrag 1*		200,00	500,00	700,00	1.400,00
9	variable Abteil'kosten	21.380,00			3.200,00	10.280,00	7.900,00	21.380,00
10	**Deckungsbeitrag 2**	**146.620,00**			**20.800,00**	**49.720,00**	**76.100,00**	**146.620,00**
11	fixe Personalkosten	52.440,00		15.000,00	5.500,00	15.590,00	16.350,00	37.440,00
12	Mieten	53.000,00	*qm (Zeile 1)*	3.000,00	15.000,00	18.000,00	17.000,00	50.000,00
13	sonstige Raumkosten	4.240,00	*qm (Zeile 1)*	240,00	1.200,00	1.440,00	1.360,00	4.000,00
14	Steuern/Beitr./Versich.	5.600,00	*Verwaltung*	5.600,00				0,00
15	Zinsen	2.160,00	*invest. Kapital (Zeile 2)*	270,00	315,00	675,00	900,00	1.890,00
16	Abschreib. a. G'ausstatt.	5.280,00	*invest. Kapital (Zeile 2)*	660,00	770,00	1.650,00	2.200,00	4.620,00
17	Büromat./Kommunikat.	4.600,00	*Verwaltung*	4.600,00				0,00
18	Abteilungsfixkosten	127.320,00		29.370,00	22.785,00	37.355,00	37.810,00	97.950,00
19	**Deckungsbeitrag 3**	**(= Abteilungsergebnis)**			**– 1.985,00**	**12.365,00**	**38.290,00**	**48.670,00**
20	*DB 3 in % der Umsatzerlöse*				– 1,54	4,81	9,77	6,26
21	Unternehmensfixkosten (Verwaltungskosten)							29.370,00
22	**Unternehmensergebnis**							**19.300,00**
23	*Unternehmensergebnis in % der Umsatzerlöse*							*2,48*

Problem

Wie muss der BAB ausgewertet werden, um eine differenzierte Kalkulation nach Artikelgruppen und verschiedenen Deckungsgraden ohne großen Arbeitsaufwand zu bewerkstelligen?

Lösung

Die Zwischensummen des BAB für variable Abteilungskosten, fixe Abteilungs- und Unternehmenskosten sowie ein Plangewinn werden zum Wareneinsatz in Beziehung gesetzt und führen so zu differenzierten Zuschlagssätzen, die für jeden beliebigen Wareneinsatz automatisch eine genaue Kalkulation ermöglichen. Es ist sinnvoll, sämtliche Kostendeckungsgrade und auch den Gewinnaufschlag in Prozent vom Wareneinsatz zu berechnen, um sie – wie in Kapitel 8.2.2 dargestellt – jederzeit zu **einem** Kalkulationszuschlag umzuwandeln.

Im Anschluss an den BAB ergibt sich als Fortführung und Auswertung folgende Tabelle:

Auswertung des BAB der Walter Andresen GmbH für Kalkulationszwecke

			Kalkulationsprozentsätze			
Z.	Kalkulationsgröße	Rechenweg	Frischwaren	sonst. Lbm.	Non-Food	gesamt
1	**variable Abteilungskosten** in % vom Wareneinsatz	*BAB-Zeile 9 / BAB-Zeile 4 · 100*	*3,05 %*	*5,22 %*	*2,56 %*	*3,50 %*
2	**fixe Abteilungskosten** in % vom Wareneinsatz	*BAB-Zeile 18 / BAB-Zeile 4 · 100*	*21,70 %*	*19,86 %*	*12,28 %*	*16,06 %*
3	**gesamte Abteilungskosten** in % vom Wareneinsatz	*Zeile 1 + Zeile 2*	*24,75 %*	*24,18 %*	*14,84 %*	*19,56 %*
4	**Unternehmensfixkosten** in % vom Wareneinsatz	*BAB-Zeile 21 / BAB-Zeile 4 · 100*	*4,81 %*	*4,81 %*	*4,81 %*	*4,81 %*
5	**gesamte Handlungskosten** in % vom Wareneinsatz	*Zeile 3 + Zeile 4*	*29,56 %*	*28,99 %*	*19,66 %*	*24,38 %*
6	**Selbstkostenpreis** in % vom Wareneinsatz	*Zeile 5 + 100*	*129,56 %*	*128,99 %*	*119,66 %*	*124,38 %*
7	**Plangewinn** in % von den Seko	*Eingaben[1]*	*3,00 %*	*12,00 %*	*18,00 %*	*11,00 %*
8	**Plangewinn** in % vom Wareneinsatz	*Zeile 7 · Zeile 6*	*3,89 %*	*15,48 %*	*21,54 %*	*13,68 %*
9	**Netto-Kalkulationszuschlag** in % vom Wareneinsatz	*Zeile 5 + Zeile 8*	*33,45 %*	*44,47 %*	*41,19 %*	*38,06 %*
10	**Brutto-Kalkulationszuschlag** in % vom Wareneinsatz	*Zeile 9 · 1,19*	*39,81 %*	*52,92 %*	*49,02 %*	*45,29 %*

Situation 2

Herr Andresen möchte diese genauere Art zu kalkulieren jeweils an einem Beispiel aus den drei Abteilungen seines Geschäftes erproben. Dazu hat er je Artikelgruppe einen Artikel ausgewählt:

a) Frischgemüse (Auberginen), die zu 5,60 € je kg beschafft werden,
b) Weizenmehl 405, das zu 0,50 € je kg eingekauft wird, und
c) Parfüm „Olé", das zum Einstandspreis von 29,00 € je Flacon erhältlich ist.

Für diese Artikel sind sämtliche Kostendeckungsgrade auszuweisen und ein Angebotspreis, der einen Plangewinn einschließt. Der Plangewinn soll für (a) 3 %, für (b) 12 % und für (c) 18 % der gesamten Selbstkosten betragen.

Problem

Welche Möglichkeiten der Kalkulation des Angebotspreises ergeben sich aufgrund der Auswertung des BAB für die drei Artikel?

Lösung

Es wird ein **differenziertes Kalkulationsschema** aufgestellt.

Die Bezugspreise für die drei Artikel (Wareneinsatz) werden schrittweise um die aus dem BAB abgeleiteten Prozentsätze erhöht. Dabei wird der Gewinnprozentsatz in % der Selbstkosten umgewandelt, indem man mit dem Prozentwert des Selbstkostenpreises (Wert 4) multipliziert.

[1] Die einzugebenden Gewinnprozentsätze sind üblicherweise je Sparte/Artikelgruppe und ggf. Wettbewerbssituation unterschiedlich.

Kalkulationsschritt	
Bezugspreis = Wareneinsatz	**Wert 1**
+ variable Abteilungskosten	
variable Kosten = Preisuntergrenze	**Wert 2**
+ fixe Abteilungskosten	
Waren- und Abteilungskosten	**Wert 3**
+ Unternehmensfixkosten	
Selbstkosten	**Wert 4**
+ Plangewinn	
Nettoverkaufspreis	**Wert 5**

In Fortführung und Auswertung des BAB ergibt sich für die drei Artikel folgende Tabelle:

Berechnung der alternativen Netto-Angebotspreise für ausgewählte Artikel

		Verkauf von:						
	Artikel:	**Frischwaren**		**sonst. Lebensmittel**		**Non-Food**		
	Bezeichnung:	Auberginen		Weizenmehl 405		Parfüm „Olé"		
	EAN:	3045321103345		4008549045021		1758800543219		
	Einheit:	kg		kg		Flacon		
	Kalkulationsschritte (Deckungsgrade)							
Z.		%	€/Einh.	%	€/Einh.	%	€/Einh.	
33	**Bezugspreis/Wareneinsatz**		5,60		0,50		29,00	**WERT 1**
34	+ variable Abteilungskosten	*3,05*	0,17	*5,22*	0,03	*2,56*	0,74	
35	**var. Kosten = Preisuntergrenze**		5,77		0,53		29,74	**WERT 2**
36	+ fixe Abteilungskosten	*21,70*	1,22	*18,96*	0,09	*12,28*	3,56	
37	**Waren- u. Abteilungskosten**		6,99		0,62		33,30	**WERT 3**
38	+ Unternehmensfixkosten	*4,81*	0,27	*4,81*	0,02	*4,81*	1,40	
39	**Selbstkostenpreis**		7,26		0,64		34,70	**WERT 4**
40	+ Plangewinn	*3,89*	0,22	*15,48*	0,08	*21,54*	6,25	
41	**Nettoverkaufspreis**		7,47		0,72		40,95	**WERT 5**

Herr Andresen ist nun in der Lage, sich jederzeit mit seinem Angebotspreis der Nachfrage- und Wettbewerbssituation anzupassen.

Merke:

1. Eine genaue Kalkulation im Handel muss horizontal und vertikal **nach Warengruppen und Deckungsgraden differenzieren** können.
2. Durch Auswertung eines BAB als Deckungsbeitragsrechnung können für jede Warenart **fünf Werte als mögliche Angebotspreise** berechnet werden; auf jeden dieser Werte muss dann wahlweise die Umsatzsteuer aufgeschlagen werden.
   - Wareneinsatz
   - variable Kosten
   - variable Kosten + fixe Abteilungskosten
   - Selbstkosten
   - Selbstkosten + Gewinn

Aufgaben zu 8.5

8-16 BAB-Auswertung und Kalkulation

Auszug aus dem BAB der Ortmann GmbH, Textileinzelhandel

Z.	Text	Erwerbsabteilungen/Verkauf			
		Damenbekleidung in €	Herrenbekleidung in €	Kinderbekleidung in €	gesamt in €
4	Wareneinsatz	363.570,00	231.800,00	213.330,00	808.700,00
9	variable Abteilungskosten	79.857,76	43.629,28	46.826,96	170.314,00
18	Abteilungsfixkosten	206.162,00	134.886,67	126.863,33	467.912,00
21	Unternehmensfixkosten				68.774,00
22	Unternehmensergebnis				50.000,00

Arbeitsaufträge:

a) Erstellen Sie eine Auswertung des BAB (analog zum Beispiel der Walter Andresen GmbH), bei der folgende Prozentsätze (% vom Wareneinsatz) abzuleiten sind:
variable Abteilungskosten, fixe Abteilungskosten, Unternehmensfixkosten, Plangewinn (Eingabe: 7,00 % der Selbstkosten).

b) Erstellen Sie eine Kalkulation des Nettoverkaufspreises für drei Artikel mit folgenden Einstandspreisen:
Damenkleid 225,00 €, Herrenjackett 147,00 €, Kindermantel 83,00 €.

8.6 Kalkulation in Transportbetrieben

Situation 1

Die Rapid Transport GmbH, Hamburg, führt Lkw-Transporte im nationalen und internationalen Verkehr mit eigenen Fahrzeugen durch und steht unter starkem Wettbewerbsdruck. Daher müssen die Sachbearbeiter des Unternehmens in die Lage versetzt werden, auf eingehende Anfragen schnell reagieren zu können mit realistischen Offerten, die die eigene Kostensituation ebenso berücksichtigen wie die Marktgegebenheiten.

Die Geschäftsleitung hat daher folgendes Kalkulationsschema entwickelt:

Transportkalkulation

variable Kosten 1	A.1	Sondereinzelkosten *(= Speditionskosten)*	€ je Beleg
+ variable Kosten 2	A.2	+ entfernungsabhängige Einzelkosten	€ je km
+ variable Kosten 3	A.3	+ zeitabhängige Einzelkosten	€ je Std.
= variable Kosten	**A**	**Einzelkosten**	
+ fixe Kosten 1	B.1	+ Leistungsfixkosten	€ je Std.
+ fixe Kosten 2	B.2	+ Unternehmensfixkosten	€ je Std.
= fixe Kosten	**B**	**Fixkosten**	
= Gesamtkosten	**C**	**Selbstkosten**	
+ Gewinn	**D**	+ Gewinn	% der Selbstk.
= Netto-Erlös	**E**	**Angebotspreis mit Gewinn**	
Vorkalkulation:	A + B + D = E		
Nachkalkulation:	E – C = D (Gewinn oder Verlust)		

Problem

Wie lassen sich die verschiedenen Kalkulationssätze berechnen?

Lösung

Aus der Anlagenbuchhaltung werden die Anschaffungswerte, die Nutzungsdauer (in km und in Einsatzstunden) und technische Daten wie Nutzlast und Kraftstoffverbrauch entnommen. Aus der Lohnbuchhaltung erhält man die notwendigen Angaben über Fahrerlöhne, Lohnnebenkosten und Spesen.

Dem BAB werden die dem Lkw-Verkehr zugeordneten Beträge der Gemeinkosten entnommen. Die auf diese Weise zustande kommenden Kostenwerte werden auf die Einsatz-km und die Einsatz-Stunden in einer Fahrzeugkostenrechnung umgerechnet.
(Studieren Sie sorgfältig das umfangreiche Rechenschema auf den folgenden Seiten!)

Lkw-Maut

Für die Erhebung der Straßenbenutzungsgebühr für Lkw gibt es verschiedene Verfahren: Einige Länder wie Frankreich und Italien haben besondere Mautstellen zum Einzug dieser Gebühr eingerichtet. Andere Länder wie Dänemark und Schweden erheben sie in Form eines jährlichen Festbetrages als Vignette. In weiteren Fällen wird sie entfernungsabhängig berechnet, entweder für alle Fahrten wie in Österreich, oder wie in Deutschland nur für die Benutzung der Autobahnen und bestimmter Straßen im Lastverkehr.

Um nicht im deutschen Inlandsverkehr für jede Fahrt die Autobahn-km und die Leerfahrten einzeln berechnen zu müssen, kann man einen Mautfaktor bilden:

Mautfaktor = Autobahn-km/Gesamt-km · Lastfahrten/Gesamtfahrten

Die Höhe der Straßenbenutzungsgebühr errechnet sich dann wie folgt:

Lkw-Maut = Strecken-km · Mautsatz je km · Mautfaktor

Als Basis für die Kalkulation einzelner Fahrten kann jetzt für die Firma Rapid-Transport eine Fahrzeugkostenrechnung aufgestellt werden.

Fahrzeugkostenrechnung der Rapid Transport GmbH, Hamburg[1)]

	Kalkulationsdaten	Rechenoperation	Motorwagen	Anhäng.	Lastzug
01	Nutzungsdauer in Jahren		6	8	
02	Nutzungsdauer in km		1.080.000	1.440.000	
03	Jahreskilometerleistung		180.000	180.000	
04	Nutzungsdauer der Reifen in km		220.000	300.000	
05	Wiederbeschaffungspreis der Reifen		4.480	2.600	
06	Kraftstoffverbrauch je 100 km		33,0		
07	Einkaufspreis Kraftstoff je l		1,10		
08	Einsatztage pro Jahr		240	240	
09	Einsatzstunden pro Tag		10	10	
10	Einsatzstunden pro Jahr	Zeile 10 · Zeile 9	2.400	2.400	
11	Kaufpreis mit Bereifung		105.000	35.000	
12	1/2 Kaufpreis ohne Bereifung	(Zeile 11 – Zeile 5) · 0,5	50.260	16.200	
13	Umlaufvermögen		16.000		
14	betriebsnotwendiges Vermögen	Zeile 11 + Zeile 13	68.500	17.500	
15	Mautsatz		0,12		
16	Mautfaktor		0,6		
A.2	**entfernungsabhängige Kosten**				
17	Kraftstoffverbrauch	Zeile 6/100 · Zeile 7	0,36		
18	Schmierstoffkosten	Zeile 17 · 12 %	0,04		
19	Reifenverbrauch	Zeile 5/Zeile 4	0,02	0,01	
20	Reparaturen	€ aus BAB/Zeile 3	0,12	0,04	
21	verschleißbedingte Abschreibungen	Zeile 12/Zeile 3	0,05	0,01	
22	Lkw-Maut	Zeile 15 · Zeile 16	0,07		
23	Summe: variable Kosten je km		0,59	0,06	0,65
A3	**zeitabhängige Kosten**				
24	Bruttofahrerlöhne + Nebenkosten	aus Lohnbuchhaltung	70.382,00		
25	Spesen	aus Lohnbuchhaltung	4.800,00		
26	Summe Personalkosten		75.182,00		
27	Personalkosten je Einsatzstunde	Zeile 26 / Zeile 10	31,33	0,00	31,33

1) innerdeutscher Verkehr

(Fortsetzung Fahrzeugkostenrechnung)

B1	Leistungsfixkosten				
28	entwertungsbedingte Abschreibungen	Zeile 12/Zeile 1	8.376,67	2.025,00	
29	Kfz-Steuer		6.450,00	3.450,00	
30	Kfz-Haftpflicht		7.642,00	108,00	
31	Kasko-Versicherung		5.812,00	978,00	
32	Garage/Unterstellkosten	aus BAB anteilig	400,00		
33	Verzins. d. betriebsnotw. Vermögens	Zeile 14 · 5 %	3.425,00	1.050,00	
34	Summe fixe Fahrzeugkosten	Zeile 28 bis Zeile 33	32.105,67	7.611,00	39.716,67
35	Leistungsfixkosten je Einsatzstunde	Zeile 34/Zeile 10			**16,55**
B2	**Unternehmensfixkosten**				
36	allgemeine Verwaltungskosten	aus BAB anteilig			16.886,00
37	kalkulatorisches Wagnis	Zeile 14 · 5 %			4.300,00
38	Summe Unternehmensfixkosten	Zeile 35 bis Zeile 37			21.186,00
39	Unternehmensfixk. je Einsatzstunde	Zeile 38/Zeile 11			**8,83**
	Zusammenstellung der Kalkulationsgrößen				
A.1	**Einzelkosten nach Belegen**	jeweiliger Beleg			....
A.2	**entfernungsabhängige Kosten**	€ je km	(Zeile 23)		**0,65**
A.3	**zeitabhängige Kosten**	€ je Einsatzstunde	(Zeile 27)		**31,33**
B.1	**Leistungsfixkosten**	€ je Einsatzstunde	(Zeile 35)		**16,55**
B.2	**Unternehmensfixkosten**	€ je Einsatzstunde	(Zeile 39)		**8,83**
C	**Gewinn**	% der Selbstkosten			....
D	**Angebotspreis, netto**	A1+ A2 · km + A3 · std + B1 · std + B2 · std + (A + B) · C %			

Situation 2

Die Rapid Transport GmbH erhält eine Anfrage von Gebrüder Müller OHG, Obere Söldnergasse 25, 90403 Nürnberg, über einen Transport vom Hamburger Hafen nach Nürnberg für einen 25-t-Lastzug.

Die Entfernung wird für die Strecke Hamburg – Nürnberg mit 625 km ermittelt; Leer-km werden mit dem Durchschnittssatz von 30,00 % gerechnet, die durchschnittlich benötigte Fahrzeit mit 60 km/Stunde. Für Be- und Entladen werden zwei Stunden angenommen. Eine Wiegegebühr von 75,00 € ist als Sondereinzelkosten zu berücksichtigen.

Aus den Verhandlungen mit der Gebrüder Müller OHG ergibt sich, dass der Kunde bereit ist, einen Preis von 1.400,00 € für die Fahrt zu zahlen.

Problem

Welche Kosten würde der Auftrag verursachen? – Soll die Rapid Transport GmbH den vom Kunden als Obergrenze genannten Preis akzeptieren?

Lösung

Dem Sachbearbeiter liegt das aus dem Kapitel 8.3.2 abgebildete Kalkulationsschema vor, in das er nur die folgenden Eintragungen vorzunehmen hat: Anfrage-Nr., Datum der Anfrage, Ziel, Name des Kunden, Strecken-km, Stunden für Be- und Entladen, eventuell anfallende Sondereinzelkosten, vom Kunden vorgegebener Preis.

Der Computer ermittelt aus diesen Angaben einen Angebotspreis von 1.529,03 €, der durch eine Zwischenkalkulation auf die Preisvorgabe des Kunden umgerechnet wird.

Bei einer Auftragsannahme würde ein Verlust von 84,49 € entstehen. Gedeckt wären bei diesem Preis die variablen Kosten, die Leistungsfixkosten und die Unternehmensfixkosten nur in Höhe von voraussichtlich 52,79 € (= 137,23 € – 84,49 €).

Situation 3

Da zurzeit keine lukrativeren Aufträge vorliegen, nimmt die Rapid Transport GmbH den Auftrag an.

Nach Durchführung des Transportes werden die tatsächlichen km an Hand des Tachometerstandes mit 631 ermittelt; aus dem Fahrtenbuch ergeben sich die effektiv angefallenen Einsatzstunden mit 18. Mithilfe der auf Seite 220 f. ermittelten Werte für die entfernungsabhängigen und zeitabhängigen Kosten wird nun eine Transportkalkulation durchgeführt.

Transportkalkulation

Anfrage Nr.:			156/09	Datum:		25.11.	Ziel:	Nürnberg		
Kunde:			Gebrüder Müller OHG, Obere Söldnergasse 25, 90403 Nürnberg							
Strecken-km (Soll)			625	Leer-km:		188	%:	30		
Einsatz-km (Soll):			813	Strecken-km (Ist)		631	Einsatz-km (Ist):			820
Fahrt-Stunden:			14	Be- und Entladen:		2		**Auftrag-Nr.:**		7611
Einsatz-Stunden (Soll):			16	Einsatz-Std (Ist):		18				
Sondereinzelkosten:			75,00	var. Kosten/km:		0,65	variable Kosten/Std:			31,33
Leisungsfixkosten:			16,55	Unternehmensfixk.:		8,83	Gewinn in % der Seko:			3
			Vorkalkulation				**Nachkalkulation**			
					Offerte	Zwischenk.			korr. Werte	Zwischenk.
Z.		Text			[€]	[€]			[€]	[€]
01	A.1	Sondereinzelk.			75,00				75,00	
			km Soll	€/km			km Ist	€/km		
02	A.2	var. Kosten/km	813	0,65	528,13		820	0,65	533,00	
			Std Soll	DM/Std			Std Ist	DM/Std		
03	A.3	var. Kosten/Std	16	31,33	486,92		18	31,33	549,58	
04	A	**variable Kosten**			1.090,05				1.157,58	
			Std Soll	€/Std			Std Ist	€/Std		
05	B.1	Leistungsfixkosten	16	16,55	257,21		18	16,55	290,31	
			Std Soll	€/Std			Std Ist	€/Std		
06	B.2	Untern'fixkosten	16	8,83	137,23		18	8,83	154,89	
07	B	**fixe Kosten**			394,45				445,21	
08	C	**Selbstkosten**			1.484,49	1.484,49			1.602,79	1.602,79
09	D	Gewinn	%	3	44,53	– 84,49				– 202,79
10	E	**Preis (Netto-Erlös)**			1.529,03	1.400,00				1.400,00

Problem

Wie hat sich der Auftrag auf den Betriebserfolg der Transportunternehmung ausgewirkt?

Lösung

Um die Auswirkung auf den Betriebserfolg darzustellen, wird eine Auswertung der Transportkalkulation vorgenommen, bei der der Erlös zum Ausweis verschiedener Deckungsbeiträge aufgegliedert wird.

	Auswertung	DB-Rechn.
E	**Erlös**	1.400,00
– A	– variable Kosten	1.157,58
=	**Deckungsbeitrag 1**	242,42
– B.1	– Leistungsfixkosten	290,31
=	**Deckungsbeitrag 2**	– 47,89
– B.2	– Unternehmensfixkosten	154,89
=	**Verlust**	– 202,78

Wie die Nachkalkulation zeigt, sind die Istkosten durch die höheren Einsatzstunden gestiegen, sodass nur die variablen Kosten und 83,5 % der Leistungsfixkosten durch den Erlös gedeckt werden konnten. Daraus ergab sich ein Verlust in Höhe von 202,78 €.

Merke:

1. Die Kalkulation von Lkw-Transporten benutzt wie die Kostenträgerrechnung in der Industrie und im Handel **die variablen Kosten als Basis der Kalkulation.**
2. Außer den je Auftrag anfallenden Sondereinzelkosten hängen die variablen Kosten ab von der Transportstrecke oder von der Transportzeit für den jeweiligen Auftrag. Es gibt demnach **entfernungsabhängige und zeitabhängige Einzelkosten.**
3. Außer den variablen Kosten gibt es Fixkosten, die vom Fahrzeugeinsatz abhängig sind wie Kfz-Steuer und Kfz-Versicherung; es sind **Leistungsfixkosten.** Außerdem fallen **Unternehmensfixkosten** an, die sich auf den Gesamtbetrieb beziehen.
4. Die variablen Kosten bzw. Einzelkosten ergeben zusammen mit den Leistungs- und Unternehmensfixkosten die **Selbstkosten.**
5. Berücksichtigt man außerdem noch einen Plangewinn, erhält man den **Angebotspreis einschließlich Gewinn.**

Aufgaben zu 8.6

Die Rapid Transport GmbH soll eine Offerte erstellen für einen Transport von Hamburg nach Koblenz (507 km). Be- und Entladen wird mit einer Stunde angesetzt. Der Mautsatz beträgt wie im Beispiel 12 Cent je km und der Mautfaktor 0,6. Sondereinzelkosten fallen bei diesem Transport nicht an. **8-17**

Durchzuführen sind:

- die Berechnung des Angebotspreises,
- die Berechnung des Gewinnes/Verlustes bei einem Marktpreis von 1.150,00 €,
- eine Nachkalkulation mit Ist-km von 631 und Ist-Einsatzstunden von 13.

Arbeitsaufträge:

a) Erstellen sie mit einem Tabellenkalkulationsprogramm ein Abrechnungsschema nach dem Muster aus Situation 3.

b) Interpretieren Sie das Kalkulationsblatt mit a) Angebotspreis, b) Gewinn/Verlust bei Auftragserteilung sowie Gewinn/Verlust und Deckungsbeiträgen nach der Auftragsdurchführung!

8-18 Die Rapid Transport GmbH soll für einen Beförderungsauftrag von Hamburg-Freihafen nach Stuttgart (685 km) eine Offerte erstellen. Die Be- und Entladezeit wird mit zwei Stunden angenommen. An Zollabfertigungsgebühren fallen 40,00 € an. Der Mautsatz beträgt (abweichend vom Beispiel) 14 Cent je km, der Mautfaktor 0,8. Der Kunde akzeptiert einen Preis von 1.600,00 €.

Arbeitsaufträge:

a) Erstellen sie mit einem Tabellenkalkulationsprogramm ein Abrechnungsschema nach dem Muster aus Situation 3.

b) Interpretieren Sie das Kalkulationsblatt mit a) Angebotspreis, b) Gewinn/Verlust bei Auftragserteilung sowie Gewinn/Verlust und Deckungsbeiträgen nach der Auftragsdurchführung!

Stichwortverzeichnis